Kim-Oliver Tietze

Wirkprozesse und personenbezogene Wirkungen von kollegialer Beratung

Kim-Oliver Tietze

Wirkprozesse und personenbezogene Wirkungen von kollegialer Beratung

Theoretische Entwürfe und empirische Forschung

VS VERLAG FÜR SOZIALWISSENSCHAFTEN

Bibliografische Information der Deutschen Nationalbibliothek
Die Deutsche Nationalbibliothek verzeichnet diese Publikation in der Deutschen Nationalbibliografie; detaillierte bibliografische Daten sind im Internet über <http://dnb.d-nb.de> abrufbar.

Zugl. Dissertation an der Universität Hamburg, 2009

1. Auflage 2010

Lektorat: Katrin Emmerich | Tanja Köhler

VS Verlag für Sozialwissenschaften ist Teil der Fachverlagsgruppe Springer Science+Business Media.
www.vs-verlag.de

Umschlaggestaltung: KünkelLopka Medienentwicklung, Heidelberg
Druck und buchbinderische Verarbeitung: Rosch-Buch, Scheßlitz
Gedruckt auf säurefreiem und chlorfrei gebleichtem Papier
Printed in Germany

ISBN 978-3-531-17224-8

Inhalt

Zusammenfassung

Im Fokus dieser Dissertation stehen personenbezogene Wirkungen und dafür relevante Wirkprozesse von kollegialer Beratung. Diese werden aus theoretischer und empirischer Perspektive beleuchtet. Kollegiale Beratung ist ein personenorientierter Beratungsansatz zur Reflexion beruflicher Praxis. Für den Ansatz werden vier charakteristische Kernmerkmale herausgearbeitet: (1) die Beratung wird im Gruppenmodus realisiert, (2) es werden Fälle aus der Berufspraxis einzelner Teilnehmer reflektiert, (3) der Beratungsprozess orientiert sich an einem Ablaufschema und (4) die Beratung geschieht wechselseitig ohne einen konstanten Leiter. Diese Merkmale erweisen sich als geeignetes Raster, um kollegiale Beratung klar von Formaten wie Supervision/Coaching sowie von abweichenden Varianten abzugrenzen.

Das theoretische Fundament von kollegialer Beratung ist bisher schmal. Bezüge zu existierenden Theorien, z. B. zum stellvertretenden Lernen, erfahrungsbasierten Lernen und dem Forschungsprogramm Subjektive Theorien, lassen wesentliche Merkmale des Formats unberücksichtigt. Um die theoretischen Grundlagen von kollegialer Beratung zu erweitern, werden die vier Kernmerkmale sowie das Konstrukt der Kollegialität auf Basis weiterer Erkenntnisse aus der deutsch- und englischsprachigen Literatur hinsichtlich ihrer spezifischen funktionalen Rollen für Wirkprozesse beleuchtet. Dabei zeichnet sich ab, dass eine Vielzahl von Variablen und Prozessen in einem komplexen Wirkgefüge von kollegialer Beratung Einfluss nehmen und ineinander greifen. So lassen sich z. B. allein für den Gruppenmodus förderliche und auch kritische Wirkprozesse annehmen, die Effekte für die individuelle Reflexion eines Falls modifizieren können.

Kollegiale Beratung wird zwar in vielen Berufsgruppen verbreitet praktiziert, dem gegenüber liegen jedoch nur wenige empirische Befunde vor. Diesen Forschungsstudien zufolge erhält der Beratungsansatz positive Resonanzen und es zeichnen sich vor allem Effekte hinsichtlich gesteigerter beruflicher Kompetenzen ab. Nach einer Literaturanalyse zu personenbezogenen Wirkungen von kollegialer Beratung kristallisieren sich drei Wirkbereiche heraus: (1) Effekte bei der Lösung berufsbezogener Probleme, (2) Auswirkungen auf berufliche Handlungskompetenzen sowie (3) Auswirkungen auf berufliche Beanspruchung. Zum Bezug zwischen kollegialer Beratung und jedem dieser Wirkbereiche lassen sich plausible theoretische Begründungen formulieren. So eignet sich z. B. das transaktionale Stressmodell, um eine beanspruchungsmindernde Wirkung von kollegialer Beratung zu erklären.

Als empirischer Beitrag zur Wirkungsforschung wurde eine summative Evaluation von kollegialer Beratung in einem quasiexperimentellen Kontrollgruppendesign mit Prä- und Postmessung durchgeführt. Damit wurden die beiden Hypothesen geprüft, inwieweit die längerfristige Teilnahme an kollegialer Beratung relevante berufliche Handlungskompetenzen steigert (Hypothese $H_{1,1}$) und berufliche Beanspruchungen mindert (Hypothese $H_{1,2}$). Es wurde eine 15 Monate umfassende Intervention zur kollegialen Beratung konzipiert, realisiert und evaluiert. Die Intervention fand im Rahmen eines Programms zur Führungskräfteentwicklung bei einem Schweizer Unternehmen der Finanzdienstleistungsbranche statt. Die Interventionsteilnehmer wurden durch ein Einführungsseminar mit einer Methodik der kollegialen Beratung vertraut gemacht. Im Anschluss daran führten sie in sechs Peergruppen selbst organisiert weitgehend konzeptkonforme kollegiale Beratungsprozesse durch. Jede Peergruppe verabredete durchschnittlich vier Termine innerhalb eines Jahres.

Mittels standardisierter Fragebogen zur Selbstauskunft wurden die Ausprägungen der abhängigen Variablen ermittelt. Berufliche Handlungskompetenzen wurden in Form des Selbstkonzepts beruflicher Handlungskompetenz mit Hilfe des Kompetenz-Reflexions-Inventars (KRI) erhoben, berufliche Beanspruchung mittels des Oldenburger Burnout Inventars (OLBI) sowie der Skala Irritation. Die erhobenen Daten wurden in zwei Schritten ausgewertet. Die ursprünglich 23 abhängigen Variablen (Einzelskalen) wurden mit dem Gesamtdatensatz der Prä-Messung ($n = 95$) über den Weg einer explorativen Faktorenanalyse reduziert. Vier resultierende Faktoren waren inhaltlich sinnvoll interpretierbar. Aus den zugehörigen Skalen wurden vier Komposita gebildet: (1) *Problemlösen*, (2) *Menschen bewegen und sich vernetzen*, (3) *berufliche Beanspruchung* sowie (4) *systematisches und reflektiertes Handeln*. Die drei kompetenzbezogenen Komposita lassen sich $H_{1,1}$ zuordnen, das Kompositum *berufliche Beanspruchung* $H_{1,2}$. Die auf diese Weise präzisierten Forschungshypothesen wurden auf Grundlage von Daten der Interventionsgruppe ($n = 21$) und der Kontrollgruppe ($n = 42$) anhand von zwei Markiervariablen jedes Kompositums mittels zweifaktoriellen Varianzanalysen mit Messwiederholungsfaktor überprüft. Von der Äquivalenz von Interventions- und Kontrollgruppe wird nach einer umfangreichen Auswertung relevanter quantitativer und qualitativer Daten ausgegangen.

Die varianzanalytische Prüfung ergab, dass Hypothese $H_{1,1}$, derzufolge die Intervention effektiv ist bezogen auf die Steigerung der Selbsteinschätzung beruflicher Handlungskompetenzen, lediglich partiell hinsichtlich des Kompositums *Problemlösen* angenommen werden kann. Bezogen auf die beiden Komposita *Menschen bewegen und sich vernetzen* sowie *systematisches und reflektiertes Handeln* kann diese Hypothese nicht bestätigt werden. Hypothese $H_{1,2}$, derzufolge die Intervention zur kollegialen Beratung effektiv auf eine Verminderung beruflicher Beanspruchung wirkt, kann durch signifikante Interaktionseffekte bei beiden Markiervariablen bestätigt werden.

Hypothese $H_{1,1}$ auf Basis der varianzanalytisch ermittelten Befunde pauschal zu verwerfen birgt jedoch die Gefahr, relevante empirische Indizien zu übersehen. Substanzielle Haupteffekte in fünf von sechs Skalen zur Selbsteinschätzung der beruflichen Handlungskompetenz sind plausibel damit erklärbar, dass ein erheblicher Anteil an Mitgliedern aus der Interventions- und der Kontrollgruppe im Untersuchungszeitraum in bedeutendem Umfang an kompetenzrelevanten Personalentwicklungs-Maßnahmen teilnahm. Beim Blick auf die standardisierten Mittelwertdifferenzen, berechnet mit dem Effektmaß d_{korr}, zeichnen sich jenseits des Signifikanzraums konsistente und sinnvolle Muster ab. Diese deuten darauf hin, dass die Intervention zur kollegialen Beratung den meisten kompetenzbezogenen Skalen, insbesondere bezogen auf das Kompositum *systematisches und reflektiertes Handeln*, in der hypothetisch angenommenen Richtung nicht unbedeutend effektiv war, was sich jedoch nicht in signifikanten Effekten niederschlug.

Als Resümee wird formuliert, dass bereits eine vergleichsweise niedrige Frequenz von kollegialen Beratungen offenbar zu den Effekten führt, dass Teilnehmer ihre beruflichen Beanspruchungen vermindert und relevante berufliche Handlungskompetenzen in eine positive Richtung entwickelt erleben. Angesichts einer weiterhin nicht sehr umfangreichen empirischen Basis und der Verbreitung unterschiedlicher Varianten von kollegialer Beratung in vielen Berufsfeldern sind weitere quantitative und qualitative Evaluationsstudien wünschenswert.

1 Einleitung

1.1 Einführung in die Thematik

> Long before civilization, whilst human beings still hunted and gathered, groups, no doubt, met together to discuss techniques of the chase and the collection and use of the gifts of nature. There is evidence that some cave paintings may have been part of such discussions. Perhaps these were the very first recorded technical guides. With the increasing complexity of our society, the need to meet together to discuss both the nature of the tasks and the cooperation required to achieve them has increased in importance. (Gomersall, 1997, S. 107)

Anthropologisch betrachtet ist die Idee offenbar schon sehr alt, dass Menschen in Kollektiven einander zu individuellen beruflichen Praxisfragen beraten und ihre Erfahrungen austauschen, um daraus Lösungen zu entwickeln. Wie lässt sich erklären, dass diese Kulturtechnik heutzutage mit offenbar steigendem Zuspruch Anklang bei Berufstätigen findet, die sich dafür in regelmäßigem Turnus gemeinsam in einem Besprechungsraum statt in einer Höhle zusammenfinden und für gelegentliche Skizzen zweckmäßigerweise eher ein Flipchartblatt als die Wand nutzen? Diese Szenerie führt bereits zentrale Fragen zum Thema ein: Was versprechen sich die Beteiligten davon, was kann kollegiale Beratung leisten und was ist dafür erforderlich?

Das Beratungskonzept trägt heute verschiedene Namen, welche nur bedingt unterschiedliche Variationen kennzeichnen. Im deutschsprachigen Raum werden dafür neben der Bezeichnung *kollegiale Beratung* synonym *Intervision, kollegiale Praxisberatung, kooperative Beratung, kollegiale Supervision, kollegiale Beratung und Supervision* oder auch *Kollegiales Team Coaching* verwendet. Im englischsprachigen Raum existiert eine ähnliche Begriffsvielfalt, die ebenfalls kaum Auskunft über Unterschiede gibt. Die Gründe dafür, einen bestimmten Namen zu wählen, werden in der Literatur selten tiefergehend erörtert – wenn überhaupt. Es entsteht der Eindruck, dass zum einen der berufliche Hintergrund und die Vorlieben des jeweiligen Autors eine Rolle spielen, zum anderen und vor allem die Anschlussfähigkeit für bestimmte Zielgruppen. So erscheint es unter Marketinggesichtspunkten durchaus sinnvoll, mit einem passenden Begriff Türen öffnen oder zumindest keine Tore verschließen zu wollen[1]. Die mimikritische begriffliche Anpassungsgabe des Konzepts läuft jedoch Gefahr, bei recherchierenden Forschern wie interessierten Praktikern durch semantische Unschärfen gleichermaßen Verwirrung zu stiften und eine größere konzeptuelle Varianz zu suggerieren, als es bei näherem Hinsehen angemessen erscheint.

Legt man die in den vergangenen Jahren gewachsene Anzahl an Publikationen zu kollegialer Beratung zu Grunde, liegt der Schluss nahe, dass diese Form des systematischen Erfahrungsaustauschs an Popularität gewinnt. Im Internet lassen sich mit gängigen Suchmaschinen allein zigtausende deutschsprachige Webseiten zu kollegialer Beratung und hunderte Anleitungen zu ihrer Durchführung finden. In den Veröffentlichungen zeichnet sich auch der Trend ab, dass die Methodik sich in mehr und mehr Berufsfeldern verbreitet. Bildeten in den frühen Texten noch Sozialarbeiter die primäre Zielgruppe, so finden sich mittlerweile Erfahrungsberichte von Psychotherapeuten, Richtern, Hochschullehrern, Pädagogen, Managern, Seelsorgern und Unternehmensberatern, die schwierige Praxisfragen ihres Arbeitsalltags in Gruppen von Gleichgesinnten zur Diskussion stellen und sich davon Lösungen, Unterstützung und berufliche Weiterentwicklung erhoffen.

Bemerkenswert erscheint, dass sich die Motivlage hinsichtlich kollegialer Beratung im Lauf der Zeit offenbar gewandelt und erweitert hat. Anfangs wurde diese *Supervision ohne Supervisor* quasi aus der Not heraus geboren – es gab, um den aufkommenden Bedarf an beruflicher Reflexion zu decken, entweder zu wenig Supervisoren oder kaum Gelder für Supervisoren (Appleby, Berkman, Blazejack & Gorter, 1958/1970). Zwischenzeitlich galt *kollegiale Praxisberatung* als Ausdruck beruflicher Emanzipation (Foole, Kamphorst & Zier, 1974). Auch wenn beide Motive noch – teils transformiert – in der aktuellen Literatur durchschimmern, wird heute das einstige Manko als attraktives Stilmittel beinahe gefeiert. Die Möglichkeit zu kollegialer Beratung bietet denkbare Anknüpfungspunkte für eine Reihe unterschiedlicher Motive, z. B. die Neugier auf berufliche Geschichten, der Bedarf nach Netzwerken zur Karrierebeschleunigung, der Wunsch nach Minderung erlebter beruflicher Belastung, die Bedürfnisse nach Anschluss, Rückhalt und Anerkennung, die Skepsis gegenüber Beratern, Supervisoren und Coaches, die Lust an Lernen und beruflicher

1 Von Termini gehen gewisse Signale aus, die abhängig vom Berufsmilieu positive, neutrale oder negative Konnotationen – und Erwartungen – auslösen können und sollen. In Wirtschaftsorganisationen zum Beispiel evoziert allein der Begriff Supervision häufig die Assoziation von klinischer Bedürftigkeit, weshalb er dort nur in Ausnahmefällen anzutreffen ist.

Weiterentwicklung oder die Suche nach Gelegenheiten zur Selbstvergewisserung der eigenen Kompetenzen.

Mit der sich ausdehnenden Publizität rückt kollegiale Beratung auch ins Blickfeld der Personal- und Führungskräfteentwicklung von Wirtschafts- und Verwaltungsorganisationen. Die Eignung, dort Aufmerksamkeit zu erregen, erhält das Format vermutlich aus einer Melange an Gründen. Nahe liegend sind zunächst ökonomische Motive bei einer Maßnahme, die immer wieder als günstig angepriesen wird und augenscheinlich günstig zu sein verspricht. Hinzu kommen die zahlreichen Wirkungsprognosen – von der begeisterten Resonanz der Teilnehmer auf ein praxisorientiertes Angebot über den Effekt einer Steigerung berufsrelevanter Fähigkeiten bis hin zu Auswirkungen, die sich in der Organisationskultur niederschlagen sollen, z. B. in einer kollegialen Lernkultur (vgl. Veith, 2003). Zudem verheißt der offensichtliche Praxisbezug eine zu vernachlässigende Transferproblematik. Und schließlich vermitteln einige Darstellungen den Eindruck, als sei kollegiale Beratung bei alledem nicht allzu aufwändig institutionalisiert zu implementieren. Eine fundierte Antwort auf die Frage, inwieweit und unter welchen Voraussetzungen diese verlockende Anmutung bei der Bandbreite verschiedener Organisationstypen, -strukturen, -größen und -zielgruppen realistisch einlösbar ist, steht bisher jedoch aus.

Inhaltlich und konzeptionell ist kollegiale Beratung verwandt mit gruppenbezogenen Formen von Supervision und Coaching. Im aktuell lebhaften Diskurs der Interessengruppen von Coaching und Supervision untereinander und mit Vertretern der Organisationssoziologie (z. B. S. Kühl, 2008a) findet sie keinerlei Beachtung. Dies mag damit zusammenhängen, dass sie nur eingeschränkt der Klasse honorarpflichtiger personenbezogener Dienstleistungen durch Professionelle zugerechnet werden kann und deshalb allenfalls als unbedeutende Konkurrenz gewertet wird. Jedoch lassen sich einige der in diesem Diskurs diskutierten Aspekte auch auf kollegiale Beratung beziehen. Die Frage, warum Formaten personenorientierter Beratung in den vergangenen Jahren vermehrt Aufmerksamkeit zuteil geworden ist, kann danach sowohl mit Veränderungen in Gesellschaft und Arbeitswelt (gängige Stichworte: Postmoderne, Globalisierung, Komplexität) begründet werden, als auch mit dem Bedarfssog nach geeignet erscheinenden Interventionen, welcher einer Welle personaldiagnostischer Formate in der Personalentwicklung seit etwa Anfang der 90er Jahre folgt – beispielsweise Assessment Center, Potenzialanalysen oder 360-Grad-Feedback (S. Kühl, 2008b). Auch die Annahme, dass z. B. Coaching in Organisationen nicht im gleichen Maß boomt wie seine Medienpräsenz es vermuten lässt (Taffertshofer, 2009), könnte auf kollegiale Beratung zutreffen.

Danach würde die seit etwa 10 Jahren zu beobachtende Publikationshäufung nicht allein auf einen gestiegenen Bedarf, sondern auch auf gezielteres Marketing von Anbietern verweisen, die im lukrativen Beratungs- und Trainingsmarkt ein Nischenprodukt platzieren wollen.

Das Konzept kollegialer Beratung ist nicht am Reißbrett entstanden. Den Anfang markiert auch keine Beratungstheorie, sondern ein Bedarf von Berufstätigen nach regelmäßiger Praxisberatung, der sich in Gruppen von Gleichgesinnten mit unkomplizierten und vorhandenen Gesprächsmitteln günstig decken ließ. Und so zieht sich die Idee der Einfachheit bis heute durch die Veröffentlichungen. In Berichten und Anleitungen wird kollegiale Beratung häufig als einfaches Format skizziert, welches schnell zu erlernen, mit Bordmitteln zu praktizieren, überall verfügbar und gleichwohl effektiv sein soll (vgl. z. B. Schlee, 2007). Dieses Bild eignet sich einerseits, um potenzielle Anwender wie mit Leuchtreklame auf das Konzept aufmerksam zu machen. Andererseits lädt es zu skeptischen Reaktionen geradezu ein – sowohl theoretischer Beobachter als auch beratender Praktiker, die um die Komplexität von Beratungs-, Lern- und Veränderungsprozessen wissen und diese daher auch kollegialer Beratung unterstellen können. Im Kontrast zu den elaborierten und kritischen Diskussionen in der Supervision (z. B. Fatzer, 2003; Pühl, 2000a; Rappe-Giesecke, 2003; Schreyögg, 2004) und rund um Coaching (z. B. Greif, 2008; Rauen, 2003) wirken viele Ausführungen zu kollegialer Beratung wenig komplex und beinahe unbekümmert. Dies mag einerseits daran liegen, dass es bisher keinen kritischen fachlichen Diskurs zur kollegialen Beratung gibt – die Szene ist klein und deren Autoren gehen selber ausnehmend kollegial miteinander um – sowie andererseits daran, dass sich die meisten Werke vornehmlich an potenzielle Anwender und interessierte Fachleute wenden. Anders als bei Coaching und Supervision besteht das potenzielle Lesepublikum vermutlich weniger aus angehenden oder weitergebildeten Beratern, Coaches oder Supervisoren sowie aus Mitgliedern von Fach- und Weiterbildungsinstitutionen. Viele Autoren richten ihre Gedanken zu kollegialer Beratung offenbar direkt an Einkäufer von Personalentwicklungsmaßnahmen sowie Endverbraucher, welche via Text aufgeklärt und ermutigt werden sollen, kollegiale Beratung attraktiv zu finden und anschließend zu erproben. Deren Lesemotivation würde vermutlich getrübt, blieben Auseinandersetzungen über Risiken, Zweifel und Ungereimtheiten nicht weitgehend ausgeblendet.

Im Kontrast zur nach außen dargestellten Einfachheit kann angenommen werden, dass es sich bei kollegialer Beratung um ein Format handelt, dessen Komplexität vergleichbar mit derjenigen von Supervision ist. Dem gegenüber befindet sich das Konzept kollegialer Beratung hinsichtlich seiner theoretischen Basis noch zu großen Teilen in einer Phase der Exploration. Davon zeugt schon die Relation von zahlreichen einführenden Texten, Erfahrungsberichten und Anleitungen zu den vergleichsweise wenigen Forschungsarbeiten und Artikeln in wissenschaftlichen Büchern und Fachzeitschriften. Der Charakter der Publikationen in der ersten Gruppe reicht von Kurzübersichten mit Teilnehmerstimmen über knapp betextete Tabellen bis hin zu umfassenderen Monographien, mit denen sich kollegiale Beratung im Selbststudium erlernen lassen soll. In einigen Arbeiten finden sich Passagen, welche explizit oder implizit auf lerntheoretische, systemische, tiefenpsychologische, kommunikationstheoretische, sozialpsychologische, gruppendynamische oder konstruktivistische Annahmen verweisen und dabei entweder Menschenbildannahmen erläutern, ein bestimmtes Vorgehen begründen oder Wirkungsweisen erklären sollen. Viele der von den Autoren dargestellten theoretischen Bezüge erscheinen plausibel, lassen sie sich doch analog in der Literatur zu Supervision und Coaching wiederfinden. Vergleicht man unterschiedliche Darstellungen zu kollegialer Beratung, dann scheint sich variantenübergreifend ein Kanon gemeinsamer Grundlagen und Annahmen abzuzeichnen, der bisher noch nicht überblickend ausgearbeitet wurde. Weitgehend unbeleuchtet bleibt bemerkenswerterweise, wie sich die Charakteristiken auswirken, mit denen sich kollegiale Beratung gerade von anderen Formaten unterscheidet – zum Beispiel die Abwesenheit eines gelernten Beraters als Leiter der Gruppe und des Beratungsprozesses. Theoretische Überlegungen und Modelle, welche die Besonderheiten von kollegialer Beratung einbeziehen, könnten dabei helfen, das Format genauer zu verstehen, sein Potenzial besser einzuschätzen, aber auch dabei, sein Konzept hinsichtlich seiner möglichen Wirkungen zu verbessern.

Obgleich es sich bei kollegialer Beratung explizit um ein Prinzip zur Reflexion der *beruflichen Tätigkeit* handelt, wird sie von der zuständigen Arbeits- und Organisationspsychologie bisher nur am Rande wahrgenommen[2]. Mehr Aufmerksamkeit hingegen hat kollegiale Beratung bislang in der Pädagogik erfahren. In der deutsch- und englischsprachigen Literatur aus den letzten 30 Jahren findet sich knapp ein Dutzend empirischer Forschungsarbeiten; das Gros darunter beschreibt Evaluationsstudien mit pädagogischen Berufsgrup-

---

2 Dies gilt Belardi (2005) zufolge bereits für die verwandte Supervision: Der reichhaltige empirische Forschungsstand der ABO-Psychologie werde von der Supervision nicht zur Kenntnis genommen und andererseits sei Supervision kein Gegenstand des Interesses der ABO-Forschung.

pen. Heterogen sind dabei sowohl die Forschungsfragen, die Ansätze, die gewählt wurden, um die Fragen zu beantworten, als auch die resultierenden Befunde. Die vielfältigen Wirkungsannahmen, die im Zusammenhang mit kollegialer Beratung wiederkehrend aufgelistet werden, werden entweder durch die gewonnenen Forschungsergebnisse nur eingeschränkt gedeckt oder sie wurden bisher noch nicht empirisch überprüft. Dies wäre jedoch erforderlich, wenn kollegiale Beratung weiterhin den Anspruch verfolgen will, in einer ähnlichen Interventionsliga mitzuspielen wie alternative – professionell angeleitete – Formate, die sich um empirische Fundierung bemühen.

Die bisherigen Ausführungen zeigen auf, dass von verschiedenen Seiten eine Reihe von relevanten Fragen und Erwartungen an kollegiale Beratung gerichtet werden kann. Potenzielle Anwender können den legitimen Anspruch darauf erheben, dass ein Format mit besonderen Merkmalen eine ausreichend plausible theoretische Basis besitzt und dass die Wirkungsannahmen, die auf dieser Basis beruhen, empirisch überprüft worden sind, um auf Grundlage dieser Erkenntnisse ein realistisches Bild von Aufwand und Nutzen zeichnen zu können. Angesichts des personellen und monetären Einsatzes, der auch für kollegiale Beratung aufgewendet werden muss, kann es zum einen nicht genügen, auf pauschale Aussagen der Anbieter zu vertrauen, selbst wenn ihnen positive Aussagen von Teilnehmern hinterlegt werden. Zum anderen reicht es kaum aus, aus der augenscheinlichen Ähnlichkeit von kollegialer Beratung mit Fallsupervision in Gruppen darauf zu schließen, dass die psychosozialen Prozesse in beiden Formaten identisch oder ähnlich sind, wenn im einen doch ein wesentlicher Faktor – der ausgebildete Supervisor – fehlt. Praktiker und Wissenschaftler können daher folgende Fragen stellen:

- Welche theoretischen Konstrukte und Modelle zu Prozessen und Veränderungen stützen das Konzept kollegialer Beratung?
- Welche empirischen Befunde stützen Annahmen über Wirkungen und Wirkfaktoren?
- Welche Wirkungen kann kollegiale Beratung bei den Teilnehmenden erzielen und welche psychosozialen Prozesse und Faktoren tragen dazu bei?
- Was bedeuten die besonderen Merkmale von kollegialer Beratung für die internen Prozesse und welche Auswirkungen haben diese Prozesse auf die postulierten Wirkungen?
- Welche Voraussetzungen und Rahmenbedingungen sind erforderlich, damit eine Zielgruppe kollegiale Beratung praktizieren kann und sich die beschriebenen Wirkungen zeigen?

1.2 Ziele dieser Arbeit

Der Fokus der vorliegenden Forschungsarbeit liegt darin, die möglichen Wirkungen von kollegialer Beratung aus theoretischer und empirischer Perspektive näher zu beleuchten. Die oben genannten Fragen spannen den Rahmen auf, in dem die Auseinandersetzung mit kollegialer Beratung stattfindet. Das gewählte Ziel dieser Arbeit besteht darin, ein umfassenderes Verständnis von den Wirkungen zu erarbeiten, die kollegiale Beratung auf die Teilnehmer haben kann. Von besonderem Interesse sind dabei die Wirkungsbereiche einer Teilnahme sowie der Erklärungswert psychologischer Theorien und Modelle für prognostizierte Wirkungen. Die gewonnenen Resultate sind zum einen darauf ausgerichtet, das Verständnis von kollegialer Beratung aus wissenschaftlicher Sicht um theoretische und empirische Erkenntnisse zu erweitern sowie zum anderen, um theoretisch interessierten Praktikern Einblicke in Rahmenbedingungen, Wirkprozesse und Effekte kollegialer Beratung zu geben.

Als empirischer Beitrag zur Erkenntnisgewinnung wurde eine quasiexperimentelle Untersuchung durchgeführt, bei der Wirkungen der Teilnahme an einer 15-monatigen Intervention zur kollegialen Beratung im Rahmen eines Führungskräfteentwicklungs-Programms mit quantitativer Methodik summativ evaluiert wurden. Das Forschungsdesign bestand in einem Zwei-Gruppen-Pretest-Posttest-Plan mit einer Kontrollgruppe.

Wenngleich die Intervention zur kollegialen Beratung im Rahmen eines Programms zur Führungskräfteentwicklung realisiert und evaluiert wurde, liefert diese Studie keinen expliziten Beitrag zur Führungskräfteforschung. An der Intervention nahmen auch Projektleiter und Managementaspiranten ohne hierarchische Führungsverantwortung teil. Zudem umfasste auch die Kontrollgruppe neben Führungskräften andere Mitglieder derselben Organisation ohne Vorgesetztenfunktion.

Diese Dissertation verfolgt zwei Ziele. Zum einen soll ein Verständnis von Wirkungen und Wirkprozessen kollegialer Beratung erarbeitet werden. Daraus leiten sich die Arbeitsaufträge für die empirische Überprüfung von Wirkannahmen ab. Zum zweiten sollen der empirische Forschungsprozess und seine Ergebnisse zu personenbezogenen Wirkungen infolge einer längerfristigen Teilnahme an kollegialer Beratung dargestellt werden.

1.3 Aufbau dieser Arbeit

Diese Abhandlung ist in acht Kapitel gegliedert. Im Anschluss an dieses *Kapitel 1* – in dem diskussionswürdige Aspekte zu kollegialer Beratung eingeführt werden – wird in *Kapitel 2* zunächst der Forschungsgegenstand definiert, bestimmt und abgegrenzt, bevor der aktuelle Forschungsstand dargestellt und zentrale Merkmale des Beratungsformats kritisch aufgearbeitet werden. Zudem werden die wesentlichen Felder identifiziert, in denen sich der Literatur zufolge kollegiale Beratung bei Teilnehmenden kurz- und längerfristig auswirken soll.

Kapitel 3 befasst sich mit relevanten charakteristischen Merkmalen von kollegialer Beratung, ihren möglichen theoretischen Bezügen, ihren Implikationen für die ablaufenden psychosozialen Prozesse und mit den Variablen, die auf ein Gelingen von kollegialer Beratung wirken können – und damit auch auf die potenziellen personenbezogenen Wirkungen des Formats.

Die in einer Literaturanalyse erarbeiteten Wirkungsprognosen bilden den Ausgangspunkt für *Kapitel 4*, das gleichzeitig den empirischen Teil dieser Arbeit einleitet. Darin werden die Forschungsfragen gestellt und die für die Evaluation ausgewählten relevanten Konstrukte – *berufliche Handlungskompetenzen* und *berufliche Beanspruchung* – theoretisch beleuchtet sowie Wirkprozesse von kollegialer Beratung hinsichtlich dieser Konstrukte dargestellt.

In *Kapitel 5* wird beschrieben, wie die evaluierte Intervention zur kollegialen Beratung konzipiert und im Rahmen eines Führungskräfte-Entwicklungsprogramms eines Schweizer Unternehmens der Finanzdienstleistungsbranche realisiert wurde.

Die Konzeption und die Realisierung des Evaluationsdesigns bilden den Fokus von *Kapitel 6*. Im Kontext der Evaluationskonzeption werden die Forschungshypothesen formuliert sowie die eingesetzten Instrumente charakterisiert, welche die relevanten Konstrukte abbilden. Abschließend wird die systematische Analyse der erhobenen Daten dargestellt.

Die Ergebnisse der statistischen Hypothesenprüfung, einschließlich der Überprüfung der Äquivalenz beider Untersuchungsgruppen, werden in *Kapitel 7* dargestellt.

Die Diskussion in *Kapitel 8* wird die Fragen zur Wirkung von kollegialer Beratung aufgreifen, nachdem die Forschungsergebnisse inhaltlich eingeordnet und das Evaluationsvorgehen kritisch betrachtet und an internationalen Evaluationsstandards entlang geführt wurden.

2 Kollegiale Beratung – Merkmale, Grundlagen und Wirkungen

Im Fokus dieses Kapitels stehen grundlegende Fragen der definitorischen Einordnung und Abgrenzung von kollegialer Beratung, der theoretischen Bezüge und empirischen Forschung sowie die Wirkungen, die mit einer Teilnahme an kollegialer Beratung einhergehen können. Nach einer Definition und Charakterisierung von kollegialer Beratung (2.1) wird das Format verortet, zunächst als Personalentwicklungsmaßnahme für verschiedene Zielgruppen (2.2) und dann in Abgrenzung zu anderen, ähnlichen Interventionsformaten und -formen (2.3). Daran schließen sich eine Darstellung von Theoriebezügen zu kollegialer Beratung (2.4) und eine Übersicht über den internationalen Stand der Forschung zum Gegenstand an (2.5). In Abschnitt 2.6 wird das Resultat einer explorativen Literaturanalyse zu personenbezogenen Wirkungen von kollegialer Beratung vorgestellt.

2.1 Einordnung von kollegialer Beratung

Wer zum Forschungsgegenstand Literaturrecherche betreiben will, wird in deutschsprachigen Datenbanken hauptsächlich mit den synonymen Bezeichnungen *kollegiale Beratung*, *Intervision* oder *kollegiale Supervision* fündig. Wer die Suche um englischsprachige Quellen erweitern will, gibt in die Suchmasken von Psyndex und PsycLit am besten *peer group supervision*, *peer consultation* oder *peer counselling* bzw. *counseling* ein (für Quellen in amerikanischem Englisch). Im Niederländischen helfen z. B. *Intervisie* und *Intercollegiale consultatie*, im Slowenischen reicht womöglich *Intervizija*. Mit diesen Begriffen lässt sich ein Großteil der einschlägigen Artikel und Monographien ermitteln. Damit ist leider noch nicht in jedem Fall gesichert, dass die Texte das Gemeinte eindeutig behandeln, weil es bisher weder im Deutschen noch im Englischen einheitliche Termini oder ein einheitliches Verständnis von dem gibt, was in der vorliegenden Arbeit – nicht allein der Einfachheit halber, sondern im Wesentlichen der Geläufigkeit wegen – *kollegiale Beratung* heißen wird.

Damit ist bereits ein erstes Grundproblem des Diskurses über und der Forschung zu kollegialer Beratung skizziert: Ihre begriffliche Vielfalt und konzeptuelle Unschärfe, die mit etwas anderen Akzenten schon in der Einführung anklingen. Zum großen Reichtum der Bezeichnungen tragen nicht nur schreibende Anwender, sondern auch Anbieter und Wissenschaftler bei. Zwar zeichnen sich in variierenden Lesarten gemeinsame Prinzipien eines Formats kollegiale Beratung ab, diese Prinzipien wurden jedoch bisher nicht systematisch aufgearbeitet und kategorisiert. Um den Gegenstand präzise einzugrenzen und nicht unbedacht zu verwechseln, braucht es ein Raster mit mehreren Merkmalen, die helfen, das Gesuchte eindeutig zu bestimmen und klar von Beinahe-Treffern zu unterscheiden. Mit Hilfe eines solchen Filters lassen sich gegenstandsbezogene theoretische und empirische Erkenntnisse zuordnen, um mit differenzierten Aussagen zur wissenschaftlichen Forschung über kollegiale Beratung beitragen zu können. Mit dieser Absicht soll nun das Verständnis von kollegialer Beratung, das dieser Arbeit zugrunde liegt, positioniert und eingegrenzt werden.

2.1.1 Definition von kollegialer Beratung

Kollegiale Beratung beschreibt ein Format personenorientierter Beratung, bei dem im Gruppenmodus wechselseitig berufsbezogene Fälle der Teilnehmenden systematisch und ergebnisorientiert reflektiert werden. Dieses Verständnis korrespondiert mit der Mehrzahl der einschlägigen Definitionen und Auffassungen in der deutsch- und englischsprachigen Literatur[3].

---

3 Vgl. Agnew, 1998; Akhurst & Kelly, 2006; Appleby, Berkman, Blazejack & Gorter, 1970; Belardi, 2005; Bernard & Goodyear, 2009; Billow & Mendelsohn, 1987; Bürgisser, 2006; Counselman & Weber, 2004; Fallner & Gräßlin, 1990; Fengler, 1986, 1996; Fiege, 1999; Foole, Kamphorst & Zier, 1974; de Haan, 2005; Gomersall, 1997; Greenburg, Lewis & Johnson, 1985; Hamlin & Timberlake, 1982; Hardcastle, 1991; Hare & Frankena, 1972; Herwig-Lempp, 2004; Kennedy, 2000; Klimek, 2004; Kopp & Vonesch, 2003; Lewis, Greenburg & Hatch, 1988; Lippmann, 2004; Marks & Hixon, 1986; Markus, Gross, Halewski, Quallo, Smith, Sullivan, Sullivan & Tantillo, 2003; McNamara, 1998; Mosing, 2009; Nold, 1998; Powell, 1996; Proctor, 2008; Rabi, Lehr & Hayner, 1984; Rotering-Steinberg, 1983, 1990, 1996, 2001a, 2005; Rowold & Rowold, 2008; Rowold & Schley, 1998; Ryschka & Tietze, 2008; Schattenhofer, 1997; Scheer, 1997; Schlee, 1996, 2004, 2007, 2008; Schlee & Mutzeck, 1996b; Schmehl, 2007; Schmelzer, 1997; Schreiber & Frank, 1983; Spangler, 2005; Steffan, 2008; Thomasgard & Collins, 2003; Tietze, 2003; Todd & Pine, 1968; Welter-Enderlin, 1995; Žorga, 1997a; Žorga, Dekleva & Kobolt, 2001.

Zur begrifflichen Präzision wird in dieser Arbeit die Unterscheidung von *Format*, *Form* und *Verfahren* angewendet (vgl. Buer, 2007). *Formate* bezeichnen danach die institutionalisierte Rahmung, *Formen* deren formale Binnendifferenzierung und *Verfahren* konzeptuelle Varianten. Die formulierte Auslegung von kollegialer Beratung repräsentiert damit zugleich die größte Gruppe der in der einschlägigen Literatur beschriebenen Formen und Verfahren, gleich welche Bezeichnung sie tragen.

2.1.2 Charakterisierung von kollegialer Beratung

Mit der vorgeschlagenen Definition werden sechs Merkmale herausgearbeitet, die erst in ihrer Kombination das Format kollegiale Beratung charakterisieren: *personenorientierte Beratung, Gruppenmodus, berufsbezogene Fälle, Systematik, Wechselseitigkeit und ergebnisorientierte Reflexion*. Mit jedem Merkmal sind weitere Selektionen und Auswirkungen für den Charakter des Formats verknüpft, welche nachfolgend im Ansatz beleuchtet werden. Selektion bedeutet dabei, den Raum des Möglichen durch Entscheidungen einzuengen und alternative Optionen abzulehnen.

Kollegiale Beratung kann der Klasse der Formate zur *personenorientierten Beratung in Organisationen* zugerechnet werden, der auch Coaching und Supervision angehören. Mit dieser Sinnzuschreibung gehen in Anlehnung an S. Kühl (2008a) drei weitere Selektionen einher. Erstens die thematische Fokussierung auf Beratung von Personen in ihrer Rolle als Organisationsangehörige, was die Beratung von ganzen Organisationen sowie außerorganisationale, private Themen ausgrenzt. Zweitens wird mit *Beratung* die soziale Interaktion charakterisiert; es geht nicht um Anleiten, Führen oder Verkaufen. Dass beraten wird, hat für die soziale Struktur der kollegialen Beratung zur Folge, dass sich die komplementären Rollen von Beratenen und Beratenden differenzieren, womit eine asymmetrische Beziehung der Beteiligten angelegt ist (vgl. auch Rappe-Giesecke, 2003). Und drittens bildet stets eine anwesende einzelne *Person* mit ihrem beruflichen Kontext den Bezugspunkt der Beratung, nicht z. B. ein Konflikt von zwei und mehr Personen oder die Kooperation in einem ganzen Team (vgl. S. Kühl, 2008c).

Die Wahl des *Gruppenmodus* als Raum für soziale Interaktionen bedeutet für kollegiale Beratung auf der Ebene der Form eine Entscheidung gegen eine dyadische Konstellation. Der Gruppenmodus erreicht eine höhere Stabilität, weil durch das Ausscheiden einer Person die Existenz der Gruppe – und damit die Option, kollegiale Beratung fortzusetzen – nicht unmittelbar gefährdet ist und die zeitweilige Abwesenheit eines Mitglieds verkraftet werden kann (S. Kühl, 2008c). Die Einführung des so genannten Dritten zieht eine ganze Reihe von Folgen für die intendierten Beratungsinteraktionen nach sich. Die Hoffnung, die aus dem Gruppenmodus erwächst, besteht vor allem darin, eine Vielzahl an Perspektiven zu aktivieren. Mit den zusätzlichen Personen gehen jedoch weitere sozialpsychologische und gruppendynamische Phänomene und Prozesse einher, die sich auf den Beratungsprozess auswirken können, z. B. Kohäsion, normative Orientierungen, Koalitionsbildungen, Gruppenzwänge und weitere Konfliktoptionen (vgl. S. Kühl, 2008a).

Eine weitere thematische Selektion betrifft die Entscheidung für das Modell der Beratung von *berufsbezogenen Fällen*. Sie impliziert die Einschränkung der personenbezogenen Beratung auf inhaltlich und zeitlich begrenzte arbeitsbezogene Thematiken, die zum Zeitpunkt der Beratung für die Beratenen noch offen sind (vgl. Thimm, 1997). Damit werden Themen wie Hobbies, Gesundheit, Liebe und Politik ausgegrenzt, solange sie keinen plausiblen Bezug zum Fall aufweisen. Da das Konzept des Falls auf das Erleben und Verhalten der Person in ihrem Arbeitskontext fokussiert, richtet sich der Blick stärker auf die Zugriffssphäre des Einzelnen und wendet sich tendenziell von organisationalen oder gesellschaftlichen Einflüssen ab[4]. Auf einer anderen Ebene bedeutet Fallberatung gleichzeitig eine Entscheidung dafür, den Beratungsprozess in mindestens zwei aufeinander folgende Sequenzen zu differenzieren – die Vorstellung des Falls und die Beratung des Falls (Auckenthaler, 1995). Das Verständnis von Fallberatung begrenzt die Dauer des Beratungsprozesses darüber hinaus auf einen Zeitraum von in der Regel ein bis zwei Stunden, wodurch längere Prozesse, wie sie beim Einzelcoaching nicht unüblich sind (vgl. Rauen, 2003), ausgeschlossen werden.

Zur Einführung einer *Systematik* in den Beratungsprozess werden, vorwiegend in der deutschsprachigen Literatur, meist ein mehrphasiges Ablaufschema mit einem Zeitraster sowie eine soziale Struktur in Form einer Rollendifferenzierung vorgeschlagen (siehe die vergleichenden Übersichten bei Fiege, 1999; Nold, 1998; Rüegg, 2001). Damit soll die intendierte Beratungskommunikation gewährleistet und von Alltagsgesprächen oder Entscheidungsprozeduren abgegrenzt werden. Diese Wahl resultiert einerseits aus dem Verzicht auf einen konstanten, personalisierten, ausgebildeten Beratungsexperten (z. B. Supervisor/Coach), der sein Wissen über Beratungsprozesse be-

4 S. Kühl (2006) sieht in diesem Fokus von personenorientierter Beratung in Organisationen eine Tendenz zur Personalisierung von Konflikten.

reitstellt und bei Abweichungen interveniert. Andererseits wird eine Beratungssystematik, die einen zieldienlichen Beratungsprozess sicherstellt, dadurch notwendig, dass die Personengruppen, welche kollegiale Beratung praktizieren können sollen, in der Regel nicht auf beratungskompetente Berufsangehörige eingeschränkt werden.

Die *Wechselseitigkeit* bei kollegialer Beratung bezieht sich auf die prinzipielle und praktizierte Möglichkeit zur Reziprozität der Beratungsbeziehungen zwischen allen Teilnehmenden von Fallberatung zu Fallberatung (vgl. Akhurst & Kelly, 2006; Bürgisser, 2006; Schlee, 2007; Žorga, Dekleva & Kobolt, 2001). Durch das Prinzip der Reziprozität fluktuiert fallweise die – jeder Beratung innewohnende – Asymmetrie der Rollen von Beratenen und Beratenden. Es steht in Kontrast zu Beratungsformaten mit fester Rollenverteilung und einem konstanten Beratungsexperten, welcher die Gruppe leitet und den Beratungsprozess gestaltet, selber aber keine eigenen Fälle durch die Gruppe beraten lässt.

Mit der Betonung einer *ergebnisorientierten Reflexion* wird zum einen ein Zielbezug des Beratungsprozesses eingeführt, welcher darin besteht, dass die Person aus den Beratungsinteraktionen und -informationen Folgerungen für künftige Handlungen oder Selbstreflexionen ableitet (vgl. Greif, 2008). Die Entscheidung darüber, zu welchem Zeitpunkt was als Ergebnis der kollegialen Beratung angesehen werden kann, obliegt dabei den meisten Autoren zufolge dem Beratenen selbst. Zum anderen verweist der Ausdruck Reflexion auf eine Modifikation des Beratungsverständnisses, welches nicht allein im Ratsuchen und Ratgeben besteht, sondern auch darin, dass Beratene bewusst über sich oder eigene Handlungen mit Bezügen zu derzeitigem und erwünschtem zukünftigen Erleben nachdenken (ebd.).

2.1.3 Resümee zur Definition kollegialer Beratung und ihrer Bestandteile

Obwohl anzunehmen ist, dass Kollegialität große Bedeutung für den Beratungsprozess zukommt (wie in Abschnitt 3.5 aufgezeigt wird), wird die Namenspatin an dieser Stelle nicht den zentralen *Definitions*merkmalen von kollegialer Beratung zugerechnet, hauptsächlich weil sie in Definitionen lediglich in Ausnahmefällen eine Rolle spielt – offenbar, um Tautologien zu vermeiden. Die übrigen Selektionen entstehen durch willentliche Setzungen, eingeschränkter bereits die *ergebnisorientierte Reflexion*. Ob diese Entscheidungen in einem konzeptualisierten Format angelegt sind und realisiert werden, ist eindeutig beobachtbar, weshalb sie sich als Merkmale eignen, um kollegiale Beratung zu bestimmen.

Fasst man die wichtigsten in den Merkmalen enthaltenen Selektionen in einen Satz, so lautet die Definition umständlich und sperrig: Kollegiale Beratung ist in einer leiterlosen Gruppe reziprok praktizierte systematische Beratung zur ergebnisorientierten Reflexion beruflicher Fälle. Da die Beratung beruflicher Fälle mit personenorientierter Beratung einhergeht und eine ergebnisorientierte Reflexion eng mit der Systematik des Vorgehens verknüpft ist, reichen vier Kernmerkmale aus, um kollegiale Beratung zu charakterisieren und von anderen Formaten abzugrenzen. Deshalb noch einmal anders und einfacher ausgedrückt: Wenn ein Beratungskonzept vorsieht, (1) dass es in einer Gruppe realisiert werden soll *und* (2) wenn berufsbezogene Fälle von teilnehmenden Personen beraten werden *und* (3) wenn sich der Beratungsprozess an einer Ablaufstruktur orientieren und mit verteilten Rollen vollzogen werden soll *und* (4) alle Rollen ausnahmslos reversibel sein sollen – dann ist anzunehmen, dass es sich um das Format kollegiale Beratung im Sinne der vorliegenden Arbeit handelt.

Weil die skizzierten Merkmale und die mit ihnen verknüpften Selektionen Auswirkungen auf Faktoren und Prozesse haben, welche wiederum für die Effekte von kollegialer Beratung bedeutsam sein können, werden diese für das Format charakteristischen vier Kernmerkmale mit Blick auf ihr Wirkungspotenzial in Kapitel 3 differenzierter betrachtet.

2.2 Kollegiale Beratung als Personalentwicklungsmaßnahme

Als Format zur personenorientierten Beratung kann kollegiale Beratung den Maßnahmen zur beratungsorientierten Personalentwicklung für verschiedene Zielgruppen zugerechnet werden (Ryschka & Tietze, 2008; Solga, Ryschka & Mattenklott, 2008).

2.2.1 Einordnung von kollegialer Beratung als Personalentwicklungsmaßnahme

Angelehnt an die Nomenklatur eines facettentheoretischen Ansatzes zur Systematisierung von Personalentwicklung (Staufenbiel, 1999; zitiert nach Holling & Liepmann, 2007) kann kollegiale Beratung schematisch eingeordnet werden als:

- (*Ebene*) individuumszentrierte Intervention …
- (*Aktivität*) zur Verbesserung, Förderung und Steigerung …
- (*Qualifikation*) verschiedener fachlicher und überfachlicher kognitiver sowie sozialer Kompetenzen …
- (*Zielgruppe*) … für eine große Bandbreite an Zielgruppen.
- (*Zeitpunkt*) Kollegiale Beratung wird überwiegend berufsbegleitend (*along-the-job*) entweder innerhalb einer Organisation (*near-the-job*) oder außerhalb (*off-the-job*) realisiert.
- (*Methoden*) Mit der durch die Definitionsmerkmale charakterisierten Methodik (vgl. Abschnitt 2.1.2) …
- (*Ziel*) … wird eine Kombination von Zielen verfolgt, deren Schwerpunkte je nach Zielgruppe variieren können.

Kollegiale Beratung weist darüber hinaus Bezüge zu wesentlichen Prinzipien des selbstorganisierten Lernens in Gruppen auf, bei dem der Lernende Initiator und Organisator des eigenen Lernprozesses ist und in einer Gruppe mit anderen Lernenden und mit der Intention kooperiert, selbst etwas dazuzulernen und ein individuelles Handlungsergebnis zu erzielen (vgl. Deitering, 1995; Greif & Kurtz, 1996). Bürgisser (2006) hält kollegiale Beratung für eine innovative Form selbstorganisierten Lernens.

2.2.2 Zielgruppen für kollegiale Beratung

In der Literatur finden sich bisher keine Einschränkungen bezüglich der Zielgruppen, für die kollegiale Beratung vorgesehen ist oder geeignet sein soll. Jedoch zeichnen sich in den einschlägigen deutsch- und englischsprachigen Texten Schwerpunkte der Berufsgruppen ab, aus denen Erfahrungen vorliegen oder an die sich Veröffentlichungen richten.

Erfahrungsberichte zu kollegialer Beratung werden bereits seit über 50 Jahren publiziert. Dabei zeigt sich hinsichtlich der Zielgruppen ein Wandel in den Professionen. Beziehen sich frühere Publikationen hauptsächlich auf psychosoziale oder pädagogische Berufe, so finden sich heute vermehrt auch Berichte über Zielgruppen aus anderen Bereichen wie Führungskräfte oder Krankenversicherungsangestellte. Über die Verbreitung von kollegialer Beratung existieren mit Ausnahme für die Zielgruppe Psychotherapeuten hinsichtlich der meisten Berufsfelder bisher keine Erkenntnisse. Für den deutschen Sprachraum ermittelte Ambühl (1994; Ambühl et al., 1995), dass in späteren Berufsjahren 17% von 581 befragten Psychotherapeuten an kollegialer Beratung teilnehmen. Bezogen auf niedergelassene Psychotherapeuten in den USA erhoben Lewis, Greenburg und Hatch (1988), dass 23% der Befragten kollegiale Beratung praktizieren, wie es die Psychotherapierichtlinien der American Psychological Association nahelegen, und weitere 24% in der Vergangenheit einer Peergruppe[5] angehörten. Von den Befragten ohne Peergruppe wünschen sich 61% die Möglichkeit zu kollegialer Beratung.

Hinsichtlich psychosozialer oder pädagogischer Berufsfelder beziehen sich Erfahrungsberichte zu kollegialer Beratung, Forschungsarbeiten oder methodische Anleitungen auf folgende Zielgruppen: *Sozialarbeiter/-berater* (Appleby et al., 1958/1970; Fizdale, 1958; Foole et al., 1974; Hare & Frankena, 1972; Schmehl, 2007; Schreiber & Frank, 1983; Urban, 2005; Wagner & Smith, 1979), *Schulberater* (Agnew, 1998), *Schulpsychologen* (Reuthner, 2003), *Supervisoren* (Berna-Simons, Schneider & Widmer-Perrenoud, 1996; Hamlin & Timberlake, 1982), *Psychotherapeuten* (Bessler, 1999; Billow & Mendelsohn, 1987; Bryskin, 1999; Issacharoff & Hunt, 1977; Greenburg, Lewis & Johnson, 1985; Hunt & Issacharoff, 1975; Lewis et al., 1988; Nobler, 1980; Shapiro, 1999; Sorotzkin, 1999; Todd & Pine, 1968; Toman, 1996; Weinstein, 1999; Wikler, 1999; Winstead, Bonovitz, Gale & Evans, 1974), *interdisziplinäre klinische Teams* (Hare & Frankena, 1972; Thomasgard & Collins, 2003), *Seelsorger* (Wagner, 1982), *Lehrer oder angehende Lehrer* (Feurle, Lenk & Wäcken, 2003; Fiege & Dollase, 1998; Klupsch-Sahlmann, 2005; Mahnke, 1996; Mutzeck & Schlee, 2008; Nold, 1998; Priebe, 1991; Rotering-Steinberg, 1983; Rothe-Jokisch, 2008; Scheid, 2006; Tiepmar, 1994; Wassener, 1999; Weigand, 1987; Wildt, 1995; Wittrock, 1998), *Erwachsenenbildner* (Schmidt & Wahl, 1999), *Familienplanungsberater* (Bosco, 2000), *Physiotherapeuten* (Klemme & Siegmann, 2006).

Erst in neuerer Zeit, seit etwa Mitte der 90er Jahre, findet das Konzept kollegialer Beratung offenbar auch in Wirtschaftsunternehmen und Verwaltungsorganisationen seine Verbreitung. Dabei kommt kollegiale Beratung als Maßnahme zur Personal- und Führungskräfteentwicklung entweder als allein stehende Maßnahme oder als Seminarmethodik bei der Qualifizierung von Führungskräften, Projektleitern und Managern zum Einsatz. Als Zielgruppen werden in Beiträgen angeführt: *Führungskräfte in Wirtschaftsorganisationen* (Bergel, 2004; Galler, Kopp & Vonesch, 2001; Hämmer, 2006; Klimek, 2004; Lauterburg, 2001; McNamara, 1997, 1998; Meyer, 2003a; Reuter, 2006;

5 Gruppen zur kollegialen Beratung werden in dieser Arbeit in der Regel als *Peergruppen* bezeichnet.

Rosskogler, 2002; Schattenhofer & Götz 2000), *Führungskräfte in der öffentlichen Verwaltung* (Abdel-Al, 2005; Franz, 2005), *Führungskräfte in Schulen* (Bauhofer & Schmidt, 2005; Mosing, 2009; Rowold & Schley, 1998), *Führungskräfte in sozialen Organisationen* (P. Weber, 2005), *Projektleiter in Wirtschaftsunternehmen* (Blomen, Dusch & Stark, 2000), *Hochschullehrer* (Arnold, 2001; Haack-Wegner 2000; Reinhardt 2006), *Manager* (Broekmans, 1994; Schulze & Lohkamp, 2005), *Mentoren in Unternehmen* (Rotering-Steinberg, 2007), *Unternehmensberater* (Galler, 2003; Harbert, 2006; Veith, 2003) *Qualitätsbeauftragte in Organisationen* (Heinold-Krug, 2003) und *Krankenversicherungsangestellte* (Rotering-Steinberg, 2001c, 1998).

Neben dem Wandel der Zielgruppen, der aus einem Vergleich der Jahreszahlen der Veröffentlichungen abzulesen ist, fällt im Vergleich der Regionen auf, dass in den englischsprachigen Publikationen (zumeist aus den USA) vorwiegend von Psychiatern, Psychotherapeuten und Sozialarbeitern (*counselors*) als Zielgruppen die Rede ist, während in deutschsprachigen Texten vor allem über Pädagogen und neuerdings Führungskräfte berichtet wird. Darüber hinaus wird aus den Erfahrungsberichten deutlich, dass die Peergruppen in psychosozialen Berufsfeldern zumeist von ihren Mitgliedern eigeninitiativ gegründet wurden, während die Initiative zu kollegialer Beratung für pädagogische oder Unternehmenszielgruppen häufig von Dritten auszugehen scheint – entweder von organisationsinternen Personalentwicklern oder von externen Forschungseinrichtungen. Aus diesen Beobachtungen kann die Annahme abgeleitet werden, dass Zielgruppen, zu deren Arbeitstätigkeit ohnehin personenbezogenes Beraten gehört, kollegiale Beratung eher aus eigenem Antrieb suchen, während beratungsfernere Zielgruppen tendenziell durch Impulse von außen dazu angestoßen werden, sich mit dem Format zu beschäftigen. Mit dieser Annahme einher geht die Beobachtung, dass die explizite Darstellung der Methodik kollegialer Beratung in der deutschsprachigen Literatur, die sich an die genannten Zielgruppen richtet, deutlich mehr Raum einnimmt als in englischsprachigen Texten. Dies kann auch darauf hinweisen, dass bestimmte Zielgruppen günstigere Voraussetzungen für kollegiale Beratung mitbringen und weniger durch Anleitungen oder Dritte an das Format herangeführt werden müssen.

2.3 Abgrenzungen von kollegialer Beratung zu anderen Formaten

In ihrer Kombination stellen die am Ende von Abschnitt 2.1.3 angeführten vier Kernmerkmale vermutlich notwendige und hinreichende Bestandteile dar, um kollegiale Beratung zu charakterisieren. Damit sollten sie sich als Format-Filter eignen, um relevante Verbindungslinien von kollegialer Beratung zu anderen Formaten mit Personalentwicklungsintention aufzuzeigen, aber auch, um diese weitgehend trennscharf von abweichenden Konzepten zu unterscheiden. Nachfolgend werden dem Format einige Interventionen gegenübergestellt, welche gewisse Übereinstimmungen aufweisen. Nach einer komprimierten, skizzenhaften Charakterisierung des jeweiligen Interventionsformats soll auf die wesentlichen Gemeinsamkeiten und Unterschiede zu kollegialer Beratung eingegangen werden. Obwohl zu vermuten ist, dass sich weitaus mehr gemeinsame oder unterschiedliche Merkmale differenzieren lassen, beschränkt sich die Analyse auf die vier wesentlichen Definitionsbestandteile kollegialer Beratung.

2.3.1 Supervision bzw. Coaching und kollegiale Beratung

Schon die Bezeichnungen *kollegiale Supervision* (Rotering-Steinberg, 2005) und *kollegiales Coaching* (Lippmann, 2004) deuten auf engere Verwandtschaftsverhältnisse von kollegialer Beratung zu den Formaten Supervision und Coaching hin, weshalb sich in der Literatur auch einige Vergleiche und Gegenüberstellungen finden, bevorzugt hinsichtlich Supervision (z. B. Buer, 1988; Fengler, 1996; Fengler, Sauer & Stawicki, 2000; Jugert, 1998; Thiel, 2000).

Charakterisierung von Supervision und Coaching

Coaching und Supervision als wohl die prominentesten Vertreter zur personenorientierten Beratung in Organisationen sollen für den Zweck dieses Abschnitts gemeinsam beleuchtet werden, vor allem um Dopplungen zu vermeiden. Bisher steht in Frage, ob die postulierten Differenzen weit genug reichen, um Supervision und Coaching auch als separate Formatgruppen zu betrachten – die Grenzen erscheinen höchst unscharf (vgl. Glaner & Hinz, 2007; S. Kühl, 2008a; Rappe-Giesecke, 2003). Dass sich zahlreiche Unterschiede zwischen ihnen beschreiben lassen, steht außer Frage – z. B. bezogen auf ihre Historie, ihre jeweils bevorzugte Form sowie die Zielgruppen, bei denen sie sich etabliert haben. Für einen Vergleich der hier interessierenden Merkmale bedeutender erscheinen jedoch weniger die weiteren möglichen Unterschiede *zwischen* Coaching und Supervision (vgl. Belardi, 2005; Butzko, 2000; Pühl, 2000b; Rappe-Giesecke, 2003; Rauen, 2003) als vielmehr die bemerkenswerte Heterogenität *innerhalb* jeweils beider Großfamilien hinsichtlich ihrer Formen (z. B. Gruppen-Coaching/Supervision vs. Einzel-Supervision/Coaching).

Auf Supervision und Coaching trifft wohl gleichermaßen zu, dass sie eine ganze Reihe von Beratungs-, Reflexions- und Weiterbildungsformen für berufliche Zusammenhänge umfassen (vgl. Belardi, 2005; Rappe-Giesecke, 2003). So arbeiten Buchinger (1997, 1999) für die Supervision sowie Greif (2008) bezogen auf das Coaching aus, dass es sich jeweils bei dem von ihnen betrachteten Format um ein Beratungsformat zur Reflexion der beruflichen Tätigkeit bzw. zur ergebnisorientierten (Selbst-) Reflexion handele. Für formbezogene Binnendifferenzierungen von jeweils Supervision und Coaching werden zahlreiche Ansätze und Schemata beschrieben, von denen hier nur diejenigen erwähnt werden sollen, die für den Vergleich mit kollegialer Beratung relevant erscheinen.

Die erste relevante Variation bezieht sich auf die soziale Konstellation. Es gibt Supervison/Coaching in Dyaden, Gruppen und Teams (vgl. Belardi, 1992; S. Kühl, 2008c; Rauen, 2003; Ryschka & Tietze, 2008). Der Literatur zufolge ist bei Coaching der dyadische Modus von Coach und Beratenem der gängigste und dominanteste (Rauen, 2003). Bei Coaching/Supervision werden Gruppen und Teams hinsichtlich ihrer Komposition unterschieden: In *Gruppen* finden sich speziell für Beratungen Personen zusammen, die sich in vergleichbaren Arbeitssituationen befinden, im Berufsalltag allerdings nicht zusammenarbeiten, während der Begriff *Team* sich auf betriebliche Arbeitseinheiten bezieht, deren Mitglieder auch außerhalb von Supervision oder Coaching beruflich kooperieren (S. Kühl, 2008a). Die zweite bedeutsame Differenzierung betrifft den thematischen Fokus: Rappe-Giesecke (2003) schlägt hierfür die Unterscheidung der drei Programme *Fallarbeit*, *Institutionsanalyse* und *Selbstthematisierung* vor, welche in der Praxis zumeist miteinander kombiniert werden. Im Programm *Fallarbeit* stehen die professionelle Kompetenz der Beratenen im Vordergrund sowie deren Arbeitsbeziehungen zu Kunden, Klienten oder anderen Personen außerhalb der Gruppe. Das Programm *Institutionsanalyse* hat zum Ziel, die Selbstbeschreibung eines Systems (Funktionseinheit, Organisation, Institution) im Kontext der Erwartungen, welche an das System gerichtet werden, zu verändern. Beim Programm *Selbstthematisierung* steht die anwesende Gruppe selber im Mittelpunkt; seine Funktion besteht darin, aktuelle Krisen zu fokussieren, die während der Arbeit in den anderen beiden Programmen entstehen können.

Mit den beiden genannten Dimensionen – soziale Konstellation und thematischer Fokus – können die gängigsten Supervisions- und Coachingformen sortiert werden (vgl. Glaner & Hinz, 2007; Rappe-Giesecke, 2003). Einzelsupervision bzw. (Einzel-) Coaching bezeichnet demnach eine dyadische Form, in welcher Fallarbeit, Institutionsanalyse und Selbstthematisierung (der Kooperationsbeziehung zwischen Beratendem und Beratenem) eine Rolle spielen können. Gruppencoaching bzw. Gruppensupervision wird in einer Gruppe realisiert, die eigens für die Beratung zusammengesetzt wird und deshalb nicht gleichzeitig ein organisationales Subsystem bildet (vgl. S. Kühl, 2008c). Dementsprechend scheidet das Programm Institutionsanalyse für diese Gruppenform von Coaching und Supervision aus. Teamsupervision bzw. Teamcoaching kann wiederum alle drei Programme umfassen, weil der Teilnehmerkreis einem gemeinsamen beruflichen Funktionszusammenhang angehört (z. B. Arbeitsteams oder Projektteams). Die Schwerpunkte dieser Form, die auch Teamentwicklung genannt wird, bilden häufig die Programme Institutionsanalyse und Selbstthematisierung – es geht meist um die Veränderung der beruflichen Kooperationsbeziehungen zwischen den Teammitgliedern, um die Effektivität des Teams zu entwickeln (vgl. Lauterburg, 2001; Rauen, 2003; Schmidt & Wahl, 2008; Schreyögg, 2004; Tannenbaum, Salas & Cannon-Bowers, 1996).

Im Idealfall verlaufen Supervisions- und Coachingprozesse konzeptgeleitet und Coaches wie Supervisoren orientieren sich dabei an einem Rahmenmodell bzw. einer systematischen Schrittfolge, deren Auflösungsgrad zwischen grob und fein variieren kann (siehe die zahlreichen Formen und Verfahren von Supervision und Coaching bei Glaner und Hinz, 2007). Ausgehend von der Annahme, dass es ideale Abläufe für die drei genannten Programme gibt, rekonstruiert Rappe-Giesecke (2003) *Normalformen* des Ablaufs, deren Phasen- und Sequenzenabfolge nicht beliebig modifizierbar sei. Einem eigens dafür ausgebildeten Coach oder Supervisor obliegt es, den Beratungsprozess verfahrensgemäß anzuleiten, ihn mit geeigneten Interventionen zu gestalten und Abweichungen vom Verfahren zu registrieren. Im Programm Fallarbeit im Gruppenmodus besteht für diese Rolle zusätzlich die Option, die übrigen anwesenden Teilnehmer in die Fallberatung einzubinden (vgl. Schreyögg, 2004).

Bei Coaching und Supervision handelt es sich prinzipiell[6] um formal asymmetrische Beziehungen zwischen Coach/Supervisor und Beratenem (Fengler, 1986; S. Kühl, 2008a). Mit der Entscheidung für einen als *Supervision* oder *Coaching* bezeichneten Prozess geht eine eindeutige Rollenfestlegung des Leistungsanbieters einher, die in der Beratungssituation aufrecht erhalten werden muss; andernfalls würde sich die Beratungssituation auflösen. Diese asymmetrische Rollendifferenzierung bleibt bei Coaching und Supervision auch bei mehreren aufeinander folgenden Beratungssituationen bestehen, Kontakte in anderen Rollen außerhalb der Beratung werden weitgehend ausgeschlossen (vgl. S. Kühl, 2008a).

Gemeinsamkeiten und Unterschiede von kollegialer Beratung und Supervision bzw. Coaching

Hinsichtlich der skizzierten Formvarianten von Coaching/Supervision weist kollegiale Beratung die meisten konzeptuellen Überschneidungen mit dem Programm Fallarbeit im Gruppenmodus auf. Wird dessen Ablauf an einer Normalform (s.o.) ausgerichtet, so korrespondiert dies mit der bei kollegialer Beratung üblichen Orientierung des Beratungsprozesses an einem Ablaufschema. Kollegiale Beratung und diese Variante von Supervision/Coaching überlappen sich somit bei maximal drei von vier Definitionsmerkmalen – Gruppenmodus, personenorientierte Fallberatung für berufliche Themen sowie Ablaufstruktur mit der Option auf eine Verteilung von Aufgaben im Beratungsprozess. Kennedy (2000) sieht dementsprechend kollegiale Beratung als Variante der Supervision: „Supervision comes in three basic shapes and sizes: Individual Supervision – one counselor meeting regularly for mentoring with a more senior clinician. Peer Group Supervision – a specific group of colleagues meeting regularly to mentor each other. Leader-Led Peer Group Supervision – a peer group with a senior clinician as facilitator." (S. 384). Die übrigen Formen von Coaching und Supervision unterscheiden sich von kollegialer Beratung deutlicher, entweder durch den dyadischen Modus oder, im Fall von Teamsupervision/-coaching, durch den thematischen Fokus.

6 An diesem kategorischen Prinzip, welches sich aus der Rollendifferenzierung in Beratende und Beratene ableitet, ändert sich auch nichts, wenn der Supervisor ein ‚horizontales' Supervisionsverständnis einnimmt, um diese Asymmetrie zu überwinden, wie es Mutzeck (2008) vorschlägt.

Die klarste Trennlinie zwischen kollegialer Beratung und allen Varianten von Supervision und Coaching bildet die Reversibilität der Beratungsrollen. Diese Option entsteht bei kollegialer Beratung aus dem Verzicht auf einen konstanten exponierten Rollenträger in Gestalt eines bezahlten Coachs oder Supervisors, welcher keine eigenen beruflichen Fallthemen einbringt (vgl. Fengler et al., 2000; S. Kühl, 2008a). Inskipp (1996) und Proctor (2008) typologisieren Gruppensupervision nach Dominanz des Supervisors und Beteiligung der Supervisanden in (1) autoritative, (2) partizipative, (3) kooperative Gruppensupervision sowie (4) kollegiale Beratung gänzlich ohne Supervisor. Für Thiel (2000) überwiegen die strukturellen Ähnlichkeiten zwischen kollegialer Beratung und Supervision mit Ausnahme der Aspekte Hierarchie und Selbstorganisation; die unterschiedliche Qualifikations- und Rollenstruktur der jeweiligen Kommunikationssysteme habe auf der thematischen Ebene zur Folge, dass sich das Format der kollegialen Beratung nicht eigne, um das Programm Selbstthematisierung zu realisieren.

2.3.2 Zirkel und kollegiale Beratung

Kollegiale Beratung soll auf einer allgemeinen Ebene dazu beitragen, die Qualität beruflichen Handelns zu sichern und zu entwickeln (Arnold, 2001; Rüegg, 2001). Mitunter wird das Format sogar in die unmittelbare Nähe zum Format der Qualitätszirkel gerückt (vgl. Brinkmann, 2002; Hendriksen, 2000; Inhelder, 2006; Lippmann, 2004; Rotering-Steinberg, 2005).

Charakterisierung von Zirkeln

Die Idee von Zirkeln liegt darin, die Bearbeitung betrieblicher Probleme nicht allein Führungskräften und Fachexperten vorzubehalten, sondern Mitarbeiter in Foren einzubinden, in denen sie ihr Vor-Ort-Wissen, ihre Erfahrungen und ihre Fähigkeiten einbringen (Bungard & Antoni, 2007). Als Zirkel werden moderierte Gruppen bezeichnet, in denen sich fünf bis zehn Mitarbeiter einer ausführenden Hierarchieebene in mehreren, regelmäßig stattfindenden Treffen mit Arbeitsproblemen im weitesten Sinn befassen, welche sie möglichst eigenverantwortlich zu lösen versuchen (Derboven, Dick & Wehner, 2002). Mit diesem für das Format zentralen Partizipationsgedanken sollen Prozesse und Produkte verbessert, Mitarbeiter motiviert, organisationale Veränderungsprozesse unterstützt und Mitarbeiter aufgabennah qualifiziert werden (ebd.).

Zirkel werden den gruppenorientierten Interventionstechniken zugerechnet (Bungard & Antoni, 2007). Die Gruppen werden von betrieblicher Seite ins Leben gerufen; die Teilnahme gestaltet sich in der Regel freiwillig. Der thematische Fokus von Zirkeln liegt darin, *betriebliche* Probleme zu analysieren und Vorschläge zur Verbesserung oder Lösung zu entwerfen. Es werden Themenkreise bearbeitet, welche die hierarchische Organisation bisher nicht befriedigend hat bedienen können (Cordery, 1996). Besondere Schwerpunkte können auf den Themen Gesundheit, Produktinnovation, Arbeitssicherheit oder Wissensmanagement liegen (Derboven, Dick & Wehner, 1999). So dienen Gesundheitszirkel dazu, Belastungen und Ressourcen am Arbeitsplatz zu ermitteln, Ursachen zu identifizieren und Lösungsvorschläge zu entwickeln (Bamberg, Ducki & Busch, 2003). In Zirkeln kommen häufig Problemlöse- und Kreativitätstechniken zum Einsatz, in bestimmten Varianten auch Methoden zum systematischen Erfahrungsaustausch (vgl. Derboven et al., 2002). Der Zirkelprozess wird in der Regel konstant von externen oder internen Moderatoren angeleitet, die Rolle kann auch von Mitarbeitern oder Vorgesetzten ausgefüllt werden (Bungard & Antoni, 2007).

Gemeinsamkeiten und Unterschiede von kollegialer Beratung und Zirkeln

Zirkelarbeit und kollegiale Beratung weisen zwar gemeinsame Merkmale auf, allerdings sind darüber hinaus entscheidende Unterschiede offenkundig. In beiden Formaten werden im Gruppenmodus berufsbezogene Themen strukturiert und moderiert bearbeitet – die Zirkelarbeit sieht jedoch personenorientierte Fallberatung ebenso wenig vor wie eine Rotation der Moderatorenfunktion im Lauf des Gruppenprozesses[7].

---

7 Die von Brinkmann (2002), Feltham und Dryden (2002) sowie Hendriksen (2000) vertretene Annahme, dass sich kollegiale Beratung einst aus dem Qualitätszirkelkonzept entwickelt habe, erscheint vor diesem Hintergrund unplausibel. Frühe Erfahrungsberichte zu kollegialer Beratung wurden bereits im Jahr 1958 publiziert (Fizdale, 1958), die Peergruppe von Todd und Pine (1968) gründete sich im Jahr 1955. Historische Entwicklungslinien von kollegialer Beratung werden u.a. bei Fengler, Sauer und Stawicki (2000), Rimmasch (2003) sowie Thiel (2000) aufgezeigt.

2.3.3 Selbsthilfegruppen und kollegiale Beratung

Die Assoziation von kollegialer Beratung mit Selbsthilfeprinzipien erscheint nicht zufällig: Schon Schlee und Mutzeck (1996a) versehen ihr Herausgeberwerk zu kollegialer Beratung mit dem Untertitel „Modelle zur Selbsthilfe für Lehrerinnen und Lehrer". Fallner (1990), Fengler (1986), Rotering-Steinberg (1983) und Schlee (2004, 2008) bringen das Format explizit mit dem Selbsthilfegedanken in Verbindung.

Charakterisierung von Selbsthilfegruppen

In Selbsthilfegruppen schließen sich Menschen freiwillig zusammen, um (zumeist chronische) Krankheiten, psychische oder soziale Probleme gemeinsam zu bewältigen, von denen sie selber oder als Angehörige betroffen sind (Matzat, 2004). Ihre Mitglieder teilen ein Thema, welches mit gesellschaftlicher Benachteiligung (z. B. körperliche oder psychische Behinderungen), einschneidenden Lebensveränderungen (z. B. Eltern werden, Suchterkrankungen) oder Stigmatisierungen (z. B. Homosexualität) verbunden sein kann (Humphreys & Rappaport, 1994). Die Ziele ihrer regelmäßigen Zusammenkünfte bestehen darin, mit vereinten Kräften Probleme zu überwinden, die persönlichen Lebensumstände zu verändern sowie häufig darin, den gemeinsamen Anliegen im sozialen oder politischen Umfeld Gehör zu verschaffen (Matzat, 2004). Humphreys und Rappaport (1994) weisen darauf hin, dass der Terminus *self-help* (Selbsthilfe), welcher eine Individualität suggeriere, den Kern der kollektiven Aktivität nicht treffe und schlagen vor, wegen des reziproken Charakters der Unterstützung passender von *mutual aid* (wechselseitiger Hilfe) zu sprechen, wie es in Teilen der Forschung üblich sei.

Charakteristisch für Selbsthilfegruppen sind eine Initialzündung, nachdem Personen ein gleichgerichtet motiviertes Interesse entdeckt haben, eine freiwillige Teilnahme, eine von den Mitgliedern eigeninitiativ gestaltete und selbst gesteuerte Gruppenarbeit sowie ein Anspruch an einen Ethos, demzufolge die Mitglieder sich wechselseitig als gleich und selbstbestimmt anerkennen, selbst wenn sie sich individuell in verschiedenen Stadien der Problembewältigung befinden (vgl. Fengler, 1986; Humphreys & Rappaport, 1994). Ob Selbsthilfegruppen selber Unterstützung in Form von *Starthilfe* erhalten oder einen Gruppenleiter haben sollten, um Stabilität zu erreichen, ist umstritten (Wittern, 1992).

In Selbsthilfegruppen tauschen die Mitglieder Informationen und Erfahrungen aus, laden Fachexperten zu ihrem Thema ein, berichten einander über ihre Lebenssituation sowie über erfolgreiche und gescheiterte Bewältigungsversuche und geben sich gegenseitig emotionale Unterstützung bei persönlichen und zwischenmenschlichen Problemen (Matzat, 2004). Darüber hinaus entwickeln viele Gruppen die Identität einer Interessenvertretung gegenüber Außenstehenden und gesellschaftlichen Institutionen (Humphreys & Rappaport, 1994). Die verschiedenen Selbsthilfeansätze weisen hinsichtlich Strukturierung und Leiterzentrierung eine große Spannbreite auf – vom straffen Ablaufschema bis zum Verzicht auf jedwede Vorgabe (Rotering-Steinberg, 1983).

Selbsthilfegruppen können eine Reihe von Wirkungen haben: Bezogen auf gesundheitliche Themen kann eine Teilnahme therapeutische Effekte beim Verlauf von Erkrankungen bewirken und dazu beitragen, einen individuell günstigen Umgang mit dem Problem zu erlernen. Selbsthilfegruppen können darüber hinaus das professionelle Versorgungssystem so beeinflussen, dass dessen Angebote sich stärker an den Bedürfnissen der Betroffenen orientieren und somit insgesamt zu Kosteneinsparungen im Gesundheitssystem beitragen (Matzat, 2004).

Gemeinsamkeiten und Unterschiede von kollegialer Beratung und Selbsthilfegruppen

Gemeinsame Prinzipien von Selbsthilfegruppen und kollegialer Beratung sind offensichtlich. Hervorzuheben sind der Gruppenmodus, die angestrebte Reversibilität der Beziehungen untereinander sowie der Grundsatz der wechselseitigen Hilfe und Unterstützung mit der Absicht, schwierige Situationen zu bewältigen. Die differenzierenden Merkmale liegen zum einen auf der thematischen Ebene – es geht in Selbsthilfegruppen nicht wie bei kollegialer Beratung um Personen in ihrer beruflichen Rolle, weshalb das Merkmal der personenorientierten Beratung in Organisationen nicht zutrifft. Zum anderen gehen die Aktivitäten in Selbsthilfegruppen über eine auf Fälle bezogene personenorientierte Beratung mit Reflexionsabsichten hinaus. Und schließlich bildet es nicht den Normalfall, dass sich Selbsthilfegruppen an einem strukturierten Ablauf orientieren.

2.3.4 Weitere Abweichungen

Wenn in deutschsprachigen Quellen von *kollegialer Beratung* oder *Intervision* bzw. in englischsprachigen Artikeln von *peer group supervision* (bzw. *consultation, counsel(l)ing*) die Rede ist, finden sich bei näherer Betrachtung einerseits namensgleiche Formate, auf welche nicht alle vier Kernmerkmale der eingangs formulierten Definition zutreffen. Andererseits können Beratungsformate identifiziert werden, die zwar alle Merkmale erfüllen, jedoch nicht unter einer der gängigen Bezeichnungen firmieren. Was für Anwender unproblematisch erscheinen mag, muss aus Forschungssicht kritisch gesehen werden. Im einen Fall besteht die Gefahr, dass theoretische und empirische Erkenntnisse von abweichenden Formaten fälschlicherweise kollegialer Beratung zugerechnet werden. Angesichts des bisher geringen wissenschaftlichen Kenntnisstands darüber, wie alle Merkmale kombiniert zusammenwirken, sollte dies vermieden werden. Im anderen Fall werden relevante Befunde, Hinweise und Erfahrungen übersehen. Vor diesem Hintergrund sollen einige Formatkonzepte näher beleuchtet und eingeordnet werden, um damit besser einschätzen zu können, welche Beiträge sie zu einer theoretischen Betrachtung von kollegialer Beratung leisten können.

Abweichungen bezogen auf den Gruppenmodus

Der Bezeichnungen *Intervision*, *kollegiale Beratung* und *peer supervision* (bzw. *counsel(l)ing* und *consultation*) werden in der Literatur nicht nur für gruppenbezogene Formate verwendet, sondern auch für Varianten von wechselseitiger und strukturierter personenorientierter Beratung von berufsbezogenen Fällen im *dyadischen* Modus (Benshoff, 1992, 1994; Benshoff & Paisley, 1996; Koballa, Eidson, Finco-Kent, Grimes, Kight & Sambs, 1992; Orthey & Rotering-Steinberg, 2001; Otto & Vespermann, 2005; Remley, Benshoff & Mowbray, 1987; Rotering-Steinberg, 2005; Showers & Joyce, 1996; Vespermann & Otto, 2005; Wagner & Smith, 1979). Dieser dyadische Ansatz systematischer Peer-to-peer-Beratung trägt auch den weiteren Titel *Co-Counseln* (Berger, 1996). Die dyadischen Formen sollen kollegialer Beratung in dieser Arbeit nicht zugerechnet werden. Im Konzept des Koping (Akronym für *ko*mmunikative *P*raxisbewältigung *in* Gruppen) wechseln sich im Lauf des Beratungsprozesses, der sich durchaus über mehrere Termine erstrecken kann, Gruppenphasen und dyadische Phasen ab (Huber, 2001; Schmidt & Wahl, 1999, 2008). Da der

Gruppenmodus hierbei den Rahmen bildet, in welchen die Resultate der dyadischen Phasen einfließen, kann das Modell dem Format kollegiale Beratung durchaus zugeordnet werden.

Abweichungen bezogen auf das Kriterium berufsbezogener Fälle

Braun (2008) verweist bei der Darstellung ihres Verständnisses von kollegialer Beratung auf das Konzept der *Success Teams* bzw. *Dream Teams* von Sher und Gottlieb (1989). Die Prinzipien von *Success Teams* weisen zwar in den Aspekten Gruppenmodus und Reversibilität wesentliche Übereinstimmungen mit den Merkmalen kollegialer Beratung auf, sie weichen jedoch, folgt man dem Verständnis der Originalquelle, in einem entscheidenden Kriterium ab. Nach Sher und Gottlieb (ebd.) sind in den privat organisierten Gruppen aktuelle berufsbezogene Fälle *nicht* vorgesehen; die wechselseitige Unterstützung soll sich darauf beziehen, persönliche Wünsche zu erfüllen und längerfristige berufliche Vorhaben zu verwirklichen, zum Beispiel Gewicht zu verlieren, einen Porsche zu besitzen oder ein Möbelgeschäft zu eröffnen. Die Autorinnen entwerfen mit der Überschrift *Dream Teams* auch selbstgesteuerte Unterstützungsgruppen innerhalb von Organisationen, hierfür schließen sie berufliche Themen jedoch gänzlich aus: „Dream Teams are just like Success Teams, except that they're focused exclusively on personal, noncareer goals: to buy a house, to own a horse, to write a novel, to get married, to visit Hawaii, to get a child into medical school." (Sher & Gottlieb, 1989, S. 160f.). Die betriebsinterne Gründung und Förderung von *Dream Teams* wird zur Mitarbeitermotivation empfohlen, diese Gruppen erhalten demnach überwiegend Incentive-Charakter. Mit dem konzeptuell vorgegebenen, vom Prinzip beruflicher Fälle explizit abweichenden Themenfokus können die *Success Teams* und die *Dream Teams* nicht dem Format kollegiale Beratung zugerechnet werden.

Abweichungen bezogen auf die Reversibilität der Beratungsbeziehungen

Wie in Abschnitt 2.3.1 gezeigt, bildet das Merkmal, dass alle Gruppenmitglieder sowohl fallweise beraten werden können als auch an der Beratung der Fälle der anderen Teilnehmenden mitwirken, vermutlich das bedeutendste Abgrenzungskriterium für kollegiale Beratung gegenüber Supervision und Coaching – im Deutschen zumeist indiziert durch das Etikett *kollegial*. Weil jedoch die spezifische Kollegialität von kollegialer Beratung unterschiedliche Bezugspunkte haben kann (vgl. Abschnitt 3.5), sind durchgehend reversible Beratungsbeziehungen kein konsistentes Merkmal aller Formate, welche als *kollegial* tituliert werden. In der deutschsprachigen Literatur finden sich mit den Bezeichnungen wie *kollegiale Beratung, kollegiale Supervision, Intervision,* und *kooperative Beratung* auch Varianten, die eine dauerhafte Asymmetrie von Beratungsrollen installieren.

Hendriksen (2000) konzeptualisiert im Modell der *begleiteten Intervision* eine feste Leitungsfigur namens *Intervisor*, welcher, besonders berufserfahren und für seine Aufgabe speziell geschult, die kollegiale Beratung als *primus inter pares* permanent moderiert, selber jedoch nicht beraten wird[8]. Dieses in den Niederlanden offenbar nicht ungewöhnliche Verständnis weicht vom Prinzip der gegenseitigen Beratung ab und verwischt die Grenze zu Supervision und Coaching (W. Kühl, 2007). Das Konzept der *kooperativen Beratung* (Mutzeck, 1992, 1996, 1999) umfasst Ablaufstrukturen, welche einmal supervisionsähnlich eine kontinuierliche Moderatorenrolle implizieren, ein anderes Mal dienen sie zur kollegialen Beratung mit fallweise reversibler Asymmetrie.

Bemerkenswert erscheint in diesem Kontext, dass einige Autoren der prinzipiellen Reziprozität der Beratung kaum die Bedeutung eines Formatwechsels mit erheblichen Auswirkungen z. B. für den Charakter der Beziehungen innerhalb der Beratungsgruppe beimessen. In der Supervisionsliteratur markiert der Verzicht auf einen Supervisor regelmäßig den präzisen Übergang zum Format der *kollegialen* Supervision (vgl. z. B. Belardi, 2005; Denner, 2000; Fengler et al., 2000; Kennedy, 2000; Schmelzer, 1997; Thiel, 2000). Autoren hingegen, die in einem – sonst definitionsgemäßen – Modell kollegialer Beratung die Sonderrolle eines permanenten Moderators o.ä. konzeptualisieren, problematisieren diese Grenzüberschreitung zu einem anderen Format aus der anderen Richtung heraus jedoch nicht, sondern gehen vermutlich davon aus, dass es sich lediglich um einen Wechsel der Form handelt (vgl. Harnik & Lauterburg, 1994; Müller, 2008; Mutzeck, 2008; Voß, 1996). Dies bezieht sich gleichermaßen auf Forscher, deren empirische Arbeiten sich zwar auf ein leiterloses Format beziehen, die evaluierte Intervention jedoch mit einem permanenten Moderator realisieren (z. B. de Haan & de Ridder, 2006; Deters, Bauer-Sternberg & Richter, 2008; Guggenbühl-Donetti, 2008; Rowold, 2008)

8 Brinkmann (2002) bezieht sich ebenfalls auf diese Idee und weicht überdies noch vom Prinzip der personenorientierten Fallberatung ab, indem er den thematischen Fokus auf gemeinsame berufliche Fragestellungen der Teilnehmer und Sachprobleme erweitert. Damit beschreibt er eigentlich ein Zirkelkonzept (vgl. Abschnitt 2.3.2).

sowie auf publizierende Praktiker, die bei einer konstant von ihnen selber angeleiteten kollegialen Beratung offenbar keinen Widerspruch im Format erkennen (z. B. Friedrich, 1997; Hinz, 2008; Kluge, 2004; Schlüter, 1997). Bei diesen Abweichungen spielen vermutlich die multiplen Bedeutungen von Kollegialität eine Rolle (vgl. Abschnitt 3.5.1).

Die Reversibilität asymmetrischer Beratungsbeziehungen, die mit dem Verzicht auf eine permanente Leitungsfigur einhergeht, trägt auch dazu bei, die meisten Formatkonzepte in englischsprachigen Quellen eindeutig zuzuordnen. In der angloamerikanischen Literatur hängt die Unschärfe der Bezeichnungen und Formatkonzepte vermutlich mit dem Bedeutungsraum des Begriffs *peer* zusammen, verbunden mit einer Tendenz zu Ausdrücken, welche ebenfalls uneinheitlich verwendet werden[9]. Das englische *peer* bedeutet sowohl *gleichrangig, ebenbürtig, gleichaltrig* als auch *gleichgestellt*. Den unterschiedlichen Verwendungen zufolge kann sich *peer group supervision* offenbar sowohl auf eine sortenreine Peergruppe beziehen als auch auf eine solcherart verstandene Gruppe, welche von einem Supervisor angeleitet wird[10].

---

9 Hinzu kommt, dass aus der Historie heraus *supervision* im Englischen ursprünglich auf fachliche Beaufsichtigungs- und Kontrollfunktionen fokussierte, welche der Begriff auch heute noch impliziert. Erst später entwickelte sich das eher beraterische Verständnis, das der heute gängigen deutschen Bedeutung entspricht. Zur Unterscheidung beider Konnotationen ist in der englischsprachigen Literatur meist präziser von *clinical supervision* in Abgrenzung zur *administrative* bzw. *managerial supervision* die Rede (vgl. Belardi, 2001, 2005; Bernard & Goodyear, 2009).

10 Leiterlose Konzepte, welche der definierten kollegialen Beratung entsprechen, finden sich als *peer consultation groups* (de Haan, 2005; Lewis, Greenburg & Hatch, 1988; Markus et al., 2003; Powell, 1996; Richard & Rodway, 1992), als *peer group clinical supervision* (Agnew, Vaught, Getz & Fortune, 2000), als *leaderless peer supervision group* (Wikler, 1999), als *peer supervision* (Inskipp, 1996; Žorga, Dekleva & Kobolt, 2001), als *peer coaching* oder *leaders' circles* (McNamara, 1998), als *collaborative peer supervision group* (Thomasgard & Collins, 2003) sowie als *peer group supervision* (Akhurst & Kelly, 2006; Billow & Mendelsohn, 1987; Gomersall, 1997). Von Supervisoren angeleitete Konzepte tragen oftmals identische Bezeichnungen wie leiterlose, z. B. *peer consultation* (Çoban & Demır, 2007), *peer group supervision* (Borders, 1991; Bosco, 2000; Christensen & Kline, 2001; Hyrkas, Koivula, Lehti & Pauonen-Ilmonen, 2003; Starling & Baker, 2000), *facilitated peer group supervision* (Tisdall & O'Donoghue, 2003), *peer supervision* (Butler & Constantine, 2006; Crutchfield & Borders, 1997) *collaborative group supervision* (Gilliam & Crutchfield, 2001) oder *leader-led peer supervision* (Hiller & Rosenfield, 2000). Counselman und Weber (2004) bezeichnen mit *peer supervision groups* explizit sowohl geleitete als leiterlose Gruppen.

Abweichungen bezogen auf die Orientierung an einem Ablaufschema

Hinsichtlich des Merkmals, dass sich eine Gruppe zur personenbezogenen kollegialen Beratung an einer Ablaufsystematik orientiert, bestehen in der Literatur bisher keine benannten oder erkennbaren konzeptuellen Abweichungen. Es ist vielmehr anzunehmen, dass allen Modellen, die der Definition kollegialer Beratung zugerechnet werden können, mit der Entscheidung für das Format *Fallberatung* ein mehr oder minder ausdifferenziertes Beratungskonzept zugrunde liegt, welches zwangsläufig mindestens die beiden Phasen *Fallvorstellung* und *Fallberatung* umfasst (vgl. Auckenthaler, 1995) – selbst wenn dies in den Publikationen nicht immer ausdrücklich Erwähnung findet. Die mangelnde Differenziertheit einer Ablaufsystematik allein bietet somit kein trennscharfes Kriterium dafür, ein Konzept aus den Reihen der Formatvarianten kollegialer Beratung auszuschließen.

2.3.5 Resümee zum Verhältnis von kollegialer Beratung zu anderen Formaten

Die vorgeschlagenen vier Definitionsmerkmale eignen sich offenbar, um beinahe sämtliche Formate eindeutig dem Forschungsgegenstand kollegiale Beratung zuzurechnen oder von ihm abzugrenzen. Damit kann der Erwartung von W. Kühl (2007) entsprochen werden, die Grenzen und die Übergänge zu anderen Reflexionsmethoden deutlicher herauszuarbeiten, um konzeptionelle Klarheit zu erlangen. Im Folgenden werden vorzugsweise diejenigen Quellen berücksichtigt, die der in Abschnitt 2.1.1 formulierten Definition von kollegialer Beratung entsprechen. Beiträge und Befunde, die sich auf abweichende Formate beziehen, fließen lediglich dann ein, wenn angenommen werden kann, dass die Aussagen auch auf kollegiale Beratung im definierten Sinne zutreffen.

2.4 Theoriebezüge zu kollegialer Beratung

Das theoretische Fundament kollegialer Beratung wurde bis heute noch wenig ausgebaut (vgl. W. Kühl, 2007). Von einigen Autoren werden Bezüge zu Denkschulen und Modellen hergestellt, die sich durchaus als Elemente eines theoretischen Unterbaus eignen können, wenngleich der Auflösungsgrad der Überlegungen überwiegend nicht sehr fein ausfällt. Diese, im folgenden dargestellten, theoretischen *Grundlagen* stellen zumeist jedoch keine spezifisch formatbezogenen theoretischen *Begründungen* für kollegiale Beratung bereit, da sie sich ohne Weiteres auch auf verwandte Formate wie die Supervision beziehen lassen. Insgesamt dominieren in der Literatur zum einen praktische Anleitungen, in denen bewährte Praktiken verständlich dargestellt werden, gelegentlich angereichert mit Ausführungen, welche sich auf verschiedene theoretische Erklärungen beziehen, was in der Zusammenschau eher einen pragmatischen Eklektizismus indiziert (vgl. z. B. Lippmann, 2004). Zum anderen wurden bisher zahlreiche Berichte von Praktikern publiziert, welche die Grundzüge kollegialer Beratung umreißen, jedoch beinahe regelmäßig ohne jeglichen theoretischen Bezug auskommen (W. Kühl, 2007). Intensivere Bemühungen um theoretische Fundierungen von kollegialer Beratung stammen in der Regel aus dem universitären Bereich.

2.4.1 Modelllernen bzw. stellvertretendes Lernen

Auf die Bedeutung der sozial-kognitiven Lerntheorie nach Bandura (1979) für ein Verständnis von Lernprozessen, die mit kollegialer Beratung einhergehen, weist Rotering-Steinberg wiederholt hin (1983, 1990, 1996, 2001, 2005). Die sozial-kognitive Lerntheorie erklärt menschliches Verhalten durch wechselseitige Beeinflussungsprozesse von kognitiven Aspekten, Personen- und Umweltfaktoren, wobei der Selbstregulierung und der Selbstreflexion des Individuums gewichtige Bedeutung zukommen. Die Theorie fokussiert besonders auf Lernprozesse, die durch stellvertretende Erfahrung in Form der Beobachtung von Modellen – von Menschen vollzogene Handlungen – ausgelöst werden. Modelle müssen dabei nicht direkt beobachtet werden, sondern können auch durch sprachliche Beschreibungen vermittelt und als kognitive Repräsentationen symbolisch gespeichert werden. Bei der Aneignung neuer Verhaltensweisen spielen Aufmerksamkeits- und Gedächtnisprozesse eine Rolle, bei ihrer Ausführung Reproduktions- und Motivationsprozesse.

Kollegiale Beratung bietet reichhaltige Möglichkeiten und Anknüpfungspunkte, um eigene Verhaltensmuster zu reflektieren, zu modifizieren oder sich neue Muster anzueignen (Rotering-Steinberg, 1983, 1996). So fördere zum Beispiel die Gruppenarbeit die verbale Modellierung des Problemverständnisses, da die Reaktionen und Rückmeldungen der anderen Teilnehmer dem Beratenen Hinweise zur Angemessenheit des berichteten Verhaltens gäben. Auf Grundlage der Berichte über erlebte Problemlagen, aus den verbalen Reflexionen und Überlegungen der Beratenen zu alternativen Handlungsmöglichkeiten, durch Mitwirkung, Beobachtung und Reflexion der Problemlöseprozesse, aber auch aus den Beiträgen der Beratenden im Lauf des Prozesses ließe sich auf vielfältige Weise das eigene Interpretations- und Verhaltensrepertoire erweitern. Solche Optionen der sozial-kognitiven Lerntheorie sieht Rotering-Steinberg (2005) in kollegialer Beratung verwirklicht.

Die sozial-kognitive Lerntheorie vermittelnd heranzuziehen, um die Reflexions- und Lernprozesse in kollegialer Beratung zu beleuchten, die mit der Verbalisierung von Verhalten und Erleben im sozialen Kontext einer Beratungsgruppe einhergehen können, erscheint durchaus plausibel. Insofern kann diese Perspektive als ein möglicher Theorierahmen dienen, um das Lernpotenzial besser zu verstehen und zu erschließen, welches kollegiale Beratung bieten kann. Die bisherigen Ausführungen, in denen Rotering-Steinberg (am eingehendsten: 1983) die sozial-kognitive Lerntheorie auf kollegiale Beratung bezieht, erscheinen allerdings zu allgemein und kaum differenziert genug. So wäre auf diese Rahmentheorie bezogen noch wesentlich genauer auszuarbeiten und zu überprüfen, mit welchen Merkmalen und unter welchen Bedingungen das Format kollegiale Beratung stellvertretendes Lernen stärker begünstigt oder einschränkt. Gleichwohl bildet die sozial-kognitive Lerntheorie keine exklusive Rahmentheorie für kollegiale Beratung, da sie nicht auf die Spezifika eingeht, die aus einer Kombination ihrer Definitionsmerkmale erwachsen und sich somit ebenfalls auf andere Formate und darüber hinaus auf unzählige andere soziale Rahmungen beziehen lässt.

2.4.2 Erfahrungsbasiertes Lernen und Aktionslernen

Auf die Korrespondenz zwischen Prozessen in kollegialer Beratung und der Theorie des erfahrungsbasierten Lernens (*experiential learning*) machen de Haan (2005) und Žorga et al. (2001) aufmerksam. Mit Verweisen u.a. auf Piaget entwickelte Kolb (1984) den Zyklus des erfahrungsbasierten Lernens, welcher die Bedeutung der Verarbeitung von konkreter Erfahrung für Lernprozesse in den Mittelpunkt stellt. Lernen ist seiner Definition nach ein Prozess der Anpassung des Menschen an seine soziale und physikalische Umwelt, in dem Wissensstrukturen durch eine Transformation von Erfahrung erzeugt und modifiziert werden (ebd.). Das Modell des Erfahrungslernens verbindet vier Elemente, die als Phasen in (idealtypischen) Lernprozessen zyklisch durchlaufen werden (vgl. de Haan, 2005; Kolb, 1984; Žorga, 1997b; Žorga et al., 2001):

- *Konkrete Erfahrung*. Einen möglichen Ausgangspunkt für einen Lernprozess bildet eine unmittelbare, konkrete Erfahrung, z. B. in Form eines problematischen Ereignisses.
- *Beobachtung und Reflexion*. Bezogen auf die konkrete Erfahrung werden Informationen und Beobachtungen aus unterschiedlichen Perspektiven reflektiert.
- *Bildung abstrakter Begriffe*. Der Reflexionsprozess mündet in Erkenntnissen, welche die problematische Situation betreffen sowie in Verallgemeinerungen und abstrakteren Konzepten, die auf andere Situationen übertragbar sind.
- *Aktives Experimentieren*. Modifiziertes Wissen bildet die Basis für aktives Experimentieren in realen Situationen, mit dem wieder konkrete Erfahrungen möglich werden.

Um erfolgreich zu lernen, werden Kolb (1984) zufolge Fähigkeiten zu allen vier Bereichen benötigt: praktische Involviertheit, reflexive Beobachtung, analytische Distanziertheit und Handlungsorientierung. Der Lernzyklus kann zudem als Modell für eine retrospektive, systematische Auswertung und Reflexion von konkreter Erfahrung verstanden werden.

Eine Methode des erfahrungsbasierten Lernens ist Aktionslernen (*action learning*), bei dem berufliche Probleme in einer Gruppe von Lernenden gemeinsam reflektiert werden. De Haan (2005) betrachtet kollegiale Beratung als fallbasierte Variante des Aktionslernens und grenzt sie ab von der zumeist praktizierten projektzentrierten Variante (vgl. Hauser, 2006). Das Ziel fallbasierten Aktionslernens besteht darin, Problemlösefähigkeiten zu stärken, indem Handlungen und Gedanken bezogen auf konkrete berufliche Erfahrungen mithilfe Anderer reflektiert werden (de Haan, 2005). Wesentliches Merkmal der Methode ist der systematische Einbezug von Personen, die aus anderen Perspektiven auf das Problem blicken, neue Fragen stellen und Grundannahmen kritisch hinterfragen (Hauser, 2006). Durch Aktionslernen können Hauser (ebd.) zufolge berufliche Handlungskompetenzen gefördert werden, unter anderem Problemlösungskompetenz, Reflexionskompetenz und Sozialkompetenz. In Hinblick auf die dargestellten Ziele und Merkmale kann kollegiale Beratung als Methode des erfahrungsbasierten Lernens in Gestalt von fallorientiertem Aktionslernen betrachtet werden.

Die Theorie des erfahrungsbasierten Lernens und die skizzierten Grundzüge des Konzepts des Aktionslernens bieten offenbar geeignete Schablonen, um Veränderungs- und Lernprozesse in kollegialer Beratung zu erklären, die mit einer gezielten Auseinandersetzung mit problematisch erlebter beruflicher Praxis einhergehen können. Mit dem Lernzyklus erfahrungsbasierten Lernens kann begründet werden, dass konkrete Erfahrung einer systematischen Reflexion bedarf, um wirksame Lernfortschritte zu erreichen. Das Konzept des Aktionslernens legt hierbei nahe, im Gruppenmodus zu lernen. Der Detailgrad dieser theoretischen Bezugsrahmen bietet jedoch keine Anhaltspunkte, mit denen sich die spezifischen Prozesse kollegialer Beratung erhellen lassen, die das Format kennzeichnen. Eine vertiefte, auf kollegiale Beratung bezogene Ausarbeitung des erfahrungsbasierten bzw. Aktionslernens erscheint daher wünschenswert.

2.4.3 Forschungsprogramm Subjektive Theorien

Eine Reihe von Autoren bezieht sich auf das *Forschungsprogramm Subjektive Theorien* (FST) nach Groeben, Wahl, Schlee & Scheele (1988), um kollegialer Beratung einen Bezugsrahmen zu verleihen (vgl. Arnold, 1997, 2001; Nold, 1998; Mutzeck, 1996, 1999, 2008; Ott-Nold, 1995; Rimmasch, 2003; Schlee, 1996, 2004, 2008; Schmidt & Wahl, 1999, 2008). Die Subjektiven Theorien fußen auf dem humanistischen Menschenbild und den Veränderungsannahmen der *Psychologie der persönlichen Konstrukte* von Kelly, welche dieser Mitte der 50er Jahre publizierte (vgl. Bannister & Fransella, 1981).

Hinsichtlich des Menschenbilds wird im FST – in Abgrenzung zu frühen behavioristischen Annahmen – postuliert, dass Menschen als handelnde Subjekte begriffen werden sollten, welche bewusstseins-, reflexions- und erkenntnisfähig sind und sich im Handeln an eigenen Zielen sowie an Sinn, Werten und Bedeutung orientieren. In aktiver Auseinandersetzung mit sich selbst und der Umwelt bildeten sich Menschen ihre Vorstellungen, die einem konstruktivistischen Verständnis entsprechend nicht etwa Abbilder der Wirklichkeit darstellten, sondern ein Geflecht aus subjektiven Theorien und konstruierten Modellen über sich selber, die Umwelt und die Beziehungen dazwischen bildeten. Auf Grundlage dieser subjektiven Repräsentationen erlebten und verhielten sich Menschen, wobei die subjektiven Theorien gleich den Theorien im Wissenschaftsprozess einer stetigen Überprüfung standhalten müssten. Probleme weisen dem Modell zufolge auf relevante Inkompatibilitäten zwischen den subjektiven Theorien einer Person und der Realität bzw. den subjektiven Theorien anderer Personen hin; der Schlüssel zu Lösungen liegt in der Revision bisheriger subjektiver Theorien und in der Entwicklung neuer, adäquaterer subjektiver Theorien[11] (vgl. Mutzeck, 2008; Schlee, 2004).

Mit Bezug auf die Analogie zu diesem (idealtypischen) Wissenschaftsverständnis leitet Schlee (2008) ab, dass hilfreiche Beratungsprozesse einerseits Unterstützung und Bestätigung und andererseits Kritik und Konfrontation enthalten sollten, um Beratenen zu ermöglichen, ihre inadäquaten oder dysfunktionalen subjektiven Theorien gezielt zu verändern. Daraus entwickelt er sein Konzept kollegialer Beratung, dessen beide Phasen *Psychische Sicherheit und Vertrauen* sowie *Skepsis und Konfrontation* heißen. In der ersten Phase expliziere der Beratene seinen Fall und die dazugehörigen subjektiven Theorien, in der zweiten werde er mit Skepsis und alternativen subjektiven Theorien zu seinem Fall konfrontiert.

Das skizzierte, im Kontext mit kollegialer Beratung wiederholt dargestellte Verständnis des FST erscheint in weiten Teilen konsistent und kompatibel, um menschliche Krisen-, Veränderungs- und Beratungsprozesse zu beschreiben und zu erklären. Den formulierten Anspruch, eine *spezifische* theoretische Grundlage für *kollegiale* Beratung zu bieten, kann auch das FST nicht erfüllen. Zum einen kann es gleichermaßen als Rahmenmodell für (Einzel-) Coaching (vgl. Riedel, 2003) oder (angeleiteter) Supervision verstanden werden, da es offenbar keine speziellen Hinweise auf leiterlose, reziproke Beratung beinhaltet. Zum anderen scheinen sich mit Bezug auf das FST mehrere voneinander abweichende Verfahren kollegialer Beratung entwickeln zu lassen (vgl. Mutzeck, 2008; Schlee, 2008; Schmidt & Wahl, 2008), woraus die These abgeleitet werden kann, dass das FST keine eindeutigen und zwingenden Elemente hierfür bereithält[12].

2.4.4 *Bezüge zu supervisorischen und beraterischen Verfahren*

Über die genannten drei Theoriebezüge hinaus finden sich in der einschlägigen Literatur einige Überlegungen, in denen kollegiale Beratung in Beziehung zu

11 Neben diesen *deskriptiven* Vorstellungen enthält das FST Schlee zufolge *präskriptive* Elemente, wie die Aufforderung, anderen Menschen Autonomie zuzugestehen sowie ihnen und deren Sichtweisen mit Respekt zu begegnen (vgl. Schlee, 2004).

12 Mutzeck z. B. beendet seine Ausführungen zum FST regelmäßig an der Stelle, an welcher Schlee mit der Ableitung seiner beiden Phasen kollegialer Beratung fortsetzt (vgl. z. B. Mutzeck, 1999, 2008; Schlee, 2004, 2008).

Modellen und theoretischen Grundzügen verschiedener Beratungs- und Supervisionsansätze gesetzt wird. Herwig-Lempp (2004) betrachtet kollegiale Beratung vor dem Hintergrund eines systemisch-konstruktivistischen Beratungsverständnisses. Schulze und Lohkamp (2005) beleuchten die Praxis kollegialer Beratung im Kontext des transaktionsanalytischen Verfahrens. Meister (1996) orientiert sich bei seinem Modell kollegialer Beratung an der themenzentrierten Interaktion (TZI). Rothe-Jokisch (2008) interpretiert kollegiale Beratung im Kontext des Focusing. Rosskogler (2002) konzeptualisiert kollegiale Beratung in Verbindung mit dem Reflecting Team nach Andersen (1990). Buer (1988) schlägt eine Variante kollegialer Beratung vor, die ein psychodramatisch orientiertes Vorgehen vorsieht. Er vertritt zugleich die These, dass „die Psychoanalyse [...] für die Konzeptionierung der Intervision wenig geeignet erscheint, da sie autoritär strukturiert und zudem an eine bestimmte Form der Neurosenbehandlung gebunden sei." (S. 311). Iwers-Stelljes (2003) hinterlegt einer *kollegialen Introvisions-Supervision* das kognitiv orientierte Beratungsverfahren der Introvision, in welcher berufsbezogene Konflikte durch Auflösung situativ dysfunktionaler so genannter *subjektiver Imperative* bewältigt werden sollen.

In der Bandbreite dieser Bezüge spiegelt sich zwar die Vielfalt von Beratungsverfahren der Supervision wider, in ihnen wird jedoch jeweils ein supervisorisches Vorgehen auf allgemeine Weise auf das Format kollegiale Beratung bezogen, ohne es in relevantem Ausmaß dessen spezifischen Charakteristiken und Bedingungen entsprechend anzupassen. Außer in den Benennungen der Phasen und einigen methodischen Varianten innerhalb der Phasen schlagen sich die unterschiedlichen Theoriebezüge nur unmerklich in Differenzen zwischen den vorgestellten Ablaufschemata nieder, auch im Vergleich mit Modellen kollegialer Beratung, deren Autoren sich nicht ausdrücklich auf Theorien oder Schulen beziehen. Schon früh beschreibt Gudjons (1983), dass Fallberatung sich gleichzeitig mit mehreren Bezugstheorien verbinden lässt. Thiel (2000) bewertet die Begründungen und Relevanz der jeweiligen Theoriebezüge für die Ablaufstruktur als marginal bis dürftig.

2.4.5 Resümee zu den bisherigen theoretischen Grundlagen kollegialer Beratung

Die drei bisher mit kollegialer Beratung in Verbindung gebrachten theoretischen Ansätze sowie die Verknüpfungen mit supervisorischen oder beraterischen Verfahren machen deutlich, dass sich das Format offenbar aus verschiedenen Perspektiven beschreiben lässt. Diese Bezüge enthalten plausible, einander ergänzende, allerdings recht allgemein gehaltene Antworten auf die Frage, wie Lernen und Veränderung anhand von personenbezogenen Fällen in einem gruppenbezogenen Beratungsprozess erklärbar sind und welche Faktoren wirksam werden können:

- Der Bezug zur sozial-kognitiven Lerntheorie erhellt einige grundlegende Lernprozesse, die sich im Gruppenkontext durch Verbalisations- und Reflexionsprozesse sowie durch stellvertretendes Lernen für Beratene und für Beratende ergeben können.
- Die Theorie erfahrungsbasierten Lernens verweist auf die zentrale Bedeutung, welche eine systematische Beobachtung und die Reflexion von konkreter Praxiserfahrung für individuelle Veränderungsprozesse haben; das aus der Theorie erfahrungsbasierten Lernens abgeleitete Konzept des fallbasierten Aktionslernens in Gruppen betont die Rolle, die die Perspektiven Anderer dabei einnehmen.
- Die konstruktivistisch orientierten Annahmen des Forschungsprogramms Subjektive Theorien beleuchten die Veränderbarkeit menschlichen Verhaltens im Zuge der Modifikation subjektiver Theorien über die Wirklichkeit, wobei sich den Überlegungen zufolge im sozialen Reflexionskontext einer Gruppe eine geeignete Kombination aus akzeptierenden und konfrontierenden Momenten als veränderungswirksam erweisen soll.

Auf die spezifischen Definitionsmerkmale von kollegialer Beratung, wie z. B. die systematische Ablaufstruktur, den Verzicht auf einen besonders ausgebildeten Berater und die damit einhergehende Reversibilität der Beratungsbeziehungen, gehen die dargestellten theoretischen Modelle gleichwohl kaum ein. Bezogen auf das Veränderungs- und Lernpotenzial von kollegialer Beratung werden darin relevante Prozesse offenbar weitgehend parallel zu Prozessen in anderen Beratungsformaten wie Fallsupervision in Gruppen gesehen.

Aus forschungstheoretischer Sicht erscheint das Konstrukt kollegiale Beratung noch nicht sehr weit ausdifferenziert. Die genannten Theorien können einzelne Aspekte kollegialer Beratung plausibel erklären, jedoch nicht das Format als Ganzes. Zudem erscheinen die in den Quellen angeführten Überlegungen sehr allgemein; auf eine empirische Überprüfung von Annahmen, die sich auf diese Theorien beziehen, finden sich keine Hinweise. Auf theoretischer (und empirischer) Ebene verbleibt eine Reihe von zentralen Fragen offen, welche insbesondere die spezifischen Effekte jedes Definitionsmerkmals und die ihrer Wechselwirkungen betreffen, aber auch, welchen Einfluss diese Effekte auf die angenommenen Wirkungen von kollegialer Beratung (vgl. Abschnitt 2.6) haben können. Angesichts der von Fiege (1999) betonten Komplexität des Formats und seinen Kontaktstellen zu individuellen, gruppenbezogenen und organisationsbezogenen Aspekten ist davon auszugehen, dass diese Fragen nicht allein von einer Rahmentheorie hinreichend beantwortet werden können. Es mutet unwahrscheinlich an, dass eine singuläre Theorie Stellung zu allen Merkmalen kollegialer Beratung nehmen kann. Sinnvoll erscheint deshalb, theoretisch und empirisch gewonnene Erkenntnisse aus relevanten Disziplinen dahingehend zu beleuchten, inwieweit sie dazu beitragen können, die Annahmen, welche im Format kollegiale Beratung wirksam werden (sollen), theoretisch stärker zu fundieren. Erste Schritte hierzu sollen in den Abschnitten 3.1 bis 3.5 gegangen werden.

2.5 Stand der internationalen Forschung zu kollegialer Beratung

Kollegiale Beratung im bezeichneten Sinn war in den vergangenen 50 Jahren, in denen das Beratungsformat in der Literatur diskutiert wird, nur punktuell Gegenstand internationaler empirischer Forschung[13]. So stellen z. B. Counselman und Weber (2004) fest, dass kollegiale Beratung unter Psychotherapeuten vermutlich zwar weit verbreitet sei, darüber jedoch relativ wenige Erfahrungsberichte publiziert worden seien. Fiege (1999) vermutet die Gründe für die bisher spärliche Beforschung kollegialer Beratung in der Komplexität des Untersuchungsgegenstands; des Weiteren entzögen sich Gruppen, die sich am Selbsthilfeprinzip orientieren, einer professionellen Kontrolle und schließlich seien Erfolgskriterien für kollegiale Beratung schlecht operationalisierbar. Auch Žorga et al. (2001) äußern sich skeptisch, Auswirkungen von kollegialer Beratung messen zu können, da die meisten Effekte indirekt seien und sich erst über längere Zeiträume ergäben.

---

13 Dieses Schicksal teilten lange Zeit offenbar auch die beiden bedeutenderen Formate zu personenorientierten Beratung, Supervision (vgl. Auckenthaler, 1999; Starling & Baker, 2000) und Coaching (vgl. Riedel, 2003). In jüngster Zeit erschienen aktuellere Übersichten zum mittlerweile erweiterten Forschungsbestand zum Coaching (Greif, 2008; Künzli, 2009) und zur Supervision (Hausinger, 2008).

2.5.1 Übersicht der empirischen Arbeiten zu kollegialer Beratung

Mit Hilfe der vier Kernmerkmale (vgl. Abschnitt 2.1.3) ist es möglich, die relevanten empirischen Forschungsbeiträge zu kollegialer Beratung zu extrahieren und diejenigen Quellen auszuschließen, die vom Format in mindestens einem Merkmal abweichen (vgl. Abschnitt 2.3.4). Aus dem deutschsprachigen Raum liegen bisher vier empirische Forschungsarbeiten als Dissertationen vor, welche sich kollegialer Beratung als alleinstehende Maßnahme in pädagogischen Berufsfeldern widmen: von Rotering-Steinberg (1983), von Tiepmar (1994), von Nold (1998; Ott-Nold, 1995) sowie von Fiege (1999; Fiege & Dollase, 1998). Kollegiale Beratung als Bestandteil der Lernarchitektur von Managementtrainings in Wirtschaftsunternehmen stand im Fokus einer wissenschaftlichen Arbeit (Mayer, 2003a; 2003b). Schmidt und Wahl (1999) untersuchten, inwieweit kollegiale Beratung transferunterstützende Wirkung hinsichtlich von Studieninhalten haben kann. In englischsprachigen Veröffentlichungen konnten drei Evaluationsstudien gefunden werden, in denen kollegiale Beratung in leiterlosen Gruppen eine Rolle spielt – aus den USA von Agnew (1998; Agnew et al., 2000), aus Großbritannien von Akhurst und Kelly (2006) sowie aus Slowenien von Žorga et al. (2001).

Darüber hinaus wurden in Deutschland und in der Schweiz mehrere Diplom- oder Magisterarbeiten zu Aspekten kollegialer Beratung verfasst, ebenfalls überwiegend bezogen auf pädagogische oder soziale Professionen (Bürstenbinder, 2000; Fuchs, 2005; Paschen, 2008; Reuter, 2006; Rützler, 2002; F. Schmidt, 2002; Veith, 2002).

2.5.2 Empirisch basierte Befunde zu kollegialer Beratung

Die wissenschaftlich generierten Befunde bisheriger empirischer Forschung zu kollegialer Beratung ergeben zusammenfassend:

- Die Teilnahme an einem neun Monate umfassenden Selbsttrainingsprogramm zur kollegialen Beratung (18 Termine), in dem 31 Lehrer in fünf Gruppen das Format mit Hilfe eines schriftlichen Manuals erlernten und übten, wurde von den Teilnehmern positiv bewertet und ging mit einer signifikanten Steigerung hinsichtlich der Selbsteinschätzung kognitiver und sozialer Kompetenzen bei den beteiligten Lehrern einher (quantitative und qualitative Methodik; vgl. Rotering-Steinberg, 1983).

- Mit der Teilnahme an einem dreimonatigen Programm zur kollegialen Beratung für 18 angehende Lehrer in drei Gruppen gingen weder eine signifikante Veränderung der Einschätzung von Problemlagen in der Schule noch des Problemlöseverhaltens der Teilnehmer einher. Signifikant veränderten sich die Lernpräferenzen der teilnehmenden Lehrer, welche nach dem Programm die kooperative Lernsituation gegenüber Alleinarbeit bevorzugten sowie die Teilnehmerzufriedenheit, die anstieg (quantitative Methodik in randomisiertem Kontrollgruppendesign und qualitative Methodik; vgl. Nold, 1998).
- Die Teilnahme an einem einjährigen, 142 Stunden umfassenden Programm zur kollegialen Beratung für Sonderschullehrer, verbunden mit Trainingselementen zu Kommunikations- und Kooperationsthemen, führte zu einer Erweiterung der Selbsteinschätzung von Kompetenzen in Beratung, Kooperation und nondirektiver Gesprächsführung (quantitative und qualitative Methodik; vgl. Tiepmar, 1994).
- Die Teilnahme an einem dreijährigen Programm für 32 Schulberater, dessen zweites und drittes Jahr aus kollegialer Beratung in Gruppen à 4 Personen bestand, ging mit einer Steigerung der Selbsteinschätzung von Beratungskompetenzen und Selbstvertrauen einher, mit geringem Burnout-Erleben, mit höherer Arbeitszufriedenheit sowie mit hoher Zufriedenheit mit der Maßnahme (quantitative und qualitative Methodik; vgl. Agnew, 1998; Agnew et al., 2000).
- Ein zehnwöchiger Trainingskurs zur kollegialen Beratung für 46 Lehrer in sechs Gruppen führte in einem Teil der Gruppen zu einer Annäherung des Beratungsverhaltens an die angestrebte Form der Zusammenarbeit; in allen Gruppen stieg die Zahl der prozessbezogenen Äußerungen. Insgesamt äußerten die Teilnehmer eine hohe Zufriedenheit, die in den erfolgreicheren Gruppen tendenziell höher als die in den weniger erfolgreichen (quantitative und qualitative Methodik; vgl. Fiege, 1999).
- Die Teilnahme an einer dreisemestrigen Maßnahme zur kollegialen Beratung im Rahmen eines andragogischen Kontaktstudiengangs wirkte sich positiv auf die studienbezogenen Lernprozesse und auf die Selbsteinschätzung des beruflichen Handelns der Teilnehmer aus, was auf sozioemotionale und instrumentelle Unterstützungsleistungen durch die Gruppen- und Tandemarbeit zurückgeführt wurde. Die Datenbasis resultierte aus zwei Erhebungen bei 13 und 55 Befragten, welche das Koping-Modell erfahren hatten (quantitative und qualitative Methodik; vgl. Schmidt & Wahl, 1999).

- Die Teilnahme an kollegialer Beratung ging nach Auskunft von 14 pädagogischen Kräften aus vier Gruppen mit einer Veränderung von kommunikativen Kompetenzen, des Problemlöseverhaltens und der Verbesserung von Reflexionsfähigkeiten einher (qualitative Methodik; vgl. Žorga et al., 2001).
- Die Teilnahme an einem einjährigen Trainingsprogramm für 18 Manager, das an den insgesamt 30 Trainingstagen auch Elemente zur kollegialen Beratung beinhaltete, führte bei den Teilnehmern zu einer größeren Bewusstheit über eigene Stärken und Schwächen, zu einer Entwicklung von Prozesskompetenz und zur Verbesserung des Kommunikationsverhaltens (quantitative und qualitative Methodik; vgl. Mayer, 2003a, 2003b).
- Neun angehende Psychologen nahmen an einem fünfmonatigen Programm teil, in welchem sie wöchentlich abwechselnd Einzelsupervision und kollegiale Beratung erfuhren. Die Kombination beider Fallberatungs- und Reflexionsangebote führte nach Auskunft der Teilnehmer zu reichhaltigeren Lernerfahrungen, als es Einzelsupervision alleine vermocht hätte. Strukturierte kollegiale Beratung wurde von den Teilnehmern weniger hierarchisch, angstfreier, ermutigender sowie emotional unterstützender erlebt als Einzelsupervision (qualitative Methodik; vgl. Akhurst & Kelly, 2006).

Diese in einem Zeitraum von über 20 Jahren ermittelten Befunde weisen beinahe durchgängig in dieselbe – positiv zu bewertende – Richtung. Die Teilnahme an kollegialer Beratung geht danach bei mehreren Studien mit einer deutlich positiven Resonanz auf die jeweilige Intervention einher und resultiert in Verbesserungen von kommunikativen, sozialen und beraterischen Kompetenzen. In einzelnen Arbeiten werden darüber hinaus positive Wirkungen auf berufliches Handeln und das Erleben von Burnout dargestellt. Negative Wirkungen ergeben sich in keiner Studie, allenfalls geringe positive oder ausbleibende Effekte. Aus dieser Übersicht wird zugleich ersichtlich, dass die bisherige empirische Forschung zu kollegialer Beratung durch sehr unterschiedliche Schwerpunkte und Strategien gekennzeichnet ist.

Zusätzliche empirische Ergebnisse aus Diplomarbeiten

Aus alternierend begleiteter und unbegleiteter kollegialer Beratung bestand die drei Monate umfassende Intervention, welche in einem unternehmensbezogenen Projekt einer beruflichen Trainingsmaßnahme folgte. Mit qualitativer und quantitativer Methodik evaluiert wurden Effekte der Intervention auf den Transfer von Trainingsinhalten in die Praxis der Teilnehmer (vgl. Reuter, 2006). Bei den 15 Teilnehmern in zwei Gruppen konnten der Intervention transferfördernde Wirkungen durch den erfahrenen Reflexionsrahmen und die soziale Unterstützung zugeschrieben werden. Keine signifikanten Veränderungen zeigten sich hinsichtlich der beruflichen Selbstwirksamkeitserwartung.

Mit der Möglichkeit, kollegiale Beratung internetgestützt zu praktizieren, befassen sich zwei Studien. Rützler (2002) fand in einer Fragebogenuntersuchung bei 46 potenziellen Nutzern eine positive Akzeptanz für internetbasierte kollegiale Beratung. Fuchs (2005) entwickelte ein Konzept zur internetgestützten kollegialen Beratung und realisierte es mit einer Gruppe, deren Teilnehmer anschließend positive Resonanzen abgaben. Beide Autorinnen betonen, dass die Befragten ein initiales Face-to-face-Treffen bzw. eine Präsenzveranstaltung zur methodischen Einführung für wichtig erachteten.

2.5.3 Resümee zu den bisherigen empirischen Befunden zu kollegialer Beratung

Die bisherigen Evaluationsstudien geben Hinweise darauf, dass kollegiale Beratung allgemein positive Spuren bei Teilnehmern hinterlässt. Darüber hinaus wurden einige Erkenntnisse ermittelt, welche die Annahme einer Wirksamkeit kollegialer Beratung bezogen auf einige Indikatoren rechtfertigen. In den beforschten Projekten kamen hinsichtlich der Ablaufsystematik jeweils unterschiedliche Varianten kollegialer Beratung zum Einsatz, in zwei Studien wurde kein besonderes Modell berichtet. Offen bleibt demnach, welchen Einfluss die Orientierung an einem bestimmten Ablaufschema auf die Wirkungen von kollegialer Beratung haben könnte.

Heterogen sind auch die Forschungsstrategien der dargestellten empirischen Arbeiten. In einigen Evaluationsstudien kamen quantitative Ansätze zum Tragen – zumeist Fragebogen zur Selbstauskunft, in einem Fall zusätzlich semantische Differenziale. Ein randomisiertes Kontrollgruppendesign realisierte bisher lediglich Nold (1998). Ein Gutteil der Erkenntnisse wurde mit qualitativen Methoden (Interview, schriftliche Befragung, Gruppendiskussion) gewonnen. Da bei einigen Projekten neben kollegialer Beratung (zum Teil in größerem Umfang) auch andere Interventionsimpulse in Form von Trainingselementen zum Einsatz kamen oder kollegiale Beratung parallel zu laufenden Weiterbildungen realisiert wurde und darüber hinaus bei keiner der angeführten Studien der Einfluss weiterer Variablen überprüft oder kontrolliert wurde, muss die Validität der Befunde problematisiert werden. Der Umstand, dass der bisherige Schwerpunkt der Professionen der beforschten Zielgruppen in pädagogischen Berufsfeldern lag, wirft zudem die Frage auf, inwieweit die Erkenntnisse aus dem pädagogischen Bereich auf andere Berufsbereiche übertragbar sein können[14].

Insgesamt stehen Theoriebildung und darauf bezogene empirische Forschung zu kollegialer Beratung am Anfang. Die Basis empirisch abgesicherter Erkenntnisse kann als schmal eingeschätzt werden, vor allem hinsichtlich der Größenordnung von Effekten, die mit einer längerfristigen Teilnahme an kollegialer Beratung einhergehen. Auch die möglichen Wirkgrößen, welche zu den bisher ermittelten Effekten beigetragen haben, sind wenig bekannt. Die derzeitige Situation kann mit dem wissenschaftlichen Stand zur Supervision Anfang der 80er Jahre verglichen werden. Darauf bezogen schlugen Holloway und Hosford (1983) vor, drei Phasen der Supervisionsforschung zu differenzieren: In Phase 1 sollten deskriptive und korrelative Studien zum Zweck der Hypothesengenerierung erstellt werden, Phase 2 sollte schlussfolgernde Studien erbringen und erst in Phase 3 sollten auf dieser empirischen Basis Theorien entwickelt werden. Die große Zahl publizierter Erfahrungsberichte zu kollegialer Beratung können der ersten Phase zugerechnet werden; einige der dargestellten empirischen Befunde lassen sich bereits der zweiten Phase zuordnen. Die vorliegende Arbeit soll mit ihrem empirischen Teil einen weiteren Beitrag im Rahmen der zweiten Phase leisten.

2.6 Personenbezogene Wirkungen kollegialer Beratung

In beinahe jeder Publikation zu kollegialer Beratung finden sich Annahmen oder Aussagen darüber, was kollegiale Beratung leisten soll und bei den Teilnehmern bewirken kann. Um den Blick über die bisherigen empirischen Befunde hinaus zu erweitern (vgl. Abschnitt 2.5.2), wird im Folgenden das Ergebnis einer explorativen Literaturanalyse dargestellt[15]. Im Fokus stehen hierbei *personen*bezogene Wirkungen, die sich kurz- und mittelfristig für die Teil-

14 Bemerkenswert erscheint, dass es bisher keine deutschsprachige empirische Studie zu kollegialer Beratung/Supervision im Rahmen der Ausbildung zum psychologischen Psychotherapeuten gibt, obwohl sie seit Inkrafttreten des Psychotherapeutengesetzes in Deutschland im Jahr 1998 häufig ein Bestandteil von Ausbildungscurricula ist.

15 Diese Literaturanalyse wurde im Zuge der Evaluationsplanung (vgl. Kapitel 6) durchgeführt, um geeignete Forschungshypothesen zu entwickeln.

nehmer an kollegialer Beratung ergeben können. Peergruppen- oder organisationsbezogene Wirkungen werden nicht berücksichtigt. Ziel ist es, einen strukturierten Überblick über die inhaltlichen Schwerpunkte von Wirkungsprognosen zu erhalten, indem qualitative Aussagen gesichtet und kategorisiert werden. In diese Analyse fließen auch empirische Einzelbefunde der bereits in Abschnitt 2.5.2 angeführten Studien ein, die hier in einen inhaltlichen Zusammenhang mit vergleichbaren Aussagen gestellt werden. Die erkenntnisleitende Frage der explorativen Literaturanalyse lautet: „Welche Wirkungen hat kollegiale Beratung auf deren Teilnehmer – nach Aussage verschiedener Autoren oder gestützt durch empirische Forschung?“. Die resultierende Übersicht kann als Hypothesengrundlage für eine wirkungsbezogene Evaluation kollegialer Beratung dienen.

Den theoretischen Rahmen für die explorative Literaturanalyse bildet das bereits in Abschnitt 2.5.3 eingeführte Phasenmodell von Holloway und Hosford (1983) zur Systematisierung der Supervisionsforschung, welches hier auf die Forschung zu kollegialer Beratung übertragen werden soll. Gemäß Phase 1, in der aus deskriptiven, explorativen und korrelativen Studien Hypothesen abgeleitet werden sollen, wurden Publikationen zu kollegialer Beratung gesichtet und gleichgerichtete Wirkungsaussagen zu Hypothesen verdichtet, welche eine systematisch gewonnene Basis für Zusammenhangsstudien der Phase 2 bilden können. Dafür wurden über qualitativ ermittelte oder quantitativ gestützte Aussagen aus empirischen Forschungsarbeiten hinaus vorrangig Erfahrungsdarstellungen in fachwissenschaftlichen Artikeln berücksichtigt, die sich mit kollegialer Beratung im definierten Sinn befassen. Nachrangig wurden Praxisberichte aus Fachzeitschriften herangezogen. Letztere können zwar nicht als systematisch erhobene empirische Nachweise gelten, für den Zweck der Analyse wird jedoch von der These ausgegangen, dass die Verfasser mit einiger Wahrscheinlichkeit eigene Einblicke und Praxiserfahrungen wiedergeben, welche die Forschung angesichts des geringen empirisch gesicherten Erkenntnisstands zum heutigen Zeitpunkt nicht ignorieren sollte. Angemerkt werden muss jedoch, dass in den Quellen zumeist kaum zu unterscheiden ist, ob es sich bei den Aussagen um angenommene Wirkungen, beobachtete Effekte oder um Überlegungen der Autoren handelt. In methodischer Hinsicht soll eine Aussage dann in den Status einer Hypothese erhoben werden, wenn sie entweder durch empirische Forschung gestützt wird oder sich mindestens drei inhaltlich übereinstimmende Quellen dazu finden lassen, die nicht empirischer

Art sind[16]. Aus qualitativ-methodischer Perspektive entspricht dieses Vorgehen dem Prinzip der Triangulation (vgl. Flick, 2008)[17].

Die in der Literatur im Zusammenhang mit kollegialer Beratung genannten Annahmen zu personenbezogenen Wirkungen, lassen sich im Wesentlichen drei Hauptkategorien zuordnen:

- Effekte bei der Lösung berufsbezogener Probleme
- Auswirkungen auf berufliche Handlungskompetenzen
- Auswirkungen auf berufliche Beanspruchungen

Diese Hauptkategorien werden im Folgenden in weitere Facetten differenziert.

2.6.1 Effekte bei der Lösung berufsbezogener Probleme

Kollegiale Beratung hilft Beratenen dabei, berufsbezogene Probleme zu lösen

Als vorrangiger Effekt von kollegialer Beratung wird angesehen, dass Beratene mit Unterstützung der Beratenden geeignete Lösungen für vorgebrachte berufsbezogene Probleme erarbeiten (vgl. Galler et al., 2001, S. 90; Lauterburg, 2001, S. 9; Meister, 1996, S. 82; Mutzeck, 1999, S. 112; Nold, 1998, S. 181; Rotering-Steinberg, 2001c, S. 436; Scheer, 1997, S. 25).

Kollegiale Beratung unterstützt Beratene darin, ihre Problemsituation besser zu verstehen

Durch kollegiale Beratung würden Beratene darin unterstützt, die eigene berufsbezogene Problemsituation zu reflektieren, zu klären und als Folge davon besser zu verstehen (vgl. Fallner, 1990, S. 30; Meister, 1996, S. 82; Ott-Nold, 1995, S. 107f.; Rotering-Steinberg, 1998, S. 6 sowie 2001c, S. 435; Žorga et al., 2001, S. 160).

---

16 Um die Zuordnung von Aussagen zu den Hypothesen nachprüfbar zu gestalten, wird zu den Quellen zusätzlich die Seitenzahl der Fundstelle angegeben.

17 „Vereinfacht ausgedrückt bezeichnet der Begriff der Triangulation, dass ein Forschungsgegenstand von (mindestens) zwei Punkten aus betrachtet – oder konstruktivistisch formuliert: konstituiert – wird." (Flick, 2008, S. 11).

Kollegiale Beratung fördert bei Beratenen eine multiperspektivische Analyse von Problemen

Mit kollegialer Beratung öffne sich der Blick einerseits für die Vielfalt möglicher Erklärungen für eine Problemsituation und andererseits auf die eigenen Ziele und Handlungsmöglichkeiten (vgl. Arnold, 2001, S. 412; Berker, 1995, S. 74; Fallner, 1990, S. 24 u. 32; Meister, 1996, S. 82; Priebe, 1991, S. 21; Rotering-Steinberg, 1998, S. 6; Scheer, 1997, S. 25; Schlee & Mutzeck, 1996b, S. 16; Žorga et al., 2001, S. 160).

Kollegiale Beratung bietet den Beratenen Interpretations- und Lösungsideen

Im Lauf des kollegialen Beratungsprozesses entwickelten Beratener und Beratende mehrere Möglichkeiten, um eine problematisch wahrgenommene berufliche Situationen zu interpretieren, um sie durch Handeln zu verändern oder um einen befriedigerenden Umgang mit ihr zu finden (vgl. Berker, 1995, S. 74; Nold, 1998, S. 107; Rotering-Steinberg, 1998, S. 6 sowie 2001c, S. 434).

Kollegiale Beratung ermöglicht allen Beteiligten stellvertretendes Lernen

Beratende und Beratene lernten stellvertretend für eigene berufliche Problemsituationen aus dargebotenen Fallschilderungen, erlebten Problemlöseprozessen und aus dem systematischen Erfahrungsaustausch in kollegialer Beratung (vgl. Appleby et al., 1958/1970, S. 268; Foole et al., 1974, S. 191; Hamlin & Timberlake, 1982, S. 84; Rotering-Steinberg, 1983, S. 58f. u. 74 sowie 1996, S. 115f.; Schattenhofer, 1997, S. 71 u. 73; Žorga et al., 2001, S. 160).

2.6.2 *Auswirkungen auf berufliche Handlungskompetenzen*

Die Teilnahme an kollegialer Beratung fördert berufliche Qualifikationen

Im Zuge der Teilnahme an kollegialer Beratung erweiterten die Beteiligten allgemein beruflich relevante Kompetenzen auf eine praxisbezogene Weise (vgl. Fengler, 1996, S. 59; Marks & Hixon, 1986, S. 420; Mutzeck, 1999, S. 112; Rotering-Steinberg, 1999, S. 45; Schattenhofer, 1997, S. 71).

Die Teilnahme an kollegialer Beratung fördert eine Entwicklung von Professionalität

Kollegiale Beratung fördere persönliches Wachstum und professionelles berufliches Handeln, wozu nach Schlee und Mutzeck (1996b, S. 15) neben der Beherrschung der Normalität auch gekonntes Umgehen mit Ausnahmen, Störungen und Schwierigkeiten gehört (vgl. Agnew, 1998, S. 88; Agnew et al., 2000, S. 9; Greenburg et al., 1985, S. 437f.; Hamlin & Timberlake, 1982, S. 87; Marks & Hixon, 1986, S. 423; Žorga et al., 2001, S. 159).

Eine Teilnahme an kollegialer Beratung fördert soziale Kompetenzen

Im Zuge der Mitwirkung an kollegialer Beratung entwickelten sich soziale Kompetenzen, z. B. Kommunikationskompetenzen wie empathisches Verstehen und konstruktive Rückmeldung, welche auch in anderen Situationen relevant sein können (vgl. Arnold, 2001, S. 407 u. 412; Ehinger & Henning, 1994, S. 13; Lauterburg, 2001, S. 9; Nold, 1998, S. 77 u. 107; Ott-Nold, 1995, S. 112; Rotering-Steinberg, 1983, S. 191; Schlee & Mutzeck, 1996b, S. 16f.; Žorga et al., 2001, S. 159).

Eine Teilnahme an kollegialer Beratung fördert Problemlösekompetenzen

Mitzuerleben oder daran mitzuwirken, wie berufsbezogene Probleme im Rahmen kollegialer Beratung gelöst werden, fördere über die Beratungsgruppe hinaus auch ein verändertes, wirksameres Problemlöseverhalten im eigenen Arbeitsbereich (vgl. Lauterburg, 2001, S. 9; Nold, 1998, S. 182 u. 194; Rotering-Steinberg, 1983, S. 75; Scheer, 1997, S. 25).

Eine Teilnahme an kollegialer Beratung fördert berufsbezogene Selbstreflexion

Hinsichtlich eigener beruflicher Fälle kollegial beraten zu werden erweitere die Wahrnehmung eigener Gefühle, Denkweisen und Entscheidungsmuster sowie das Bewusstsein über eigene Stärken und Schwächen (vgl. Arnold, 2001, S. 407; Fallner, 1990, S. 30; Lauterburg, 2001, S. 9; Ott-Nold, 1995,

S.107f.; Rotering-Steinberg, 2001c, S. 434; Wildt, 1995, S. 53; Žorga et al., 2001, S. 159).

2.6.3 Auswirkungen auf berufliche Beanspruchungen

Die Teilnahme an kollegialer Beratung mindert berufliche Beanspruchungen

Indem belastend erlebte berufliche Fälle in kollegialer Beratung bewältigt würden, vermindere sich für die Beratenen das Ausmaß der psychisch beanspruchenden Wirkung von eingebrachten Problemsituationen (vgl. Fallner, 1990, S. 24 u. 30; Marks & Hixon, 1986, S. 423; Mutzeck, 1999, S. 112; Ott-Nold, 1995, S. 112; Rotering-Steinberg, 2001c, S. 434; Schattenhofer & Götz, 2000, S. 85; Wittrock, 1998, S. 264).

Die Teilnahme an kollegialer Beratung erleichtert und stärkt die Beteiligten

Die Interaktionen der Gruppenmitglieder im kollegialen Beratungsprozess sowie kollegialer Rückhalt, erfahrene Anteilnahme und solidarisierende Rückmeldungen vonseiten der Beratenden wirkten sich für Beratene als soziale Unterstützungsressource aus, welche deren erlebten Problemdruck unmittelbar reduziere und ihr Selbstvertrauen stärke (vgl. Arnold, 2001, S. 407; Mutzeck, 1999, S. 112; Nold, 1998, S. 185; Priebe, 1991, S. 21; Rotering-Steinberg, 1998, S. 6; Schattenhofer, 1997, S. 71; Wildt, 1995, S. 53; Žorga et al., 2001, S. 159f.).

Die Teilnahme an kollegialer Beratung reduziert Burnout-Entwicklungen bei Beratenen

Eine regelmäßig erfahrene kollegiale Beratung sowie die unterstützenden Interaktionen der Peergruppe helfen, das Erleben von Isolation und psychische Beanspruchung mittel- und langfristig in einer Weise zu vermindern, dass Burnout-Entwicklungen vorgebeugt oder diese angehalten und umgekehrt würden (vgl. Agnew, 1998, S. 83 u. 154; Agnew et al., 2000, S. 9; Greenburg et al., 1985, S. 441; Lewis et al., 1988, S. 84; Marks & Hixon, 1986, S. 422; Ostbomk-Fischer, 1998a, S. 184f.; Schmelzer, 1997, S. 92).

2.6.4 Resümee zu den personenbezogenen Wirkungen kollegialer Beratung

Die im Zuge der Literaturanalyse vorgenommene Kategorisierung der Annahmen und empirischen Hinweise ergibt ein deutlicheres Bild dessen, was die Teilnahme an kollegialer Beratung für die Teilnehmenden leisten könnte. Herausgearbeitet wurden die drei Wirkbereiche (1) Effekte bei der Lösung berufsbezogener Probleme, (2) Auswirkungen auf berufliche Handlungskompetenzen und (3) Auswirkungen auf berufliche Beanspruchungen. Die einzelnen personenbezogenen Wirkungen kollegialer Beratung werden in der Literatur häufig miteinander verwoben dargestellt, was es erschwert, sie scharf voneinander zu trennen und einzuteilen. Ein Teil der Wirkungsannahmen beruht auf kategorisierten Teilnehmeraussagen, bei anderen wird nicht immer deutlich, ob es sich bei den berichteten Aussagen um (mehr oder weniger systematische) Beobachtungen oder lediglich um naheliegende und plausible Schlussfolgerungen handelt. Viele Formulierungen und Begriffe in den gesichteten Quellen fallen recht allgemein und abstrakt aus, oder sie basieren auf dem Alltagsverständnis der Befragten. Die genannten Konstrukte werden selten operationalisiert; es fehlen zudem differenziertere Annahmen darüber, welche Faktoren unter welchen Bedingungen wirksam werden können.

Auffallend ist, dass nur ein Teil der Wirkungen mit den spezifischen Definitionsmerkmalen bzw. Charakteristiken kollegialer Beratung in Verbindung gebracht wird oder werden kann – hauptsächlich fallbezogenes, strukturiertes Problemlösen sowie die Beiträge der Gruppe und ihrer Mitglieder. Die Abwesenheit eines konstanten Gruppenleiters und die Reversibilität der Beratungsbeziehungen fallen dagegen kaum ins Gewicht. Wirkungsunterschiede von kollegialer Beratung und z. B. Fallsupervision in Gruppen zeichnen sich auf dieser Grundlage nicht ab.

Von negativen Wirkungen oder Gefahren der Teilnahme an kollegialer Beratung wird so gut wie nicht berichtet. Dies mag zum einen damit zusammenhängen, dass Wirkungsaussagen mitunter im Kontext von Beschreibungen zu Zielen kollegialer Beratung dargestellt werden, und Ziele in der Regel nicht negativ formuliert werden. Zum anderen entstammen einige Angaben Veröffentlichungen, in denen die Autoren gegenüber potenziellen Zielgruppen kollegiale Beratung vorstellen und das Format empfehlen möchten. Ihr Interesse daran, negative Auswirkungen zu erwähnen, ist daher verständlicherweise begrenzt.

3 Perspektiven auf wirkungsrelevante Merkmale kollegialer Beratung

In manchen Veröffentlichungen wird durch die Art der Darstellung von kollegialer Beratung der Eindruck erweckt, dass es sich dabei um ein relativ einfach zu handhabendes Konzept handelt – mitunter erhält es explizit ein Etikett des Einfachen und Leichten. Gleichwohl sollen mit kollegialer Beratung ähnlich vielfältige und deutliche Wirkungen einhergehen wie sie z. B. professionell angeleitete Supervision hat. Dieses skizzierte Bild erscheint wenig glaubwürdig. Kontrastierend dazu muss angenommen werden, dass das Format, seine Variablen und die ablaufenden psychosozialen Prozesse ebenso vielschichtig sind wie bei anderen Formaten mit deutlich längerer, intensiver Forschungstradition. Mögen auch die Grundprinzipien offenbar relativ leicht verständlich und überschaubar darstellbar sein, so reicht schon der theoretisch orientierte Blick auf jedes der Definitionsmerkmale (vgl. Abschnitt 2.1.2), um davon auszugehen, dass das Geschehen in und die Wirkungen von kollegialer Beratung auf voraussetzungsvollen, komplexen und interdependenten psychologischen und sozialen Prozessen beruhen.

Um die Annahmen zu den personenbezogenen Wirkungen kollegialer Beratung (vgl. Abschnitt 2.6) besser verstehen, einordnen und auf ihre Plausibilität hin überprüfen zu können, erscheint es notwendig, die Definitionsmerkmale des Formats sowie die Funktionen, Implikationen und Konsequenzen der Selektionen hinsichtlich ihres Wirkungspotenzials theoretisch näher zu untersuchen. Daraus resultiert zum einen ein differenziertes Verständnis des Innenlebens des Gegenstands, zum anderen wird es möglich, relevante Variablen, Prozesse und Einflussgrößen für die personenbezogenen Wirkannahmen zu identifizieren. Durch den Einbezug von theoretischen Modellen und empirischen Erkenntnissen aus unterschiedlichen Disziplinen soll in diesem Kapitel ein Beitrag zu einer schulenübergreifenden Weiterentwicklung der theoretischen Grundlagen kollegialer Beratung erfolgen, wie sie Rotering-Steinberg (2001b) fordert (vgl. auch W. Kühl, 2007).

Die Basis für die folgende Ausarbeitung bilden in erster Linie deutsch- und englischsprachige Literaturquellen zu kollegialer Beratung, deren weit verstreutes Aussagenspektrum strukturiert aufbereitet wird. Ergänzt wird diese Basis um Überlegungen und Erkenntnisse aus relevanten Disziplinen, wie der Supervision, der Arbeits- und Organisationspsychologie, der Sozialpsychologie und der Soziologie. Diese Ergänzungen werden dort vorgenommen, wo die gegenstandsbezogene Literatur Charakteristiken und Wirkprozesse von kollegialer Beratung bisher nur rudimentär beschreibt oder erklärt. Mit der Entscheidung für diese Vorgehensweise ist die Absicht verbunden, sich einerseits inhaltlich eng am Gegenstand zu orientieren und andererseits das Verständnis von kollegialer Beratung schrittweise zu erweitern, ohne im Rahmen dieser Arbeit den Anspruch an eine Vollständigkeit der Referenzen zu erfüllen. Diese Synopse bietet jedoch eine Orientierung in der Vielfalt und Vielzahl möglicher Aspekte, an die sich in Zukunft eingehendere Aufarbeitungen mit weiteren Beiträgen aus anderen Disziplinen anknüpfen lassen.

Nachfolgend werden die konstituierenden vier Kernmerkmale kollegialer Beratung näher betrachtet: die Form der Fallberatung (3.1), die Funktion von Ablaufsystematiken und Rollenstruktur (3.2), die Aspekte, die mit dem Gruppenmodus einher gehen (3.3), die Auswirkungen der Leiterlosigkeit (3.4). Darauf folgt die Erörterung der Bedeutungen und Funktionen von Kollegialität für kollegiale Beratung (3.5). Ausgangspunkt bildet dabei jeweils ein Definitionsbestandteil, der durch theoretische und empirische Erkenntnisse angereichert wird. Das Kapitel schließt mit einer resümierenden Gesamtbetrachtung (3.6).

3.1 Implikationen der Form der Fallberatung für kollegiale Beratung

Die soziale Interaktion in kollegialer Beratung wird strukturiert durch einen Beratungsprozess, der sich am Programm Fallarbeit orientiert, was in den für kollegiale Beratung synonymen Bezeichnungen *kollegiale Fallberatung* (Franz & Kopp, 2003) oder *kollegiale Praxisfallberatung* (Nold, 1998) zum Ausdruck kommt. Charakteristiken des Programms Fallberatung bilden die prägende Grundlage für das Geschehen in kollegialer Beratung – und modifizieren damit deren Wirkungen.

3.1.1 Das Verständnis von Fällen

Der Begriff Fall ist eng verknüpft mit der kasuistisch orientierten Tradition der Supervision, in der bereits zu Beginn des 20. Jahrhunderts angehende Sozialarbeiter ihre Fälle dem Supervisor vortrugen, um Praxisanleitung zu erfahren (Belardi, 2001). Unter einem Fall wird in der Literatur zu Supervision und kollegialer Beratung heute allgemeiner ein konkreter Ausschnitt aus der beruflichen Praxis – eine Episode, ein Ereignis, eine Situation, eine Interaktion, ein Problem – verstanden, der für eine Person subjektiv bedeutsam und in gewisser Hinsicht noch nicht abgeschlossen erscheint: „Ein Fall: ein Geschehen wird auffällig, merkwürdig, hebt sich von Normalität, Durchschnitt, Gewohnheit ab. Alltägliches, Selbstverständliches, Bewältigtes, Wiederkehrendes ist zunächst selten fallverdächtig.“ (Thimm, 1997, S. 86). Fälle handeln demnach von Ausnahmen im beruflichen Kontext, bei denen Verläufe oder Ergebnisse nicht erwartungsgemäß eintreten und bei denen die Diskrepanz zwischen Erwartungen und Erleben psychologisch bedeutend nachwirkt, z. B. in Form von Enttäuschung, kreisenden Gedanken oder Beanspruchung.

Die thematische Bandbreite von Fällen, die sich für kollegiale Beratung eignen sollen, wird konventionell beschränkt auf Themen mit Bezug zum jeweiligen beruflichen Kontext des Beratenen, und die zudem interpersonelle Problematiken wie Interaktionskonflikte oder intrapersonale Aspekte wie Rollendilemmata beinhalten (vgl. Arnold, 1997; Gudjons, 1977, 1983; Nold, 1998; Rimmasch, 2003; Schlee, 2004; Thiel, 2000), etwa für die Zielgruppe Führungskräfte und Manager „kritische Führungs- und Kommunikationsprobleme, strategisch schwierige oder politisch delikate Entscheidungen, komplexe und konfliktträchtige Projekte, heikle Personalia, manifeste oder latente Spannungsfelder im unmittelbaren Arbeitsumfeld, akute Konflikt- und Krisensituationen im Unternehmen oder in wichtigen Außenbeziehungen.“ (Lauterburg, 2001, S. 8f.). Persönliche Themen können eine Rolle spielen, solange ein Bezug zum beruflichen Kontext hergestellt wird; privat-persönliche oder therapiebedürftige Probleme sind in kollegialer Beratung als Fallthemen ungeeignet (Nold, 1998). Schattenhofer (1997) unterstreicht vier Kriterien, denen ein Fallthema qualitativ genügen sollte: (1) der Fall müsse sich auf eine konkrete soziale Situation mit handelnden Personen beziehen; (2) der Fall müsse Klientenbezug aufweisen; (3) der Fall müsse sich auf eine aktuelle, bisher unbeantwortete Frage beziehen und (4) es dürfe nur die zu beratene Person vom Fall betroffen sein. Letzteres Kriterium korrespondiert mit den Anforderungen an *personen*orientierte Beratung (vgl. S. Kühl, 2008c; Abschnitt 2.1.2). Galler

(2003) betont, dass der Erfolg von kollegialer Beratung auch von der Qualität der Fälle abhängt. Diese Qualität bemisst sich vermutlich daran, inwieweit ein Fall die genannten Kriterien erfüllt.

In der deutschsprachigen Literatur zu kollegialer Beratung hat sich überwiegend ein konstruktivistisch orientiertes Verständnis von Fällen etabliert, welches davon ausgeht, dass Fälle nicht primär von Wirklichkeit oder von Konstellationen objektiver Gegebenheiten handeln, sondern dass das subjektive Erleben des Beratenen sowie dessen kognitive Konstruktionen und Emotionen zentrale Rollen spielen (vgl. Herwig-Lempp, 2004; Mahnke, 1996; Schlee, 2008; Spiess, 1992). Neben Sachinformationen umfassen Fälle diesem Verständnis nach vor allem subjektive Repräsentationen interpersoneller und intrapersonaler Prozesse, einschließlich individueller Bewertungen, Attributionen und zugehöriger Affekte. Von einigen Autoren wird dieses konstruktivistische bzw. subjektivistische Verständnis von Fällen explizit angeführt und erkenntnistheoretisch begründet, häufiger findet es sich jedoch implizit. Aus der Perspektive der weitreichendsten epistemologischen Position – des radikalen Konstruktivismus (vgl. S. J. Schmidt, 1994) – erscheinen die Darstellungen oftmals inkonsistent, wenn neben von subjektiven Faktoren immer wieder auch von objektiven Gegebenheiten die Rede ist.

3.1.2 Das Verständnis von Fallberatung

Das Programm Fallarbeit bezeichnet eine Beratungsinteraktion bezogen auf Fälle, mit der die Kompetenz der Beratenen im Umgang mit ihrer beruflichen Praxis verbessert werden soll (vgl. Rappe-Giesecke, 2003). Als *Beratung* beschreibt Schlee (2004) einen sozialen Interaktionsprozess zwischen zwei Parteien, den zielgerichtete Veränderungsbemühungen für eine der Parteien in einem durchdachten Szenario kennzeichnen. Greif (2008) definiert Beratung als einen von einem Beratenden methodisch gestalteten Problemlöseprozess, in dem die Bemühungen des Beratenen unterstützt sowie dessen Kompetenzen verbessert werden, ein Problem zu bewältigen. Das in der Literatur zu kollegialer Beratung dominierende Beratungsverständnis entspricht dem Modell der Prozessberatung nach Schein (1987), demzufolge die Aktivitäten des Beraters dazu dienen, dem Beratenen dabei zu helfen, Prozesse, die sich in seiner Umgebung abspielen, besser zu erkennen, zu verstehen und zu beeinflussen. Zentral für diese Auffassung ist, dass Beratene – im Kontrast zu Scheins Modell der Expertenberatung oder des Arzt-Patient-Modells – in wesentlichem Umfang sowohl an der Diagnose der Situation als auch an der Entwicklung von Lösungen mitwirken.

Die Konzeptualisierung eines Falls umfasst allgemein, einerseits die Ätiologie des Falls[18] zu verstehen und andererseits, wirksame fallbezogene Interventionsoptionen zu entwickeln (Butler & Constantine, 2006). Fallberatung erhält damit stets zwei aufeinander bezogene Funktionen: eine diagnostisch orientierte, verstehende sowie eine handlungsorientierte, aktionale Funktion (vgl. Billing, 2003). Der diagnostische, ätiologisch orientierte Fokus von Fallberatung richtet sich dabei idealerweise gleichermaßen auf die Reflexion des subjektiven Faktors, auf die Reflexion der objektiven Gegebenheiten (vgl. analog Fußnote 18) und ihrer Bedeutsamkeit für die jeweilige Interaktionssituation sowie auf die Analyse der Interdependenz subjektiver und objektiver Faktoren (vgl. Iwers-Stelljes, 2003). Das im Zuge dieser Reflexionen entwickelte Fallverständnis bildet die Basis für den aktionsorientierten Fokus von Fallberatung. Dieser konzentriert sich darauf, Optionen dafür zu erschließen, wie Beratene mit dem Fall weiter umgehen können, so dass es ihren Zielen und Kompetenzen sowie dem Verständnis der Fallsituation angemessen erscheint (vgl. Arnold, 1997).

Zur Kategorisierung von Varianten der Fallberatung in Gruppen (im klinisch-psychotherapeutischen Bereich) schlagen Billow und Mendelsohn (1987) eine Dimension vor, die auf der einen Seite *fallzentrierte* Verfahren lokalisiert, auf der anderen Seite die *prozesszentrierten*. Die fallzentrierte Beratung fokussiere auf den vom Beratenen präsentierten Fall und konzentriere sich vor allem auf eine kognitive Ebene; der Prozess innerhalb der Beratungsgruppe bleibe unberücksichtigt. Bei prozesszentrierter Beratung stehe hingegen das Geschehen in der Peergruppe im Vordergrund, während Fallinformationen allenfalls marginal eingebracht würden; Gefühle und Assoziationen im Hier und Jetzt der Beratungsgruppe spielten die Hauptrolle. In der Mitte des Kontinuums befindet sich nach Billow und Mendelsohn (1987) kollegiale Beratung mit *dualem Fokus*: Ein Fall wird eingebracht, und die Gruppe arbeitet (auch) mit Hilfe der Reflexion der Resonanzen und der Dynamik, welche die Fallinformationen bei den Einzelnen und in der Gruppe auslösen. Hier spielen psychodynamische Konzepte wie Parallelprozesse, Übertragungen und Gegenübertragungen eine Rolle, wie sie für die Arbeit in Balint-Gruppen typisch sind (vgl. Rappe-Giesecke, 2006). Mit diesem dualen Fokus arbeiten in kollegialer

18 Mit Blick auf ein konstruktivistisches Verständnis bzw. aus Perspektive der Theorie subjektiver Repräsentationen (vgl. Flick, 1995) müsste es sich konsequenterweise um *die soziale Repräsentation der Ätiologie des Falls* handeln.

Beratung offenbar vorwiegend psychodynamisch orientierte Psychotherapeuten (vgl. Likhite, 2000; Nobler, 1980).

3.1.3 Implikationen von Fallberatung für Beratungsprozess und soziale Struktur

Mit der Entscheidung für Fallberatung ergibt sich für den Beratungsprozess eine nahe liegende Differenzierung in zwei Phasen, die sequenziell behandelt werden: eine Fallvorstellung durch den Beratenen und eine daran anschließende Fallbesprechung durch den oder die Beratenden (vgl. Auckenthaler, 1995). Bei kollegialer Beratung werden diese Phasen in Ablaufschemata weiter differenziert (vgl. Abschnitt 3.2).

Hinsichtlich der sozialen Konstellation impliziert der Charakter der Interaktion als Beratung eine asymmetrische Beziehung mit komplementären Rollen und sich ergänzenden Aufgaben und Erwartungen – solange die Beratungsinteraktion andauert (vgl. Rappe-Giesecke, 2003; S. Kühl, 2008a). Da die gängige Auffassung von Fallberatung davon ausgeht, dass innerhalb eines Beratungsprozesses nur eine Person zur Zeit bezogen auf ihren Fall beraten wird[19], bedeutet dies in einem Gruppenrahmen, dass für die Dauer einer Fallberatung sich eine beratene Person den übrigen Anwesenden gegenüber in einer exponierten Sonderrolle befindet. Mit der vorgesehenen Reversibilität der Rollen ergibt sich daraus in kollegialer Beratung ein rollierendes Dreieck hierarchischer Beziehungen, in dem jedes Gruppenmitglied entweder Beratener, Beratender oder Moderator ist (Rabi, Lehr & Hayner, 1986; vgl. Abschnitt 3.2.2).

3.1.4 Resümee zu den Einflussgrößen aus dem Merkmal Fallberatung

Kollegiale Beratung bedient sich konzeptuell ausschließlich des Programms Fallberatung, womit Format – kollegiale Beratung – und Form – Fallarbeit im Gruppenmodus – zusammenfallen. Um Fallberatung realisieren zu können, erscheint es notwendig, dass Mitglieder von Peergruppen ein gemeinsam geteiltes Verständnis einerseits von geeigneten und bearbeitbaren Fällen und andererseits von den Prinzipien von Fallberatung und ihren Implikationen hinsichtlich des Beratungsprozesses und der sozialen Struktur gewinnen. Es ist

19 Aus der subjektbezogenen Konzeptualisierung von Fällen kann abgeleitet werden, dass ein von zwei Personen vorgebrachtes Fallthema im Grunde genommen eine parallele Beratung von zwei Fällen bedeuten würde.

anzunehmen, dass der Erfolg kollegialer Beratung und damit ihre Wirkungen eingeschränkt werden, wenn vorgetragene Fälle nicht den genannten Kriterien entsprechen.

3.2 Funktionen und Implikationen von Ablaufsystematik und Rollenstruktur

In vielen Publikationen zu kollegialer Beratung nimmt die Darstellung einer Systematik für die Strukturierung des Fallberatungsprozesses und der Rollen der Beteiligten einen prominenten Platz ein – mitunter muss es Lesern so vorkommen, als ob die Ablaufstruktur das Aushängeschild des Formats sei. Ablaufschemata und Rollenstruktur kommen bei kollegialer Beratung höhere Bedeutung zu als bei anderen Formaten, weil Peergruppen bedingt durch die Abwesenheit eines designierten Leiters die Beratungsprozesse arbeitsteilig steuern müssen (vgl. Abschnitt 3.4). Es ist davon auszugehen, dass die personenbezogenen Effekte (vgl. Abschnitt 2.6) in besonderem Maße davon abhängig sind, wie erfolgreich die durch die Gruppenmitglieder gestalteten Beratungsprozesse verlaufen.

3.2.1 Ablaufschemata in kollegialer Beratung

In Ablaufschemata werden die beiden konstituierenden Phasen von Fallberatung in Gruppen – Fallvorstellung und Fallbesprechung – weiter zerlegt und differenziert. In der Summe erwachsen daraus Modelle mit 5 bis 14 benannten Phasen, welche weitere Untergliederungen, zumeist als Schritte bezeichnet, enthalten können[20]. Das Phasenmodell der Structured Group Supervision (SGS) von Wilbur, Roberts-Wilbur, Morris, Betz und Hart (1991) kann als grundlegendes Modell betrachtet werden, welches auch für kollegiale Beratung nahe gelegt wird (Bernard & Goodyear, 2009; Proctor, 2008). Das SGS-Modell umfasst (1) *The Request-for-Assistance Statement*, (2) *The Questioning Period and Identification of Focus*, (3) *The Feedback Statements*, (4) *The Supervisee Response* und (5) *Optional Discussion Period*. Phasenschemata stellen quasi Drehbücher für die idealtypische Inszenierung eines Beratungsprozesses mit

20 Ausführlichere vergleichende Übersichten oder Vignetten zu verschiedenen Ablaufschemata haben Fiege (1999), Herwig-Lempp (2004), Nold (1998) Rüegg (2001) und Schlee (2007) erstellt.

Regieanweisungen für das Verhalten der beteiligten Akteure in einzelnen Szenen dar. Darüber hinaus werden Ablaufschemata eine Reihe von allgemeinen und rollenspezifischen Kommunikationsregeln beigegeben, die sich vor allem auf aufmerksames Zuhören, gezieltes Fragen und eine Haltung von Kollegialität (vgl. Abschnitt 3.5) aufseiten der Beratenden beziehen. Mit der Einteilung des Prozesses in Phasen werden den Beratenden und dem Beratenen in jeder Beratungssequenz spezifische funktionale Aufgaben zugeordnet. Mit einer neuen Phase ändern sich die Vorgaben für den Sprecherwechsel (in der Linguistik *turn-taking* genannt) und damit der Charakter der Beratungsinteraktion. Sanders und Ratzke (1999) zufolge hängt die Effektivität kollegialer Beratung entscheidend davon ab, inwieweit sich die Peergruppe an die Vorgaben des Ablaufschemas hält.

Beim Vergleich von 14 Ablaufschemata orientiert Fiege (1999) sich an einem Grundgerüst bestehend aus acht Phasen, das hier auch als differenzierteres Beispiel für ein Ablaufschema dienen soll: (1) Kontakt- und Kontraktphase I (Fallauswahl, Rollenverteilung, Rückblick auf bearbeitete Fälle); (2) Fallvorstellung durch eine nicht unterbrochene Darstellung; (3) Informationsfragen durch die Berater ohne Interpretation oder Bewertung; (4) Gruppenmitglieder äußern ihre Wahrnehmungen zum Fall; (5) Ursachenvermutungen und Hypothesen werden diskutiert; (6) Entwicklung von Handlungsmöglichkeiten; (7) Bewertung, Entscheidung und Konkretisierung der Handlungsmöglichkeiten durch den Beratenen; (8) Kontakt- und Kontraktphase II (Beendigung und Reflexion der Fallberatung, Absprachen für kommende Sitzungen). Unterschiede zwischen den verglichenen Schemata zu kollegialer Beratung bestehen Fiege zufolge hauptsächlich in der Zahl und dem Auflösungsgrad der verschiedenen Phasen sowie in der relativen Bedeutung und der Gewichtung von (Problem-) Bestandsaufnahme und Handlungsplanung.

Für die Dauer der Phasen werden häufig Zeiten vorgeschlagen, in denen die Peergruppe das jeweilige Phasenergebnis erreichen soll. Die angegebenen Zeitvolumina für vergleichbare Phasen verschiedener Modelle variieren deutlich und korrespondieren mit der funktionalen Bedeutung, die eine Phase in einem Modell aus konzeptionellen Gründen einnimmt. Wilbur et al. (1991) empfehlen für jede Phase des SGS-Modells gleichmäßig etwa 10 bis 15 Minuten. Schlee (2004) räumt den Funktionen der Selbstklärung des Beratenen, dem Verstehen des Falls durch die Beratenden sowie der Induktion von Sicherheit und Vertrauen beim Beratenen alleine 45 Minuten ein. Aus der Summe der den Phasen zugeordneten Zeitfenster ergibt sich die Gesamtdauer eines

Fallberatungsprozesses, die je nach Modell zwischen 45 Minuten (vgl. Rotering-Steinberg, 2005) und 120 Minuten (vgl. Mutzeck, 1996) liegen kann.

Die Reaktion der Beratenden auf die Falldarstellung des Beratenen wird durch Beratungsmethoden organisiert, die Erwartungen an den inhaltlichen Fokus und die sprachliche Formulierung der Beiträge sowie Vorgaben für die Interaktion der Beratenden enthalten. Mit Methoden wird vorgegeben, welche Verbalisierungen gerade erwünscht sind (z. B. Lösungsideen) und welche zurzeit als unerwünscht gelten (z. B. Ursachenhypothesen), wodurch eine spezifische Beratungskommunikation entstehen soll, die den Beratenen zu einer fokussierten Reflexion anregen soll. Die Reaktionen der Beratenden lassen sich in drei wesentliche Leistungen für den Beratenen unterteilen: Sie können (1) die Reflexion und Klärung des Beratenen fördern, (2) Lösungsvorschläge verbalisieren oder (3) Anteil nehmen und emotionalen Rückhalt geben (vgl. Tietze, 2003). Durch eine spezifische Beratungsmethode wird vorgegeben, welche dieser Leistungsangebote in welcher Gewichtung und Kombination aktiviert werden sollen, z. B. in Form der Verbalisierung emotionaler Resonanzen oder durch einen spekulativen Rollentausch mit Antagonisten des Beratenen.

Bezogen auf die Option, die Methoden variieren zu können, die in kollegialer Beratung zum Tragen kommen, können Ablaufschemata in adaptive und invariante Modelle differenziert werden. Unter *adaptiven Modellen* sollen Ablaufschemata verstanden werden, bei denen zumindest ein Teil der Phasen variable Beratungsmethoden enthält, welche abhängig von Erfordernissen des Falls oder Wünschen der Beteiligten ausgewählt werden (z. B. de Haan, 2005). Anzahl und Reihenfolge der Phasen bleiben bei adaptiven Modellen in der Regel unverändert. *Invariante Modelle* sehen hingegen eine feststehende Folge von Beratungsmethoden vor, so dass jeder Fall nach dem gleichen, unveränderlichen Schema beraten wird (vgl. z. B. Rowold & Rowold, 2008). Während invariante Modelle eine bestimmte Methodensequenz vorsehen, können und müssen Anwender adaptiver Modelle im Lauf des Beratungsprozesses entscheiden, welche spezifische Beratungsmethode zum Klärungswunsch des Beratenen passen könnte[21]. Aufseiten der Gruppenmitglieder erfordern adaptive Modelle größere methodische Kompetenzen als die Anwendung invarianter Modelle, weil sie nicht nur zusätzliches Methodenwissen benötigen, sondern auch gemeinsam das Problem zu lösen haben, eine geeignete Methode auszuwählen.

21 Autoren von Anleitungen für adaptive Modelle legen in der Regel Methodensammlungen von teils beträchtlichem Umfang vor (z. B. de Haan, 2005; Hanekamp, 1994; Hendriksen, 2000; Lippmann, 2004; Schlee, 2004; Tietze, 2003).

3.2.2 Die Rollenstruktur in kollegialer Beratung

In der Regel werden in Modellen zu kollegialer Beratung – zusätzlich zur der Fallberatung inhärenten Rollenaufteilung in Beratenen und Beratende – weitere Rollen konzeptualisiert, die für die Gestaltung des Beratungsprozesses relevant sind. In dieser Rollendifferenzierung kommt die Bandbreite der Aufgaben zum Ausdruck, die in anderen Formaten dem Supervisor/Coach zukommen. Fast alle Autoren richten in Gestalt eines Moderators eine Leitungsrolle ein, in welcher die Gesprächsleitung und andere Steuerungsaufgaben für die Dauer eines Beratungsprozesses gebündelt werden (vgl. Bernard & Goodyear, 2009). Mit Blick auf das Prinzip der Umkehrbarkeit der Beratungsrollen (vgl. Abschnitt 3.4.1) wechseln sich die Gruppenmitglieder auch bei der Besetzung der Moderatorenrolle ab. Dagegen lehnen Counselman und Weber (2004) auch eine temporär besondere, leitende Rolle eines Mitglieds in den Beratungsprozessen kategorisch ab, damit sich darüber nicht *de facto* ein Leiter der Gruppe herausbildet.

Der Rolle der Moderation wird eine Reihe von Aufgaben und Funktionen zugeordnet: Die Aufgabe der Gesprächsleitung beinhaltet, phasenspezifische Gesprächsimpulse zu setzen, Sprecherwechsel zu initiieren und Redezeiten für Beratende und Beratenen zuzuteilen. Als Leiter des Beratungsprozesses fallen dem Moderator die Aufgaben zu, einerseits „in nicht autoritärer, nondirektiver, moderativer, aber bestimmter Handlungsweise die Prozesssteuerung" (Steffan, 2008, S. 441) zu übernehmen, andererseits steuernd darauf zu wirken, dass der Beratungsprozess den Vorgaben des gewählten Ablaufschemas entspricht und darauf, wie auf Abweichungen reagiert werden soll (vgl. Kopp & Vonesch, 2003; Nold, 1998). Die Rolle des Moderators fungiert somit in funktionaler Hinsicht als Bindeglied zwischen Ablaufschema und realem Beratungsprozess sowie in sozialer Hinsicht als Mittler zwischen den Beratenden und dem Beratenem. Weitere Leitungsaufgaben für den Beratungsprozess, z. B. die Zeiten für einzelne Phasen im Blick zu behalten, werden in einigen Modellen ebenfalls der Rolle des Moderators zugerechnet, in anderen Modellen fakultativ durch andere Beteiligte übernommen (vgl. Schlee, 2004) oder als Gemeinschaftsaufgaben aller Beratenden gewertet und gruppenspezifisch organisiert.

Einige Konzeptionen zu kollegialer Beratung sehen vor, weitere Rollen und Aufgaben an Gruppenmitglieder zu vergeben. Marks und Hixon (1986) empfehlen Peergruppen, aus ihrer Mitte einen Prozessbeobachter zu bestimmen, welcher der Gruppe nach dem Beratungsprozess Rückmeldungen zu seinen Beobachtungen gibt, eingeschlossen Stellungnahmen zu den Fragen, (1) inwieweit es der Gruppe gelang, bei ihrer Aufgabe zu bleiben, (2) in welchem Ausmaß die vereinbarten Basisregeln eingehalten wurden, (3) welche Entwicklung die Gruppe vollzogen hat und (4) wie sich die Gruppenmitglieder am Beratungsprozess beteiligt haben. Damit kommt dem Prozessbeobachter eine qualitätssichernde Funktion zu. Kopp und Vonesch (2003) entwerfen die Rolle eines Schreibers, der die Aussagen der Beratenden dokumentiert, damit diese Notizen dem Beratenen zur weiteren persönlichen Reflexion zur Verfügung stehen.

3.2.3 Funktionen und Leistungen eines Ablaufschemas

Eine wesentliche Funktion des Ablaufschemas in kollegialer Beratung besteht darin, einer Peergruppe die methodischen Kompetenzen eines Supervisors/Coachs bezogen auf die Strukturierung und Gestaltung von Fallberatungsprozessen zur Verfügung zu stellen. Schon in partizipativer und kooperativer Gruppensupervision werden die Bedeutungen von Inhaltsexpertise und Feldkompetenzen eines Coachs/Supervisors relativiert, weil die Gruppenmitglieder maßgeblich am Beratungsprozess mitwirken und der Supervisor einen Spielraum gestaltet, „in dem sich zwischen allen Beteiligten dialogisch Lernprozesse entfalten können [...]“ (Buer, 2002, S. 53). Die Einführung von explizitem Ablaufschema und Rollenstruktur bildet den zweiten Schritt, um den Gruppenmitgliedern auch die erforderlichen Kompetenzen zu übertragen, mit denen sich Beratungsprozesse gestalten lassen (vgl. Feurle et al., 2003). Dies soll erreicht werden, indem Beratungsprozesse in ihrer Komplexität reduziert werden und ihr Ablauf mit Hilfe von Phasen schematisiert sowie an einer Idealform ausgerichtet wird[22]. Zudem wird das Verhalten der Beteiligten definiert, welches sich förderlich darauf auswirken soll, die Beratungsziele zu erreichen (Wilbur et al., 1991). König und Schattenhofer (2006) sehen den Sinn eines Ablaufschemas darin, das verbreitete Alltagsmuster zu unterbrechen, „sofort nach der Beantwortung einer Frage oder der Lösung eines Problems zu suchen, ohne dass zuvor ein besseres Verständnis der Situation entwickelt worden wäre.“ (S. 111). Anzunehmen ist, dass die Beschreibung eines geeigneten Ab-

22 Als Prozess kann „die zeitliche Abfolge von Tätigkeiten und Verhaltensweisen einer Gruppe [verstanden werden], mit denen sie ihre Zusammenarbeit gestaltet und ihre Aufgaben bearbeitet. Prozesse lassen sich nicht planen, allenfalls nur begleiten bzw. beeinflussen. Insofern wird nicht der Prozeß geplant, sondern nur die Bedingungen, unter denen der Prozeß abläuft.“ (Nold, 1998, S. 126).

laufschemas und der zugehörigen Rollenstruktur vor allem bedeutsam für Zielgruppen ist, die nicht sehr vertraut damit sind, Beratungsprozesse zu gestalten.

An der Frage, ob es gelingen kann, die Kompetenzen des Coachs/Supervisors in einer Peergruppe vollwertig zu kompensieren, entzündet sich ein Teil der Skepsis gegenüber kollegialer Beratung. Problematisiert wird dabei, dass bei Krisen im Beratungsprozess die Kompetenz und Autorität eines Supervisors/Coachs zu deren Beilegung fehlten, dass die Qualität der Fallberatung nicht in gleichem Maße gesichert sei und dass die Peergruppe durch die Übernahme von Prozessgestaltungsaufgaben überfordert werde (vgl. Counselman & Gumpert, 1993; Fengler, 1986; Wittrock, 1998).

Das Leistungspotenzial eines Ablaufschemas lässt sich auch aus kommunikationstheoretischer Perspektive beleuchten. In Beratungsgruppen können mehrere Prozessebenen differenziert werden: (1) die Ebene der psychischen (Reflexions-) Prozesse der Individuen, (2) die Ebene des inhaltlichen Prozesses des Falls, (3) die beratungsbezogene Gruppeninteraktion, (4) der nicht-beratungsbezogene Gruppenprozess und (5) nicht-gruppenbezogene (Umwelt-) Prozesse. Um bei ihrer Aufgabe der Fallberatung zu bleiben, muss die Gruppe vor allem Inhalts-, Beratungs- und Gruppenprozessebene voneinander unterscheiden können (Counselman & Weber, 2004). Das Ablaufschema kann aus systemtheoretischer Perspektive als Präferenzordnung des Typus Programm betrachtet werden, mit dem sich ein soziales System – das Beratungssystem – ausdifferenziert und von seiner Umwelt unterscheidet (vgl. Luhmann, 1984; Willke, 1991). Den Beteiligten liefert das Ablaufschema Sinnkriterien, mit denen sich Kommunikationen (und vermutlich begrenzter: Affekte) verschiedenen Ebenen zurechnen lassen. Durch den Sinnzusammenhang des Beratungssystems können Kommunikationen danach beurteilt werden, ob sie sich auf den Fallinhalt, den Beratungsprozess oder den Gruppenprozess beziehen, oder ob sie deren Umwelt zugehörig interpretiert werden können. Ablaufschema und Rollenstruktur unterstützen demzufolge die leiterlose Peergruppe in kognitiver und affektiver Hinsicht dabei, Fallberatung zu organisieren, indem sie deren Mitgliedern eine Ordnung für Kommunikationen bereitstellen. Eine Struktur dient damit dem Zweck, Interaktionen zu reduzieren, die mit dem Fokus der Beratung und dem Klärungswunsch des Beratenen interferieren können (Wilbur et al., 1991).

Die Orientierung an einem Phasenschema für den Ablauf steigert offenbar die Effektivität von Fallberatung in Gruppen hinsichtlich einer Entwicklung beruflich relevanter Kompetenzen. Wilbur, Roberts-Wilbur, Hart, Morris und

Betz (1994) gingen in einer longitudinal angelegten, randomisierten Kontrollgruppenstudie der Frage nach, welche Effekte partizipativ geleitete Gruppensupervision, die sich am fünfphasigen SGS-Modell (vgl. Abschnitt 3.2.1) orientiert, gegenüber wenig strukturierter Gruppensupervision zeigt. Die Mitglieder der 20 Interventionsgruppen wurden anfangs in das SGS-Modell eingeführt, danach agierte der Supervisor zurückhaltend: „They quickly adapted to the structure, however, and required little to no direction from the supervisor other than being informed of the time used or remaining for the completion of particular phases." (Wilbur et al., 1994, S. 269). Im Ergebnis fanden sich deutliche Hinweise darauf, dass das strukturierte Modell der Kontrollbedingung überlegen war. Die beteiligten angehenden Berater (*counselors*) der Interventionsgruppen erhielten nach zwei Semestern in Selbst- und Fremdeinschätzungen (durch die übrigen Gruppenmitglieder) signifikant höhere Werte hinsichtlich interpersoneller und Beratungskompetenzen als die Mitglieder der fünf Kontrollgruppen.

3.2.4 Ablaufschemata und der Prozess des Problemlösens

Fallberatung in Gruppen erfüllt Funktionen zur Problemlösung und zur Entscheidungsfindung (Richard & Rodway, 1992). Die Grundstruktur von Ablaufschemata kollegialer Beratung korrespondiert mit allgemeinen Prozessmodellen zum Lösen komplexer Probleme: „Die *Problembestandsaufnahme* [alle Hervorhebungen v. Verf.] beinhaltet Beobachtungen, Erfahrungen und Gefühle, die *Problemanalyse und Zielklärung* untersucht Ursachen, Zusammenhänge, Wechselwirkungen und Ziele. Im Rahmen der *Problemlösestrategie* werden Lösungsmöglichkeiten und Alternativen erörtert, beurteilt und ausgewählt, und im Rahmen der *Maßnahmenplanung* werden die gewählten Handlungsstrategien konkretisiert und kontrolliert." (Fiege, 1999, S. 18).

Beratungsprozesse lassen sich als Informationsverarbeitungsprozesse in der Gruppe verstehen, die mit Hilfe von Strukturen organisiert werden, weshalb Richard und Rodway (1992) die Beratungsinteraktionen metaphorisch als „information processing machine" (S. 92) bezeichnen. Der Beratene gebe Input in Form von Daten in diese Maschine ein, die Gruppe verarbeite und reorganisiere diese Daten, woraus sich ein Output in Form von Entscheidungshilfe ergebe. Anhand von vier allgemeinen Phasen der Fallberatung analysieren Richard und Rodway (1992) die Informationsverarbeitungsprozesse in der Gruppe aus der Perspektive der Entscheidungsfindungstheorie. Diese Phasen sind (1) *a request for help*, (2) *exposition of case information*, (3) *group reaction* und (4) *decision*:

- *Phase 1 – Hilfeersuchen*: Mit seinem Anliegen liefere der Beratene der Gruppe erste Anhaltspunkte dafür, worauf sich die Hilfe beziehen soll: auf den Umgang des Beratenen mit sich selber oder mit Anderen. Von seiner Klarheit, die durch seine Vorbereitung und seine emotionale Involviertheit bestimmt wird, hänge ab, inwieweit die erwartete Hilfe expliziert wird. Klarheit oder Vagheit des Anliegens nähmen wiederum Einfluss auf den weiteren Beratungsprozess.
- *Phase 2 – Darstellung von Fallinformationen*: Nach dem Hilfeersuchen füttere der Beratene das Informationsverarbeitungssystem der Gruppe mit Falldaten. Er entscheide dabei, welche Informationen er mit welchem Gewicht und welchem Detailgrad darstellt. Damit strukturiere er die Themen für die übrigen Anwesenden vor. Die Aufgabe der Beratenden bestehe darin, den Beratenen dabei zu unterstützen, den Fall darzustellen – durch Zuhören, klärende Fragen und Verstehen. Beratene unterschieden sich in der Art, wie Informationen mental organisiert und verbalisiert werden, von hoch komprimiert und abstrakt bis detailliert und ausschweifend.
- *Phase 3 – Reaktion der Gruppe*: Die Gruppe vollziehe den Entscheidungsprozess des Beratenen nach und erweitere ihn zugleich. Die Beratenden stellten Fragen, bewerteten Informationen, spekulierten und entwickelten Handlungsoptionen, womit der Mikrokosmos des Problemlöseprozesses verbal inszeniert werde. Dabei werden simultan Klärungsprozesse und Interventionsideen angeregt, woraus sich eine Art Tanz der Themen zwischen Beratenem und Gruppe entwickele, in dem sich für den Beratenen neue Einsichten darböten. In diesem Prozess besteht Richard und Rodway zufolge das eigentliche Angebot der Gruppe.
- *Phase 4 – Entscheidung*: Nach Phase 3 entstehe ein Bedürfnis der Gruppe nach emotionaler Schließung des Prozesses. Es gehe nun darum, einen Konsens über akzeptable Konsequenzen für sich anschließende Handlungen des Beratenen zu erreichen. Erst wenn dieser erreicht sei, werde sich in der Gruppe Entspannung[23] einstellen.

---

23 Mit Blick auf die emotionalen Komponenten erscheint es gerechtfertigt, den Prozess auch als *emotion processing machine* zu bezeichnen. Die Teilnahme an kollegialer Beratung verspricht den meisten Autoren zufolge eine Melange aus attraktiven Emotionen (z. B. berufliche Zufrie-

Auch wenn der Beratungsprozess durch ein Ablaufschema zunächst stark vorherbestimmt wirken mag, so wird durch die Analyse von Richard und Rodway (1992) deutlich, dass die Ausgestaltung des Problemlöseprozesses eine große Anzahl an unbestimmten Variablen enthält, die Einfluss auf sein Gelingen nehmen und somit mittelbar auf die Güte der Problemlösung für den Beratenen wirken. Der Erfolg von kollegialer Beratung entscheidet sich auch darin, wie eng sich die Beteiligten an die Vorgaben der Ablaufstruktur halten und wie sie Gestaltungsfreiräume ausfüllen. Fiege (1999) kommt bei seiner empirischen Studie zu dem Ergebnis, dass die Kommunikationsbeiträge von Mitgliedern in Peergruppen phasenadäquater ausfallen, nachdem ein Ablaufschema vermittelt wurde.

3.2.5 Wege zur Aneignung eines Ablaufschemas

Mit Bezug auf die Annahme, dass auf kollegiale Beratung Einfluss nimmt, ob und inwieweit sich Peergruppen an einem Ablaufschema orientieren, entsteht die Frage, wie sie sich das Wissen über ein solches Skript aneignen und den Umgang damit erlernen können. Ob und inwieweit eine Qualifizierung erforderlich ist, hängt ab von der Komplexität des Ablaufkonzepts. Um mittels eines einfachen Ablaufschemas kollegiale Beratung einmalig in einem Seminarrahmen zu praktizieren, genügt offenbar eine kurze Einführung (Mayer, 2003b). Rotering-Steinberg (2005) stellt ein Selbsttrainingsprogramm vor, das aus schriftlichen Materialien besteht, in denen ein komplexeres Ablaufschema, Anleitungen für Übungen, Arbeitsvorschläge und theoretische Informationen enthalten sind. Das Selbsttrainingsprogramm umfasst acht zwei- bis dreistündige Einheiten. Die Evaluation eines Vorläufers dieses Programms erbrachte, dass es auf diesem Weg gelingen kann, Gruppen den Umgang mit einem Ablaufschema zu vermitteln (Rotering-Steinberg, 1983).

Einige Autoren legen Peergruppen ein umfangreicheres Training für ihr Ablaufkonzept nahe, das auch darin bestehen kann, von anfänglicher Gruppensupervision, die durch einen Externen geleitet wird, zu kollegialer Beratung überzugehen (Mosing, 2009; Mutzeck, 1996; Schlee, 1996). Das Ziel

---

denheit, Verbundenheit mit Anderen, Freude über Lösungen, emotionale Entlastung), während die Themen, die tendenziell dort hinein getragen werden, für den Einzelnen zunächst eher unerfreulicher Natur sind. Eine Studie zur Transformation von Emotionen in Fallberatungsprozessen steht bisher noch aus. W. Kühl (2007) beurteilt insgesamt das Verhältnis von Rationalität und Emotionalität in kollegialer Beratung als konzeptionell noch relativ ungeklärt.

besteht darin, die Gruppe in die Lage zu versetzen, autonom zu arbeiten (Proctor, 2008; Rüegg, 2001). Ein Training soll die Ziele und Vorgehensweisen von kollegialer Beratung darstellen sowie Übungen zur Fallarbeit und organisatorische Planungen für die dem Training nachfolgende Zeit beinhalten (Schattenhofer, 1997). Fiege (1999) führte mit Gruppen ein Training durch, das 10 zweistündige Einheiten umfasste, in denen der Trainer einen Leitfaden zu kollegialer Beratung und das Moderatorenverhalten vermittelte. Spätestens in der fünften Einheit überließ der Trainer die Moderation einem Gruppenmitglied und die Beratungsprozesse wurden anschließend reflektiert. Die Mehrzahl der trainierten Gruppen hielt sich nach Ende des Trainings enger an das vermittelte Vorgehen. Den erprobten Umfang hält Fiege vor dem Hintergrund des unterschiedlichen Erfolgs der Trainings in seiner empirischen Studie für die untere Grenze. Zur Einführung in kollegiale Beratung führte Nold (1998) ein zweitägiges Blockseminar durch, in dessen Mittelpunkt die Vermittlung des Ablaufschemas und das Üben anhand von Teilnehmerfällen standen. Sie resümiert, dass die notwendigen Basiskompetenzen mit dieser Form der Vermittlung ausgebildet werden können und auch über die Dauer des Trainings hinaus von Bestand sind.

3.2.6 Resümee zu den Einflussgrößen durch Ablaufsystematik und Rollenstruktur

Die explizit betonte Orientierung an Regeln für den Ablauf und an Vorgaben zur Aufgabenverteilung prägt die Beratungsinteraktion in kollegialer Beratung offenbar maßgeblich. Hinsichtlich des Prozessablaufs und des Rollenverhaltens der Beteiligten wird eine Reihe von Variablen erkennbar, die Einfluss darauf nehmen, inwieweit kollegiale Beratung effektiv sein kann und sich in der Folge die personenbezogenen Wirkungen einstellen können. Systematiken erscheinen zunächst grundsätzlich geeignet, um das Verhalten der Beteiligten soweit zu koordinieren, dass daraus charakteristische Beratungsinteraktionen im Sinne eines Problemlösungsprozesses erwachsen, wozu phasenadäquate Kommunikationen beitragen. Es ist anzunehmen, dass die verschiedenen existierenden Ablaufschemata voneinander abweichende Beratungs-, Problemlöse- und Reflexionsprozesse induzieren. Damit entsteht die Frage danach, inwieweit deren innere Logiken jeweils dazu führen, idealtypische Beratungsprozesse abzubilden. Offen bleibt dabei auch, ob sich verschiedene Ablaufsystematiken in ihrer Leistungsfähigkeit hinsichtlich bedeutsamer Kriterien unterscheiden.

Wenngleich Ablaufschemata und ihre Regeln die Interaktionen zwischen den Beteiligten bedeutsam prägen sollen und offenbar auch können, so verbleiben abhängig vom Detailgrad der Systematik bedeutende Freiräume, die es individuell und kollektiv zu gestalten gilt. Als Voraussetzung für kollegiale Beratung muss angesehen werden, dass die Mitglieder einer Peergruppe sowohl die allgemeinen wie rollenspezifischen Regeln und deren Zwecke kennen (Proctor, 2008). Durch Wissen, Einsicht und Vorsatz allein können zieldienliche Beratungsprozesse jedoch noch nicht gewährleistet werden, weil die psychosozialen Prozesse jeder Interaktion von zahlreichen, kaum intentional steuerbaren kognitiven und emotionalen, personen- und gruppenbezogenen Variablen beeinflusst werden, die zu einem Teil erst im Beratungsprozess selber entstehen. Zwar lassen sich die Systematiken als Versuch auffassen, das Auftreten erwünschter Merkmale wahrscheinlicher zu machen und mögliche Störgrößen für den Beratungsprozess zu minimieren. Die vereinbarten Regeln können jedoch nicht ausschließen, dass die Absichten durch psychische und soziale Dynamiken gefährdet sein können.

Inwieweit kollegiale Beratung gelingt und effektiv sein kann, hängt offenbar mit einer komplexen Koordinierungsleistung der Mitglieder einer Peergruppe zusammen, zu der Ablauf- und Rollensystematik im Sinne eines stabilisierenden Gerüsts beitragen können. Mangels einer formalen Leitung obliegt es der Peergruppe, die erforderlichen Koordinationsfunktionen im Sinne geteilter Leitung adäquat auszufüllen und sich dort auf ein Vorgehen zu verständigen, wo die Regeln im Beratungsprozess entweder Freiräume bieten oder aber nicht greifen.

3.3 Implikationen und Variablen der Gruppe bei kollegialer Beratung

Mit der Selektion des Gruppenmodus zu dem Zweck, eine „gruppenunterstützte Selbstreflexion“ (Nold, 1998, S. 106) einzurichten, werden zahlreiche sozialpsychologische Konzepte virulent, bei denen davon auszugehen ist, dass sie in Peergruppen relevant werden und auf Wirkfaktoren kollegialer Beratung bedeutend Einfluss nehmen. Dazu gehören Funktionen und Möglichkeiten der Gruppe, aber auch Risiken und Gefährdungen durch die Gruppe.

3.3.1 Funktionen, Vorteile und Risiken der Gruppe bei kollegialer Beratung

Die wesentlichen instrumentellen Funktionen, welche die Gruppe in Fallberatungsprozessen erfüllen soll, bestehen darin, für den verstehenden Fokus eine Vielzahl und Vielfalt an Perspektiven bereitzustellen, für den aktionsorientierten Fokus eine Mehrzahl an Ideen für Handlungsoptionen zu generieren. In dieser Vielschichtigkeit liegt Reflexionspotenzial: „Je mehr Gesichtspunkte, Bedingungen und (Wechsel-) Wirkungen wahrgenommen werden, desto differenzierter ist die Selbstreflektion." (Greif, 1996, S. 74). Fokusübergreifend soll die Gruppe Beratenen emotionalen Rückhalt anbieten, um deren Motivation für Reflexions- und Veränderungsprozesse zu fördern. Diese Funktionen entsprechen aktiven und passiven aufgabenbezogenen und sozio-emotionalen Leistungskriterien für aufgabenorientierte Gruppen (vgl. Witte & Lecher, 1998).

Im Zusammenhang mit Fallberatung im Gruppenmodus wird eine Reihe von *Vorteilen* gegenüber dyadischer Beratung angeführt (vgl. Bernard & Goodyear, 2009; S. Kühl, 2008a, 2008c; Proctor, 2008):

- In der Gruppe lässt sich eine Vielzahl an verschiedenen Perspektiven mobilisieren, mit denen Probleme besser gelöst werden können als es eine einzelne Person vermag.
- Die Fallberatung in der Gruppe ermöglicht den Zugang zur beruflichen Praxis der übrigen Mitglieder, zu ihren Stilen und Fähigkeiten, sie bietet Gelegenheit zu stellvertretendem Lernen und befriedigt auch Neugier.
- Die Mitglieder können Verhaltensweisen anderer bei sich selbst wiedererkennen und so auf eigene Themen hingewiesen werden, welche sie anders nicht wahrgenommen hätten. Der Gruppenmodus erhöht demzufolge die Sensibilität für eigene psychische Prozesse.
- In Gruppen reduziert sich gegenüber Dyaden die Gefahr für blinde Flecken, mit denen relevante Aspekte eines Falls übersehen werden. Der Gruppenmodus hat somit das Potenzial für eine umfassendere und vielschichtigere Betrachtung eines Falls.
- Die Bereitschaft, sich mit eigenen Themen auseinanderzusetzen, wird erhöht, wenn man erkennt, dass sich andere mit ähnlichen Problemen befassen. Gemeinsam wahrgenommene Problemstrukturen können die Kohäsion der Gruppenmitglieder erhöhen.
- In Gruppen besteht die Gelegenheit, sich mit vielfältigen Unterschieden auseinanderzusetzen, z. B. bezogen auf Stile, Vorstellungen, Gefühle,

Kompetenzen und Erfahrungen. Dies kann die Aufmerksamkeit gegenüber Vielfalt schärfen.
- Bei Fallberatung in Gruppen kann eine größere Bandbreite an kreativen Methoden eingesetzt werden.
- Die Gruppeninteraktionen bieten eine Bandbreite an Lernoptionen innerhalb der Gruppensituation, etwa Kommunikationskompetenzen wie Zuhören und Rückmelden zu praktizieren sowie Gruppenprozesse zu erleben und sich selber darin zu erfahren.
- Gruppensupervision/-coaching ist ökonomisch relativ günstiger als parallele dyadische Einzelberatung für jedes Gruppenmitglied.

Die Selektion des Gruppenmodus kann mit einigen *Risiken* und *Nachteilen* gegenüber anderen, z. B. dyadischen Beratungsformen verbunden sein (vgl. Bernard & Goodyear, 2009):

- Im Gruppenmodus kann Beratenen nicht genügend Zeit zur Verfügung stehen, um einen Fall adäquat zu reflektieren.
- Die Gruppenmitglieder haben nicht die Möglichkeit, ihre Fälle bei jedem Treffen einzubringen (vgl. Hamlin & Timberlake, 1982).
- Die Vertraulichkeit der Beratung kann schlechter gesichert werden, weil Indiskretionen gegenüber Außenstehenden nicht mehr eindeutig einer Person zugerechnet werden können (vgl. auch S. Kühl, 2008c).
- Fallinformationen und Eindrücke aus der Fallberatung können prekär sein, wenn die Gruppenmitglieder außerhalb der Beratungen berufliche oder private Beziehungen pflegen.
- Gruppenphänomene wie z. B. Konkurrenz zwischen Mitgliedern, die Suche nach Sündenböcken oder Ausgrenzungsprozesse können den Lernfokus überlagern und behindern.

Mit der sozialen Situation der Gruppe gehen zudem Fragen der persönlichen Selbstdarstellung (Powell, 1996; Schattenhofer, 1997) und damit das Problem von Selbstdarstellungsfehlern einher, besonders bei persönlich heiklen, affektiv relevanten oder inhaltlich brisanten Themen (vgl. Kieserling, 1999): „Exposing one's work (and oneself) to one's peers has tremendous potential for shame." (Counselman & Weber, 2004, S. 131).

Insgesamt, resümieren Bernard und Goodyear (2009), überwiegen die Vorteile der Gruppenform gegenüber ihren Nachteilen, andernfalls entfiele die Berechtigung für Gruppensupervision.

3.3.2 Die Gruppe als begünstigender Kontext für individuelle Lernprozesse

Die Gruppe bildet eine unterstützende Lern- und Reflexionsumgebung für Beratene. Huber und Müller (1998) fassen zusammen, wie die Anwesenheit anderer Personen dazu beitragen kann, individuelle Lernleistungen zu verbessern:

- Aus Perspektive der Gruppendynamik erweiterten Rückmeldung und Widerspiegelung den individuellen Wahrnehmungsfokus und begünstigten damit neue Einsichten, Wissensperspektiven und Verhaltensweisen. Lernleistungen würden in einem kontinuierlichen Prozess von Selbst- und Fremdbeobachtung, Mitteilung, Feedback und korrigierender Anpassung ermöglicht, beschleunigt und intensiviert.
- Aus kognitionspsychologischer Perspektive könnten Gruppen die Effizienz der Informationsverarbeitung bei komplexen Aufgabenanforderungen unterstützen, indem sie leicht zugängliche, externe Wissensspeicher für den Einzelnen bereitstellen. Zudem bekämen auch Personen, die sich äußern, leichter Zugang zu eigenen aufgabenrelevanten Gedächtnisinhalten.
- Aus dissonanztheoretischer Perspektive unterstütze die Gruppe, bei Personen psychische Spannungszustände zu erzeugen, welche für Veränderungen notwendig sind. Indem derzeitiges Wissen und Können des Einzelnen in Frage gestellt würden, könnten kognitive Konflikte induziert werden. Gleichzeitig könne die Gruppe unterstützend dabei wirken, eben diese Spannungszustände zu reduzieren, wenn neues Wissen angeeignet oder Verhalten verändert wird.
- Aus verhaltenstheoretischer Perspektive könne die Gruppe ein affektiv anregendes und motivierendes Lern- und Leistungsmilieu bereitstellen, in welchem sich Gedächtnis-, Urteils- und Problemlöseleistungen verbessern lassen. Belohnungs- und Verstärkungsmöglichkeiten der Gruppe könnten forcieren, dass neue Verhaltensweisen angeeignet werden.

Die Effektivität der Gruppe werde allerdings durch individuelle, situative und aufgabenbezogene Merkmale beeinflusst, z. B. individuelle Vorerfahrungen mit sozialen Lernsituationen, soziale Repräsentationen zu Gruppen, die Moderation des Gruppenprozesses oder der aufgabenadäquate Einsatz von Gruppenlernmethoden (Huber & Müller, 1998).

Hillerbrand (1989) beleuchtet die Auswirkungen auf kognitive Prozesse, die sich durch die Anwesenheit und Mitwirkung von Gruppenmitgliedern mit vergleichbaren Fähigkeiten[24] ergeben können. Er sieht einen wirksamen Vorteil in der Interaktion dieser Mitglieder, weil dabei kognitive Prozesse präsentiert und ausgetauscht würden: „In summary, groups foster cognitive skill acquisition by exposing individuals to the cognitive processes of novices at various skill levels.“ (Hillerbrand, 1989, S. 295). Zum einen würden kognitive Fähigkeiten dadurch erweitert, dass sie in Gegenwart Anderer verbalisiert würden, zum anderen seien die Mitglieder geeignetere Modelle füreinander als Experten, weil ihre Sprache von anderen Mitgliedern leichter verstanden werden könne und sie besser in der Lage seien, nonverbale Zeichen von anderen Mitgliedern wahrzunehmen und zu verstehen. Eine intensive Interaktion der Gruppenmitglieder sei lernförderlich: „The optimum environment consists of organizing the group to facilitate interaction between novices. This means instructing novices in articulating their cognitive processes, providing feedback, processing supervision-related issues, and instructing others in counseling skills." (ebd.).

Aus soziologischer Perspektive skizziert S. Kühl (2008a) potenzielle Mechanismen, die in der Interaktion zwischen Beratenem und (Rest-) Gruppe wirksam zu Lerneffekten führen können. So sei in Gruppen im Kontext eines sich ausbildenden Zusammengehörigkeitsgefühls und der (selten expliziten) Normenbildung auch das nicht spezifisch gruppenbezogene Verhalten ein legitimes Thema von Kommunikationen, was es für Gruppenmitglieder schwierig mache, Fragen nach sehr persönlichen Themen abzuweisen. Gerade mit der freiwilligen Teilnahme bildeten sich Zwänge der Gruppe aus, welche es einer Person in einer Beratungssituation erschwere, sich zu entziehen. Erst durch den von dem Soziologen Georg Simmel genannten *Dritten*, der eine Dyade zur Gruppe mache, könnten sich insbesondere in Gruppen ohne formale Hierarchie Majoritäten für Interpretationen bilden, was die grundsätzlich angelegte Asymmetrie verstärke (vgl. S. Kühl, 2008a). In Beratungsgruppen könne sich dadurch der Druck auf Beratene erhöhen, was dazu führe, „dass durch Gruppen überraschende Effekte auf Einzelpersonen erzielt werden können.“ (S. Kühl, 2008a, S. 77).

24 Hillerbrand (1989) bezeichnet diese Teilnehmer im Original als *novices*, womit er Kandidaten in der Ausbildung zum Sozialberater (*counselor*) meint. Die supervidierenden Ausbilder nennt er *experts*.

3.3.3 Entstehung und Zusammensetzung von kollegialen Beratungsgruppen

Längerfristig arbeitende Peergruppen zur kollegialen Beratung werden entweder eigens für den Zweck kollegiale Beratung gegründet oder eine aus anderem Anlass bereits existierende Gruppe beginnt damit, (auch) kollegiale Beratung zu praktizieren. Die Peergruppen können aus unterschiedlichen Motiven zusammenfinden und organisationsintern oder -übergreifend zusammengesetzt sein (vgl. die Übersicht bei Lippmann, 2004), praktiziert werden auch Konstellationen von Freiberuflern, z. B. niedergelassene Psychotherapeuten (Lewis et al., 1988). Entstehungskontext und Komposition von Peergruppen können sich auf mögliche Fallthemen sowie auf den Beratungs- und den Gruppenprozess in kollegialer Beratung auswirken (Fallner, 1990). Die Zusammensetzung einer Gruppe wird allgemein mit deren Effektivität in Verbindung gebracht (Podsiadlowski & Spieß, 2000).

Eine wichtige Kondition für die Mitgliedschaft in einer Peergruppe scheint in ihrer Freiwilligkeit zu bestehen (Bürgisser, 2006; Fengler et al., 2000; Harnik & Lauterburg, 1994; Hamlin & Timberlake, 1982; Lippmann, 2004; Schlee, 2004; Steffan, 2008). Personenbezogene Beratung setzt eine freiwillige Beteiligung des Beratenen an der Beratungsbeziehung voraus, da Vertraulichkeit und Reflexion nicht angeordnet oder kontrolliert werden können: „Denn Teamarbeit, im Besonderen, wenn ihr Inhalt Peer-group-Supervision, also gemeinsame Fallbesprechungen [...] sein soll, beruht auf Vertrauen, Verschwiegenheit, Intimität.“ (Buchinger, 1997, S. 31). Die intrinsische Motivation der Mitglieder, berufsbezogen zu lernen und eigenes Verhalten zu verändern, basiert auf deren freiwilliger Teilnahme (de Haan, 2005). Für Mitglieder, die widerwillig auf Anweisung teilnehmen, bestehen im Extremfall zahlreiche Möglichkeiten, psychologische Sicherheit, Offenheit und Vertrauen in der Gruppe zu sabotieren. Dem gegenüber konnten Marks und Hixon (1986) in einer Befragung ihre Befürchtung nicht bestätigt sehen, dass eine angeordnete Teilnahme nachteilig auf Kooperation und Motivation der Gruppenmitglieder Einfluss nimmt. Die Verpflichtung wurde von den meisten Befragten begrüßt und als Zeichen der Anerkennung und der Bedeutung von Unterstützung und professionellem Wachstum gewertet.

In der Literatur zu kollegialer Beratung werden nur wenige klare Positivkriterien dafür genannt, wie Peergruppen komponiert sein sollten. Gräßlin (1990) konstatiert zwar, dass es keine ideale und keine unmögliche Zusammensetzung gebe; dem gegenüber ist jedoch davon auszugehen, dass sich eine Personenkonstellation durch objektive und subjektive Faktoren auf die Arbeitsfähigkeit der Peergruppe sowie deren Attraktivität für ihre Mitglieder begünstigend oder beeinträchtigend auswirken kann. So können bereits persönliche Sympathien und Antipathien Einfluss nehmen. Von Bedeutung kann ebenso das Vertrauen zueinander und in das Lösungspotenzial der Gruppe sein (Bürgisser, 2006). Schmelzer (1997) empfiehlt eine Selbstauswahl der Gruppenmitglieder nach Sympathie, Vertrauen und Kompetenz.

Allgemein zeigen sich homogene Gruppen bei Problemlöseaufgaben zumeist effektiver als heterogene Gruppen, letztere sind jedoch offenbar bei Kreativitäts- und Entscheidungsfindungsaufgaben überlegen (Podsiadlowski & Spieß, 2000). Wahrgenommene Ähnlichkeiten können die Kohäsion einer Peergruppe fördern, während Diversität zu erwünschter Vielfalt an Perspektiven im Beratungsprozess führen kann (Powell, 1996). Heinold-Krug (2003) nimmt an, dass zum Erfolg von kollegialer Beratung eine ausgewogene Mischung von Ähnlichkeit und Differenz beiträgt, wobei jedoch offen sei, in welchen Bereichen Ähnlichkeit und in welchen Differenz konstruktiv wirke. Als Beispiele für solche Bereiche benennt sie Organisationszugehörigkeit, Funktion innerhalb einer Organisation, geographische Lage, Alter, Geschlecht. Rotering-Steinberg (1996) plädiert hingegen für homogene Gruppen, benennt aber keine Kriterien für diese Homogenität. Fallner (1990) stellt mehrere Kombinationen der Merkmale *vergleichbare* vs. *unterschiedliche Tätigkeitsfelder*, *vergleichbare* vs. *unterschiedliche Positionen und Rollen* sowie *dieselbe* vs. *verschiedene Einrichtung/Institution* vor, ohne jedoch auf Folgen dieser Kombinationen für kollegiale Beratung einzugehen. Rabi et al. (1984) diskutieren die Bedeutung gleichartiger Kompetenzen, welche sich ihrer Ansicht nach nicht allein im zeitlichen Umfang von Erfahrung zeigen, sondern auch in anderen Fähigkeiten, wie z. B. klares, schlüssiges und kreatives Denken.

Die Zusammensetzung der Peergruppe und mögliche Fallthemen können wechselseitig aufeinander Einfluss nehmen, weil beispielsweise Fallwissen in beruflichen Konkurrenz- oder formalen Abhängigkeitsbeziehungen, welche außerhalb der Peergruppe bestehen, heikel sein kann (vgl. Bernard & Goodyear, 2009). So betonen Schattenhofer und Götz (2000), dass unter *fremden Kollegen*, die sich mit ihren Eigeninteressen nicht schaden könnten und die formal nicht voneinander abhängig seien, ein wesentlich offenerer, unpolitischer Umgang möglich sei. ‚Insiderwissen' von nahen Arbeitskollegen kann sich vermutlich auch auf den Beratungsprozess auswirken, entweder weil ‚Insider' verführt sind, einen Fall zu entsubjektivieren, da sie vergleichbare Beobachtungen wie der Beratene gemacht haben, oder indem ihr ‚Insiderwissen' das Risiko des Beratenen für Selbstdarstellungsfehler erhöht. Die Teilnahme von Vorgesetzten an kollegialer Beratung erscheint für Gräßlin (1990) begrüßenswert, während sie von Fengler et al. (2000) problematisiert wird, weil die Kontrollfunktion von disziplinarisch Vorgesetzten nicht zu suspendieren sei und letztlich Scheinkollegialität bedeute.

Aus diesen Überlegungen lassen sich hinsichtlich der Zusammensetzung einer Peergruppe vor allem zwei relevante Dimensionen extrahieren: (1) die Arbeitsfähigkeit der Peergruppe in sozialer Hinsicht sowie (2) die Attraktivität der Peergruppe für jedes ihrer Mitglieder. Es kann angenommen werden, dass sich beide Dimensionen wechselseitig beeinflussen – nicht nur begünstigend, sondern in gewissem Maße auch beeinträchtigend, wenn Merkmale, die aus vorwiegend theoretischer Sicht als funktional für die Arbeitsfähigkeit eingeschätzt werden können, beispielsweise Heterogenität, aus Sicht von Mitgliedern nicht unbedingt als attraktiv bewertet werden. Weil dabei auch subjektive Einschätzungen eine Rolle spielen, wird eine bestmögliche Lösung bezogen auf beide Dimensionen in jedem konkreten Fall wohlüberlegte Kompromisse erfordern, zumal davon ausgegangen werden muss, dass es kaum eine Situation gibt, in der eine Gruppe die freie Auswahl hat, aus einer Menge von Interessenten die optimale Konstellation zusammenzustellen. Bedeutsam erscheint daher, einerseits mögliche Einschränkungen der Arbeitsfähigkeit zu antizipieren und andererseits der Attraktivität einer Konstellation ein nicht unerhebliches Gewicht beizumessen.

3.3.4 Die Größe der Peergruppe als Variable mit Einflusspotenzial

Eine große Anzahl an Mitgliedern kann die Gruppenleistung negativ beeinflussen, was vor allem auf Schwierigkeiten zurückzuführen ist, Kommunikations- und Abstimmungsprozesse zu koordinieren (Podsiadlowski & Spieß, 2000). Daher kann angenommen werden, dass die Mitgliederzahl auch in kollegialer Beratung auf den Beratungs- und den Gruppenprozess Einfluss nimmt und damit für die Wirkungen relevant ist. Die empfohlene Zahl an Mitgliedern variiert in der Literatur bei einem Schwerpunkt von sechs Personen zwischen vier und zehn; differenzierte Begründungen für die jeweilige Empfehlung fehlen zumeist. Dabei lassen sich aus Merkmalen kollegialer Beratung und ihren Funktionen einige Hinweise für sinnvolle Unter- und Obergrenzen ableiten.

Hinsichtlich der sozialen Struktur sehen verschiedene Modelle kollegialer Beratung drei bis fünf Rollen vor, für die es jeweils eigenen Personals bedarf, wobei die Rolle der ausschließlich Beratenden mehrfach besetzt werden kann (vgl. Abschnitt 3.2.2). Um die Arbeitsfähigkeit der anwesenden Mitglieder auch bei Abwesenheit Einzelner zu gewährleisten, wird zu dieser Vorgabe ein personeller Überschuss einzukalkulieren sein (vgl. Nold, 1998). Die erhoffte Produktivität kollegialer Beratung, die sich auch an der Vielzahl und Vielfalt bereitgestellter Perspektiven bemisst, spricht ebenso für eine Mehrzahl an Beratenden über ein Mindestmaß hinaus (vgl. Marks & Hixon, 1986; Steffan, 2008).

Eine Obergrenze für die Anzahl an Peergruppenmitgliedern zeichnet sich durch verschiedene Kapazitätsgrenzen ab. In größeren Gruppen verringert sich für alle Beteiligten die relative Chance, als Beratene von kollegialer Beratung zu profitieren, was ein wichtiges Motiv für die Teilnahme sein dürfte. In kleineren Gruppen ist für deren Mitglieder die Aussicht gegeben, aktuelle Fälle auch relativ zeitnah vorstellen zu können (Counselman & Gumpert, 1993). Mit wachsender Personenzahl mindern sich die Chancen zur Beteiligung an der Gruppeninteraktion, womit die zugemutete Passivität der Anwesenden automatisch steigt (Kieserling, 1999; Marks & Hixon, 1986). Rotering-Steinberg (1990) sieht die Gefahr, dass in größeren Gruppen die Anonymität wächst sowie, dass sich Rollen wie ‚Macher', ‚Dauerredner' und ‚Schweiger' herausbilden. Mit steigender Größe schwächt sich die Kohäsion der Gruppe ab (Steffan, 2008); ein erweiterter Teilnehmerkreis schlägt sich zumeist nicht in einer Erhöhung der Anzahl anwesender Gruppenmitglieder nieder, sondern in einer höheren Abwesenheitsquote, die ihrerseits die Kohäsion der Gruppe beeinträchtigen kann (Counselman & Weber, 2004).

Mit diesen Überlegungen wird deutlich, dass sich die Größe der Peergruppe und vor allem damit verbundene Variablen direkt und indirekt auf den Beratungs- und den Gruppenprozess bei kollegialer Beratung auswirken können. Dabei ist davon auszugehen, dass erwünschte Phänomene nicht allein durch die schiere Zahl der Teilnehmer hergestellt werden können, sondern dass die Variablen in Wechselwirkungen mit anderen Faktoren stehen.

3.3.5 Resümee zu Einflussgrößen aus dem Merkmal des Gruppenmodus

Die Vor- und Nachteile sowie die Implikationen des Gruppenmodus können für kollegiale Beratung zunächst parallel zu denen bei Fallsupervision in Gruppen mit einem Supervisor/Coach gesehen werden – die Besonderheiten der formalen Leiterlosigkeit einer Peergruppe werden im nächsten Abschnitt (3.4) näher betrachtet. Als relevante Einflussgrößen für den Beratungsprozess können zum einen Gruppenzusammensetzung und -größe identifiziert werden, zum anderen die erwünschten und unerwünschten Beiträge, die von einzelnen Personen ausgehen können, aber auch diejenigen Beiträge, die sich aus der Summe der Einzelbeiträge und aus der Interaktion aller Beteiligten ergeben. Anzunehmen ist, dass aus einer Variation dieser Faktoren Unterschiede im Beratungsprozess resultieren und damit auch personenbezogene Wirkungen modifiziert werden.

Die Funktionen der Gruppenmitglieder und die Bedeutung ihrer Beiträge für die Fallberatung wachsen parallel zum Ausmaß, in dem Supervision partizipativer gestaltet wird und gegenläufig zur Dominanz des Coachs/Supervisors (vgl. die Typologie von Proctor und Inskipp auf S. 36). Während bei Supervision/Coaching im dyadischen Modus und ebenso bei einem autoritativen Stil im Gruppenmodus der Supervisor/Coach die Steuerungsimpulse für den Beratungsprozess setzt, wandelt sich bei stärkerer Beteiligung der übrigen Anwesenden die Gruppe zum wirksamen *Gesamtsupervisor* bzw. *Gesamtcoach* für den einzelnen Beratenen (S. Kühl, 2008c).

3.4 Implikationen von Leiterlosigkeit und Reversibilität der Beratungsrollen

Im Verzicht auf einen konstanten Berater und Gruppenleiter und der damit einhergehenden Möglichkeit für die Mitglieder, alle Beratungsrollen reziprok einzunehmen, besteht ein Definitionsmerkmal, mit dem sich kollegiale Beratung von nächstverwandten Formaten unterscheidet (vgl. Abschnitt 2.3). Das Prinzip der formalen Leiterlosigkeit verbunden mit der Reziprozität der Beratungsrollen wird in der Literatur zu kollegialer Beratung zwar vorgestellt, dessen weitreichende Implikationen, Verknüpfungen und mögliche Folgen werden jedoch selten problematisiert.

3.4.1 Das Verständnis von Leiterlosigkeit für Beratungs- und Gruppenprozess

Peergruppen zur kollegialen Beratung sind definitionsgemäß leiterlos (Bernard & Goodyear, 2009; Rotering-Steinberg, 2001a), jedoch keineswegs leitungslos gedacht: „A well-functioning leaderless group is truly a leadership-shared group and in that respect offers its members important opportunities they would not have in a traditional leader-led group." (Counselman, 1991,

S. 255). An die Stelle der kontinuierlichen formalen Leitung durch eine Person treten entweder das Prinzip gemeinsam geteilter Leitung, das Prinzip der geplant abwechselnden, rotierenden Leitung oder das Prinzip, Leitungsrollen situativ zu vergeben und einzunehmen (Bernard & Goodyear, 2009; Bürgisser, 2006). Die Leitungsfrage, also: wer oder was die Gruppe koordiniert und strukturiert, wenn ein professioneller Supervisor/Coach fehlt, wird für die Ebene des Gruppenprozesses zumeist anders beantwortet als für die Ebene des Beratungsprozesses (vgl. auch Abschnitt 3.4.2).

Bezogen auf den *Beratungsprozess* ist der Begriff der Leiterlosigkeit insofern unzutreffend, als nahezu alle Autoren einen personifizierten Leiter konzeptualisieren, welcher eine Moderationsrolle ausfüllt (vgl. Abschnitt 3.2.2). Dessen Dienstzeit erstreckt sich über die Dauer eines einzelnen Beratungsprozesses und endet grundsätzlich gemeinsam mit dessen Finale, nach welchem die Rolle beim nächsten Beratungsprozess neu vergeben wird. Damit wird bei kollegialer Beratung die Möglichkeit geschaffen, dass alle Mitglieder bezogen auf ihre Fälle beraten werden können und kollegiale Beratung wechselseitig geschehen kann. Hierfür müssen alle Mitglieder alle Rollen kennen und einnehmen können (Proctor, 2008). Da durch dieses Prinzip von Fall zu Fall sowohl die Rolle des Leiters des Beratungsprozesses als auch diejenige des Beratenen wechselt, rotiert in der Peergruppe auch die Asymmetrie der Beratungsbeziehungen im gleichen Takt, was die Folgen temporärer Asymmetrie auf längere Sicht gleich verteilen soll. Der Zweck dieses Prinzips besteht darin, auf diese Weise eine wachsende Ungleichrangigkeit der Gruppenmitglieder zu vermeiden, welche zur Folge haben könnte, dass den Stimmen und Meinungen einzelner Personen höheres Gewicht und größere Bedeutung beigemessen wird.

Gleichwertigkeit und Gleichrangigkeit der Peergruppenmitglieder können durch ausgeprägtes, in kollegialer Beratung erwünschtes Verhalten gefährdet sein. Zum Stichwort *emergent leadership* behandeln einige Studien die Frage, wie sich in anfangs leiterlosen Gruppen im Lauf der Zeit informelle Leiter herausbilden. Leiterschaft scheint danach zum einen mit dem aktiven Lenken und Kontrollieren von Gesprächen zusammenzuhängen (Guastello, Craven, Zygowicz & Bock, 2005), zum anderen damit, dass spätere Leitungsfiguren vormals stärkere Fähigkeiten zum Zuhören gezeigt haben (Johnson & Bechler, 1998). Beide Tätigkeiten spielen in Beratungsprozessen eine große Rolle, und es kann sich im Lauf einer Fallberatung nicht nur eine Asymmetrie zwischen Beratenem und Beratenden ausbilden, sondern durch erfolgreiches Rollenverhalten seitens Beratender können auch innerhalb der Gruppe der Beratenden Differenzierungen entstehen, welche durch die vorgesehenen Rollenwechsel ausgeglichen werden sollen.

Hinsichtlich der Leitungsfunktionen bei der Organisation und Gestaltung des *Gruppenprozesses* existieren diverse Vorstellungen, welche dem Oberbegriff *shared leadership* zugeordnet werden können (vgl. Bligh, Pearce & Kohles, 2006; Pearce & Conger, 2003; Pearce, Conger & Locke, 2007; Pearce & Sims, 2000). Die für kollegiale Beratung vorgeschlagenen Lösungen variieren je nachdem, wie rigide am Ideal der Gleichheit zwischen den Mitgliedern einer Peergruppe festgehalten wird. So plädieren Counselman und Weber (2004) deutlich dafür, dass sich in der Gruppe kein faktischer informeller Leiter herausbildet, damit jedes Mitglied gleiche Verantwortung für den Gruppenprozess trägt. Schlee (2004) hingegen schlägt vor, dass die Gruppenmitglieder im Turnus verschiedene Rollen (Gastgeber, Logbuchführer, Verwalter eines Fragen- und Problemspeichers) einnehmen, welche im eigentlichen Beratungsprozess nicht relevant sind, sondern dazu dienen, den Gruppenprozess zu unterstützen. Proctor (2008) plädiert für einen unbefangenen Umgang von Peergruppen mit der Rotation von Leitungsaufgaben.

Die Absicht, mit dem Gleichheitsgebot eine Ungleichheit der Mitglieder unter allen Umständen zu vermeiden, geschieht mit Blick auf eine Gefährdung von Stabilität und Kohäsion der Gruppe durch entstehende informelle Hierarchien (Proctor, 2008; Schattenhofer, 1997). Die Idealisierung von Gleichheit und Leiterlosigkeit wird aber auch als *tyranny of leaderless groups* (Proctor, 2008) bezeichnet und kritisch betrachtet: „Whatever the degree of a reassuring absence of imposed external power may be implied by the term ‚peer', a fixed and finite equality is an impossibility [...]" (Gomersall, 1997, S. 109). Auckenthaler (1995) bezeichnet es als naiv, in Peergruppen ohne Supervisor automatisch von symmetrischen Beziehungen auszugehen und unterscheidet eine temporäre von einer strukturellen Asymmetrie.

3.4.2 Aufgaben der Mitglieder in formal leiterlosen Peergruppen

Ohne die Person eines Supervisors/Coachs entstehen bei kollegialer Beratung hypothetisch Vakanzen in Funktionsbereichen, die hauptsächlich zwei Ebenen zuzuordnen sind und die es durch die Gruppenmitglieder arbeitsteilig zu kompensieren gilt. Der eine Funktionsbereich bezieht sich auf die Anleitung des Beratungsprozesses, der andere auf die Steuerung des Gruppenprozesses sowie den Gruppenerhalt (vgl. Proctor, 2008). Gelingt es der Gruppe nicht, diese

Funktionen zu gewährleisten, besteht die Gefahr, dass *Leiter*losigkeit zu *Leitungs*losigkeit mutiert: „The group ends up like a ship without a captain, drifting and at the mercy of the elements (i.e., forces that debilitate or destroy the group)." (Counselman, 1991, S. 245). Die Funktions- und Aufgabenverteilung bildet zugleich Voraussetzung und Folge davon, auf einen permanenten Leiter zu verzichten. Die Annahme, dass die Kompensationen durch die Gruppenmitglieder leistbar sind, ist beinahe allen Darstellungen zu kollegialer Beratung inhärent; sie wird aber auch in Frage gestellt (z. B. Fengler, 1986, 1987).

Um den Beratungsprozess bei kollegialer Beratung zu organisieren und zu gestalten, orientiert sich eine Peergruppe an einer gewählten Ablaufstruktur und an der modellbezogenen Rollenverteilung, die in Abschnitt 3.2 thematisiert werden. Im Folgenden liegt der Fokus auf den Implikationen und Auswirkungen der formalen Leiterlosigkeit für den Funktionsbereich Gruppenprozess und Gruppenerhalt. Die Hauptaufgaben der Gruppenleitung, die mit der Leiterlosigkeit auf die Gruppenmitglieder zukommen, bestehen darin, den Gruppenkontrakt (*group contract*) zu wahren, Normen zu setzen und die Gruppengrenzen (*gatekeeping*) zu managen (Counselman, 1991). Counselman und Weber (2004) betonen, dass das Beachten der Leitungsfunktionen zwar notwendig, jedoch nicht hinreichend sei, um die Existenz und Stabilität der Gruppe zu gewährleisten. Eine gewichtige Rolle spielten auch Haltungen und Verhaltensweisen wie Respekt, Offenheit und Neugier, die sich auf die Kohäsion der Gruppe förderlich auswirken (zur Bedeutung von Kollegialität vgl. Abschnitt 3.5).

Von mehreren Autoren wird die Bedeutung des *Gruppenkontrakts* für die Lebensfähigkeit von Gruppen hervorgehoben, welcher gemeinsam geteilte Ziele, Grundsätze, Regeln und Praktiken enthält (vgl. Fallner, 1990; Proctor, 2008; Stahl, 2007). Dieser psychologische Vertrag beinhaltet das, was zwischen den Mitgliedern explizit diskutiert und vereinbart wird; er bezieht aber auch implizite Verständigungen auf Gruppennormen durch unwidersprochene Praktiken und nicht negativ sanktionierte Verhaltensweisen ein (Counselman & Weber, 2004). Er bildet den Bezugspunkt für Identität und Kohäsion der Gruppe, zugleich aber auch eine Grundlage zur Außendarstellung, z. B. gegenüber Neumitgliedern. Ein Gruppenkontrakt erfüllt zudem Funktionen für die Stabilität und die Kontinuität der kollegialen Beratungsgruppe sowie für die psychologische Sicherheit ihrer Mitglieder, weil er Orientierungen und Routinen für das Gruppengeschehen bereithält.

Grenzmanagement bildet eine weitere bedeutende Funktion zur Gruppenerhaltung, die in geleiteten Gruppen üblicherweise dem designierten Leiter zukommt (Counselman & Weber, 2004). Dabei geht es um den Schutz der Gruppengrenzen in zeitlicher und räumlicher Hinsicht; der Leiter gibt Zeit und Ort für die Gruppe vor und bestimmt, wer die Grenze zur Gruppe überschreiten darf, also wer Mitglied sein kann. Der Gruppenkontrakt schützt die Gruppengrenze dadurch, dass darin Regeln für Grenzübergänge definiert werden.

3.4.3 Gegenüberstellung der Vorteile und Risiken der formalen Leiterlosigkeit

Jenseits der bloßen *Möglichkeit*, Fallberatung auch ohne formalen Leiter (Supervisor/Coach), dafür aber mit reversiblen Beratungsrollen verwirklichen zu können, kann kollegialer Beratung eine Reihe von *Vorteilen* für Beratungs- und Gruppenprozess zugeschrieben werden.

- Leiterlose und selbst organisierte Fallberatung macht die systematische Reflexion der beruflichen Tätigkeit anhand von konkreten Praxisfällen für Personen zugänglich, die keinen geeigneten Supervisor/Coach finden oder ihn nicht brauchen.
- Leiterlosigkeit ermöglicht und fordert, dass die Gruppenmitglieder sich stärker engagieren und gleichberechtigter am Beratungsprozess mitwirken, weil es ihnen schwerer fällt, sich in passive Rollen zurückzuziehen (Humphreys & Rappaport, 1994). Die Verantwortung, die sich daraus ergibt, kann bereichernd erlebt werden, und im Erfolgsfall kann sich ein gewisser Stolz auf die eigenen Beiträge dazu einstellen. Selbst gesteuerte kollegiale Beratung kann dadurch auch zu einer stärkeren Identifikation mit der Peergruppe und somit zu stärkerer Kohäsion beitragen (Bligh et al., 2006; Fengler et al., 2000; Rabi et al., 1984).
- Die Gruppenmitglieder können sich gleichrangiger und gleichwertiger erleben, weil die strukturelle Ungleichheit der professionellen Supervision wegfällt und sich bei allen Unterschieden zwischen den Gruppenmitgliedern hinsichtlich Gehalt, Qualifikation und Umfang der Berufsaufgaben keine abgestufte Berechtigung ergibt, auf den Beratungsprozess Einfluss zu nehmen oder einen Fall einzubringen (Fengler et al., 2000; Richard & Rodway, 1992; Thiel, 2000).
- Die Abwesenheit einer Expertenautorität ermöglicht es Beratenen, bestimmte Fälle oder Themen freier und offener anzusprechen, weil sie sich nicht unter besonderer Beobachtung und Bewertung fühlen (Gomersall, 1997; Schreiber & Frank, 1983).

- Im Verzicht auf einen Leiter kann ein Zeichen der beruflichen Reife gesehen werden, unabhängiger von Expertenautoritäten zu werden und Vertrauen in die Kooperation mit Gleichen zu setzen[25] (Billow & Mendelsohn, 1987; Buer, 1988; Counselman & Weber, 2004).
- Fengler et al. (2000) zufolge ist die Peergruppe ohne professionellen Leiter flexibler, kollegiale Beratung ohne Absprache mit einem Supervisor/Coach nach den Wünschen und Möglichkeiten der Gruppenmitglieder zu organisieren.
- Mit Verzicht auf den designierten Leiter entfällt das Honorar für einen gruppenexternen Berater (Supervisor/Coach), weswegen kollegiale Beratung anderen Formaten gegenüber als kostengünstig gilt (Bürgisser, 2006; Feltham & Dryden, 2002; Hamlin & Timberlake, 1982; Fengler et al., 2000; Welter-Enderlin, 1995).

An den Begrenzungen und Gefährdungen, die sich aus der Abwesenheit des formalen Leiters bzw. professionellen Supervisors/Coachs ergeben können, setzen häufig grundsätzliche Skepsis und Kritik gegenüber dem Format kollegiale Beratung an. Counselman und Weber (2004) benennen drei kritische Themen für formal leiterlose Peergruppen: (1) eine Drift hin zu Therapie statt zu Beratung, (2) die Abneigung, den Gruppenprozess zu thematisieren und (3) die Unfähigkeit der Gruppe, neue Mitglieder zu akzeptieren. Fengler (1986) zufolge wird kollegiale Beratung bei Fragen dauerhafter Motivation, Kontinuität, Arbeitsqualität und der Fähigkeit zur Selbstkorrektur problematisch. Als prekär für eine Peergruppe beschreibt Wagner (1982) den Kampf um die Leitung, Subgruppenbildung und ein Fehlschlagen von Selbstthematisierungen. Anzeichen für kritische Entwicklungen in Peergruppen können nach de Haan (2005) beispielsweise sein, (1) dass die Gruppentreffen schwer zu organisieren oder von Abwesenheiten oder Verspätungen gekennzeichnet sind, (2) dass der Beginn der Gruppentreffen sich durch andere Aktivitäten verzögert, (3) dass niemand einen Fall benennt, (4) dass die Gruppe Sorgfalt im Beratungsprozess vermissen lässt, (5) dass längere Schweigephasen entstehen und (6) dass Beratende oder Beratene unangemessenes Verhalten zeigen. De Haan (2005) betont, dass Peergruppen in der Lage sein sollten, diese Phänomene auch als kritische Signale zu betrachten, welche die Funktion haben können,

---

25 Hierzu nimmt Belardi (2001) eine konträre Position ein: „Gerade weil man Autoritätsprobleme durch einen formellen externen Leiter vermeiden wollte, kehren sie dann durch die ‚Hintertür' interner Leitungsschwierigkeiten zurück. So betrachtet ist der Wunsch nach einer leiterlosen Supervision gerade Ausdruck einer schon vorher vorhandenen unbewältigten Autoritätsproblematik." (S. 120).

Beteiligte vor unangenehmen oder schmerzhaften Aspekten im Beratungsprozess zu schützen.

Einige der weiteren potenziellen Nachteile enthalten Äquivalente der oben angeführten Vorteile mit umgekehrtem Vorzeichen:

- Peergruppen können die eigenen Problemlöse- und Hilfekapazitäten überschätzen; Durststrecken hinsichtlich Arbeitsergebnissen und Arbeitsatmosphäre können zu Frustrationen, Interesselosigkeit und zum Verlassen der Peergruppe führen (Fengler et al., 2000; Weigand, 1997; Žorga et al., 2001).
- Die Peergruppe verzichtet auf die fachlichen, beraterischen und methodischen Kompetenzen eines professionellen Coachs/Supervisors sowie auf dessen Modellfunktionen[26] (Fengler et al., 2000).
- In der Peergruppe fehlt eine unabhängige Instanz, die bei Konflikten, Wettbewerbsverhalten und Affekten wie z. B. Ängsten vermittelnd oder schützend eingreifen kann (Counselman, 1991; Hamlin & Timberlake, 1982; Rabi et al., 1984).
- Die Peergruppe besitzt nur eingeschränkte Möglichkeiten zur Selbstthematisierung; kollegiale Beratung stellt keine Methoden bereit, um gruppeninterne Konflikte zu bearbeiten und zu bewältigen (Thiel, 2000).
- Die Gleichrangigkeit der Mitglieder und das Angewiesensein auf konsensuelle Entscheidungen schränken die Möglichkeiten ein, unangemessenes Verhalten Einzelner zu sanktionieren, da kein Mitglied Weisungen erteilen darf (Fengler et al., 2000). Besonders kritisch kann hierbei die Abwesenheit von Mitgliedern sein (Gomersall, 1997).
- Der Umgang mit Phänomenen, die in der Interaktion zwischen Beratenen, Fallinhalten und der Gruppe entstehen und relevant sein können, wie z. B. Parallelprozesse oder Spiegelphänomene, erfordern entsprechende Kompetenzen (de Haan, 2005; Fengler, 1986).
- Kommunikationsstörungen und schädliche Gruppendynamiken wie z. B. Konkurrenzkämpfe oder Pathologisierungen von Beratenen können sich unreflektiert entwickeln (Rabi et al., 1984; Žorga et al., 2001).

26 Neufeldt, Beutler und Banchero (1997) stellen hierzu fest, dass es zwar korrelative Studien, jedoch kaum empirische Forschung zu Effekten von Supervisorenvariablen auf die Variablen Supervisionsprozess, Zufriedenheit der Supervisanden und Supervisionsergebnisse gibt. Daran hat sich seither offenbar nicht viel verändert – zumindest bezogen auf den deutschsprachigen Raum (vgl. Berker & Buer, 1998; Fischer, Schigl & Fürnkranz, 2001; Leitner, Petzold, Orth, Sieper & Telsemeyer, 2004).

- Peergruppen können ähnlich wie autonome Arbeitsgruppen anfälliger sein für Phänomene der Gruppeninteraktion wie z. B. *Groupthink* (Richard & Rodway, 1992; bezogen generell auf autonome Arbeitsgruppen siehe auch Manz & Sims, 1982).
- Personalwechsel, also Ein- und Austritte, können sich in formal leiterlosen Gruppen nachteilig auf die Kohäsion der Peergruppe auswirken, wenn die Integration neuer Mitglieder oder die Verarbeitung des Austritts nicht ausreichend gelingt (Counselman & Gumpert, 1993; Ostbomk-Fischer, 1998).
- Wo entstehende Kosten symbolische Funktionen, z. B. als Zeichen für Wertschätzung und Aufwertung erfüllen und mit Status- und Selbstwertfragen verknüpft sind, gerät kollegiale Beratung in einen Nachteil (Fengler et al., 2000).

Um solchen Gefährdungen und Nachteilen kompensierend zu begegnen, wird vielfach empfohlen, dass eine Peergruppe im Krisenfall situativ oder aber regelmäßig einen gruppenexternen Berater (Supervisor/Coach) konsultiert (vgl. Counselman & Weber, 2004; Lippmann, 2004; Fengler et al., 2000; Ostbomk-Fischer, 1998; Proctor, 2008; Schmelzer, 1997; Thiel, 2000; Tietze, 2003). Fallner (1990) weist darauf hin, dass komplexe Spannungen und Konflikte eine professionell angeleitete Supervisions-Struktur erfordern.

Die angeführten Vor- und Nachteile vergleichend, die sich aus der Abwesenheit eines (idealtypischen) Coachs/Supervisors ergeben können, wird ersichtlich, dass sich die Vorteile zu einem Gutteil auf kohäsions- und motivationsförderliche Aspekte beziehen, während die möglichen Nachteile vor allem Potenziale für gruppendynamische Schwierigkeiten bergen. Um die positiven Seiten der formalen Leiterlosigkeit auskosten zu können, muss eine Peergruppe Fähigkeiten entwickeln oder besitzen, zum einen achtsam für kritische Entwicklungen der Gruppendynamik zu sein und zum anderen ihnen kompetent zu begegnen.

3.4.4 Gruppenentwicklung in formal leiterlosen Peergruppen

Peergruppen zur kollegialen Beratung sind zumeist längerfristig angelegt. Da Theorien zur Entwicklung der Gruppenkultur häufig die prominente Rolle des Leiters und seinen bedeutsamen Einfluss auf die Normentwicklung hervorheben (vgl. Proctor, 2008; Wheelan & Kaeser, 1997), entsteht die Frage, ob die

Annahmen zur Entwicklung von Gruppen auch für leiterlose Gruppen gültig sind. Counselman (1991) führt an, dass sich die Literatur allgemein pessimistisch zur längerfristigen Lebensfähigkeit leiterloser Gruppen äußert. Rabi et al. (1984) betonen, dass Peergruppen zur kollegialen Beratung nur so lange lebensfähig sind, wie jedes Mitglied sie als beruflich gewinnbringend erlebt. Sie schränken jedoch ein, dass die Faktoren, die zum Fortbestehen einer einzelnen Gruppe beitragen, „somewhat mysterious and idiosyncratic“ seien (ebd., S. 70).

In einer empirischen Studie fanden Wheelan und Kaeser (1997) Hinweise darauf, dass sich geleitete und leiterlose Gruppen hinsichtlich ihrer Entwicklungsmuster nicht bedeutsam unterscheiden. Sie leiten daraus ab, dass benannte Leiter als Katalysatoren für den Prozess der Gruppenentwicklung geringere Bedeutung haben als zuvor angenommen. Sie beobachteten allerdings, dass die angelegte formale Leiterlosigkeit in den von ihnen untersuchten Gruppen nicht Leitungslosigkeit bedeutete, weil sich jeweils informelle Leiter herausbildeten.

Für den Verlauf von kollegialen Beratungsgruppen skizziert Buer (1988) vier chronologische Phasen: (1) eine *Startphase*, welche die Gruppenbildung und den Methodenerwerb durch einen Berater umfasst, (2) eine *Konsolidierungsphase*, in der die Gruppenmitglieder mehr und mehr mit Methoden und Rollen der kollegialen Beratung vertraut werden, (3) eine *Verselbständigungsphase*, in der die Gruppe autonom arbeitet, aber gelegentlich einen Berater konsultiert, der hilft, schwierige Situationen zu meistern und schließlich (4) eine *Entscheidungsphase*, nach der die Gruppe entweder in der gleichen oder in anderer Besetzung weiterarbeitet. Buers Modell kann ein gewisser heuristischer Wert zugeschrieben werden; es enthält einige Ansätze, mit denen sich verschiedene Abschnitte im Leben einer Peergruppe untersuchen ließen. Zum Übergang von Start- zu Konsolidierungsphase entsteht die Frage, unter welchen Umständen es einer Gruppe gelingt, mit der Selbstorganisation vertraut zu werden, oder die weitere Frage, wann sich die Gruppe nicht mehr in der Konsolidierungs-, sondern in der Verselbständigungsphase befindet. Das Modell wäre jedoch um eine fünfte Phase zu vervollständigen, welche das Thema der geplanten oder ungeplanten Auflösung der Peergruppe aufgreift (vgl. Bernard & Goodyear, 2009).

3.4.5 *Resümee zu den Einflussgrößen durch formale Leiterlosigkeit*

Der Erfolg von kollegialer Beratung und die Existenz einer Peergruppe entscheiden sich damit, inwieweit es ihr gelingt, ihre Gruppen- und Beratungsprozesse selber zu organisieren und zu gestalten. Dazu muss sie die Abwesenheit eines Leiters in geeigneter Weise kompensieren, was offenbar eine anspruchsvolle Aufgabe darstellt. Die Gruppenmitglieder müssen sich auf Wege verständigen, wie sie sich koordinieren und die Gruppe steuern, ohne auf das in Organisationen vertraute Konzept einer konstant personifizierten Gruppenleitung zurückzugreifen. Für einige Zielgruppen dürfte dies Neuland bedeuten und bei erheblichen Zweifeln dazu führen, dass eine Peergruppe sich schon im Anfangsstadium dafür entscheidet, einen Coach/Supervisor zu engagieren oder aber von ihrem Vorhaben abzulassen.

Eine Peergruppe ist wegen des abwesenden Supervisors/Coachs einigen Risiken ausgesetzt, die eintreten können, es jedoch nicht müssen. Den wenigsten Gruppen dürfte bewusst sein, mit welchen Gefährdungen formal leiterlose kollegiale Beratung theoretisch behaftet sein kann[27]. Andererseits kann nicht davon ausgegangen werden, dass Peergruppen, in denen Konflikte entstehen oder die schwierige Phasen erleben, unfähig sind, entsprechende Lösungen zu finden, um Schwierigkeiten zu bewältigen. Dies würde den Mitgliedern die Kompetenzen dafür absprechen, sich mit eigenen und vereinten Kräften selber zu helfen und die Bedeutung von Coaches/Supervisoren überhöhen. Berichte von leiterlosen Peergruppen, die im Lauf ihres längeren Bestehens Hürden überwunden haben, sprechen dafür, dass es möglich ist, Krisen zu bestehen, ohne dass eine Gruppe schweren Schaden nimmt oder sich auflöst (vgl. Counselman & Weber, 2004; Kees, 1999; Winstead et al., 1974).

Um eine Peergruppe darin zu unterstützen, selbst organisierte kollegiale Beratung zu realisieren und die erforderlichen Gruppen- und Beratungsprozesse zu organisieren, steht eine Reihe von Konzepten zur Verfügung – für die Gestaltung der Beratungsprozesse beispielsweise die verschiedenen Ablaufschemata und Rollenvorgaben. Das dargestellte Konzept des Gruppenkontrakts kann dabei helfen, den Gruppenprozess zu steuern, wobei die Verständigung über die Inhalte des Kontrakts wahrscheinlich wiederum im leiterlosen Modus stattfindet, wenn die Anfangszeit nicht von einem gruppenexternen

27 Dass es bisher keine Erfahrungsberichte über strauchelnde oder gescheiterte Peergruppen gibt, bedeutet wahrscheinlich nicht, dass es solche Gruppen nicht gegeben hat. Misslingende Gruppen- oder Beratungsprozesse sind offenbar leider selten Gegenstand wissenschaftlicher Publikationen.

Coach/Supervisor begleitet wird. Da die Frage der Selbstthematisierung ohne Externen skeptisch beurteilt wird, kann auch die von formal gleichrangigen Mitgliedern initiierte Problematisierung des Gruppenkontrakts skeptisch betrachtet werden.

3.5 Bedeutung und Funktionen der Kollegialität in kollegialer Beratung

Der Terminus *kollegial* verweist darauf, dass in diesem Beratungsformat realisierter Kollegialität eine essenzielle Rolle zukommt. Zunächst verweist er assoziativ auf den beruflichen Kontext, in welchem kollegiale Beratung zumeist stattfindet – als Kollege wird jemand bezeichnet, der mit anderen zusammen im gleichen Betrieb oder Beruf tätig ist oder der gleichen Organisation bzw. Einrichtung angehört (Duden, 2007). In der eingangs vorgeschlagenen Definition von kollegialer Beratung wird Kollegialität ausgeklammert (vgl. Abschnitt 2.1.3), hauptsächlich weil sich Kollegialität vor allem auf drei divergierende, unklar zusammenhängende Dimensionen beziehen kann – ähnlich wie der englische Begriff *peer* (vgl. S. 36).

3.5.1 Bedeutungsfacetten von Kollegialität

In der Literatur zu kollegialer Beratung bietet sich ein uneinheitliches und unscharfes Bild dessen, worauf Autoren Kollegialität beziehen, sofern diese den Begriff überhaupt explizit mit Inhalten verknüpfen. Im Bedeutungsraum von Kollegialität lassen sich mehrere Sphären identifizieren. Kollegialität charakterisiert (a) die formalen Beziehungen der Mitglieder außerhalb der Peergruppe, (b) prosoziales Verhalten der Peergruppenmitglieder und (c) das dominierende Machtverteilungs- und Entscheidungsprinzip und damit den relativen Status der Mitglieder innerhalb der Peergruppe.

Kollegialität als Charakteristikum formaler beruflicher Beziehungen

Kollegialität der ersten Kategorie betrifft die Frage, welche formalen und inhaltlichen Arbeitsbeziehungen die Mitglieder außerhalb der Peergruppe im beruflichen Alltag haben und berührt damit die Zusammensetzung der Gruppe. Erhofft wird eine engere Verbundenheit der Mitglieder aufgrund einer gleichen Berufszugehörigkeit (Rotering-Steinberg, 2001a). Das assoziativ naheliegende (und im Alltag häufig anzutreffende) Verständnis, dass sich bei kollegialer Beratung unmittelbare Arbeitskollegen beraten, die einander hierarchisch gleichgestellt sind, ist nicht ausgeschlossen, trifft vermutlich praktisch jedoch in vielen Fällen nicht zu (Tietze, 2003). Wie bereits in Abschnitt 3.3.3 dargestellt, können aus der Anwesenheit von echten Arbeitskollegen, besonders aber von Vorgesetzten Interessenkonflikte mit nachteiligen Einflüssen für kollegiale Beratung erwachsen, weshalb Schattenhofer und Götz (2000) für kollegiale Beratung die Zusammenarbeit von *fremden* Kollegen im Sinne dieser Kategorie empfehlen.

Kollegialität als Kriterium für prosoziales Verhalten

Zum Zweiten kann Kollegialität aus arbeitswissenschaftlicher Perspektive *prosoziales Arbeitsverhalten* charakterisieren, welches darauf ausgerichtet ist, das Wohlergehen eines Individuums, einer Gruppe oder der Organisation zu fördern, ohne dass es durch Vorschriften oder Anweisungen vorgegeben ist, also dessen Ausführung oder Unterlassung im Ermessen der Mitarbeiter liegt[28] (Bierhoff, Müller & Küpper, 2000). Den Kontrast zu prosozialem Arbeitsverhalten bilden sozial destruktive Verhaltensweisen, bzw. bildet auf einzelne Personen bezogen Mobbing, welches beinhaltet, dass jemand schikaniert, belästigt, beleidigt oder ausgegrenzt wird (Zapf, 1999).

Obwohl Kollegialität als Bestandteil prosozialen Verhaltens in einigen Studien eine Rolle spielt, finden sich bisher keine präzisen Operationalisierungen im Sinne eindeutig beobachtbarer Facetten. Die drei Items, die bei Spieß (2000) zusammen Kollegialität abbilden sollen, sind „Vertrauen unter Kollegen", „Zusammenhalt in der Arbeitsgruppe" und „Sich in der Arbeitsgruppe geborgen fühlen"[29] – Konstrukte, die sich gleichermaßen Kohäsion zurechnen lassen. Nerdinger (1998) beschreibt Kollegialität unspezifisch als Verhalten, das positive Auswirkungen auf die Zusammenarbeit mit den Kollegen hat und sieht sie äquivalent der Dimension Altruismus. Kollegialität scheint von der Eigenart geprägt zu sein, dass sie sich nicht ohne Weiteres aus beobachtbarem Verhalten indirekt erschließen lässt, weil sie sich durch ihre moralische Inten-

---

28 Prosoziales Arbeitsverhalten wird auch im Kontext von *Organizational Citizenship Behaviour* (Bierhoff et al., 2000), *Extra-Rollenverhalten* (Nerdinger, 2000) bzw. *freiwilligem Arbeitsengagement* (Staufenbiel, 2000) diskutiert.

29 E. Spieß, persönliche Mitteilung, 27.03.2009.

tion auszeichnet, vor allem der wahrgenommenen oder zugeschriebenen Intention durch den ‚Empfänger' kollegialen Verhaltens (inklusive Nicht-Verhalten) und weniger durch die Verhaltenskomponenten, die ihr zugeordnet werden können[30] (Parncutt, 2009). Als prosoziale Orientierung lässt sie sich demnach als stärker altruistisch denn egoistisch motivierte Werthaltung begreifen, welche Wohlgesonnenheit, soziale Inklusion und damit grundsätzliche Hilfsbereitschaft, Sorge um das Wohlergehen sowie Fehlertoleranz einschließt.

Prosoziale Orientierungen wie Kollegialität stehen der einschlägigen Forschung zufolge in Verbindung mit zahlreichen Variablen, darunter kognitive und affektive, personen- und gruppenbezogene Antezedenzien, Moderatorvariablen und Konsequenzen (Staufenbiel, 2000). Prosoziales Arbeitsverhalten, positive Stimmung und erfolgreiche Teamarbeit stehen in reziproker Beziehung zueinander (Podsiadlowski & Spieß, 2000). Ein positives Gruppenklima führt zu kollegialem Verhalten, wenn sich Mitarbeiter empathisch zeigen, d.h. sich in die emotionalen Reaktionen ihrer Kollegen einfühlen können; ein affektiv positives Klima in der Gruppe und das Unterbleiben sozial destruktiven Verhaltens beeinflussen sich wechselseitig (Nerdinger, 2000). Eine Grundvoraussetzung für eine tragfähige kollegiale Haltung bildet Petzold und Orth (1998) zufolge persönliche Souveränität, welche Selbstwertgefühl, Selbstsicherheit und Selbstbewusstsein umfasst.

Einem Verständnis von Kollegialität im Sinne prosozialer Orientierungen werden bei kollegialer Beratung je nach Autor verschiedene Werte, Einstellungen und Handlungen zugeordnet, etwa Offenheit, Verlässlichkeit, Geduld sowie ein Bemühen um Akzeptanz, Empathie, Kongruenz (Mutzeck, 1992), wechselseitige Hilfsbereitschaft, Offenheit und Wertschätzung (Tietze, 2003) oder bewertungsarme Rückmeldungen (Wittrock, 1998). Rotering-Steinberg (2001a) umschreibt das ‚Kollegiale' als konstruktives, verständnisvolles Miteinander und faires (Zuhör-) Verhalten. Hamlin und Timberlake (1982) halten „trust and respect" (S. 83) für essentiell. Bemerkenswert erscheint dabei, dass solche Auflistungen, obwohl häufig deskriptiv eingebettet, in der Regel präskriptiv gemeint sind, weil kollegiale Haltungen als Voraussetzung für kollegiale Beratung gesehen werden (vgl. Billing, 2003): „It is with the emphasis on mutual respect and collegial improvement that the peer consultation model is based." (Powell, 1996, S. 167).

Das Bild von Kollegialität als Kriterium für prosoziales Verhalten erscheint weitgehend unscharf. Darin zeichnet sich jedoch ab, dass diese Lesart von

30 Parncutt (2009) listet insgesamt 39 Tugenden auf, die er Kollegialität zurechnet. Hürter (1996) zitiert 37 Synonyme und 73 Antonyme.

Kollegialität vor allem durch eine tendenziell altruistisch motivierte, prosoziale Intention seitens des Handelnden gekennzeichnet ist, die kontextabhängig vielerlei Verhaltensgestalt annehmen kann, mehrdeutig ist und vom Empfänger erst noch moralisch als kollegial dechiffriert werden muss, bevor sie als solche erkannt und bestätigt werden kann. So ist denkbar, dass z. B. deutlich verbalisierte Kritik in einer Gruppe von Anderen sowohl als kollegial als auch als unkollegial bewertet werden kann, abhängig davon, ob eine soziale Verständigung darüber gelingt, wie das Verhalten zu interpretieren ist.

Kollegialität als Machtverteilungs-, Meinungsbildungs- und Entscheidungsprinzip

Eine dritte Lesart von Kollegialität bezieht sich hauptsächlich auf die Statusgleichheit und Gleichberechtigung der Gruppenmitglieder in Fragen der Machtverteilung, der Meinungsbildung und der Entscheidungsfindung. Kollegialität in diesem Sinne bedeutet, Macht- und Entscheidungsbefugnisse auf mehrere gleichberechtigte Rollen zu verteilen, ihr Antonym besteht in monokratischer Machtausübung[31]. In dieser Bedeutung ist die lateinische Herkunft des Begriffs von *cum* (= zusammen) und *lex* (= Gesetz, Verbindlichkeit, Vereinbarung) erkennbar, was ursprünglich diejenige Person meint, die unter demselben Recht steht wie man selbst.

Dieser dritten Bedeutung von Kollegialität entsprechend betonen verschiedene Autoren vor allem die Statusgleichheit und ein prinzipiell symmetrisches Verhältnis der Peergruppenmitglieder in kollegialer Beratung: „A consistent theme is that of collegiality: a welcome shift from dyadic authority (in individual supervision) to a less unidirectionally dependent, more mutual interaction.“ (Counselman & Gumpert, 1993, S. 29). Charakteristisch für kollegiale Beratung sind demnach *horizontale* Beratungsbeziehungen (Mahnke, 1996; Mutzeck, 2008), die eine ‚Beratung ohne Gefälle‘ (Fallner, 1990) ermöglichen sollen, womit zumeist die Rotation der Beratungsrollen und die Reversibilität aller Beratungsbeziehungen verbunden werden (Nold, 1998). Schlee und Mutzeck (1996b) fügen die Bedeutung der konsensualen Regelung von Prozessen in der Peergruppe hinzu.

Auch in diese Lesart von Kollegialität mischen sich sowohl deskriptive als auch präskriptive, normative Momente, wenn die Bedeutung von Status-

31 Bereits 1922 beschreibt Max Weber in seinem posthum publizierten Werk „Wirtschaft und Gesellschaft“ verschiedene Facetten und Implikationen von Kollegialität als Prinzip zur Verminderung monokratischer Macht (M. Weber, 1972).

gleichheit z. B. darauf ausgeweitet wird, dass alle Beteiligten idealtypisch auch gleichwertig zu kollegialer Beratung beitragen: „In a collaborative peer supervision group all members contribute equally, each takes his/her turn presenting a child/family, and no one individual or discipline is 'the expert'." (Thomasgard & Collins, 2003, S. 306), oder wenn von den Gruppenmitgliedern bestimmte Einstellungen gefordert werden: „[...] keiner der am Beratungsprozeß Beteiligten fühlt sich dem anderen überlegen." (Mahnke, 1996, S. 540).

3.5.2 Funktionen von Kollegialität in kollegialer Beratung

Vor allem die beiden ‚Kollegialitäten', welche prosoziale Orientierung bzw. Statusgleichheit postulieren, sollen und können Funktionen für die in einer Peergruppe ablaufenden Prozesse einnehmen. Kollegiale Beratung bedarf einer Atmosphäre der Sicherheit, die durch Respekt, Vertrauen und Akzeptanz geprägt ist: „This colleagueship, which includes mutual sharing of knowledge, provides the foundation that allows for the freedom to experiment, raise questions, make mistakes, and take risks while feeling supported and not overly criticized." (Kennedy, 2000, S. 381). Kollegiales Verhalten soll dazu beitragen, den Beteiligten die Angst vor Lächerlichkeit oder Strafe zu nehmen (Gomersall, 1997). Hamlin und Timberlake (1982) zufolge erleichtert eine positive Atmosphäre den Mitgliedern, Rückmeldungen und neue Ideen anzunehmen sowie, sich wechselseitig als Verhaltensmodelle zu akzeptieren. Es soll eine fehler- und fragefreundliche Kultur etabliert werden (Schattenhofer, 1997) bzw. eine „vertrauensgeprägte, solidarische, weiterentwicklungsbegünstigende Beratungskultur" (Steffan, 2008, S. 442), die Veith (2003) als *kollegiale Lernkultur* bezeichnet. Die zentralen Zwecke der ‚Kollegialitäten' können darin gesehen werden, die Autonomie und den Reflexionsprozess von Beratenen zu fördern, Angst zu vermindern sowie Vertrauen und Offenheit zu unterstützen, die Kooperationsbereitschaft und das Engagement aller Beteiligten für den Beratungs- und den Gruppenprozess zu mobilisieren sowie das Konfliktpotenzial in der Peergruppe abzusenken. Insgesamt gesehen geht es auch darum, die Attraktivität von kollegialer Beratung und der Peergruppe zu sichern.

Eine von kollegialem, also von wohlgesonnen zu bewertendem Verhalten geprägte Interaktion kann als funktional gesehen werden, um die Bereitschaft der Mitglieder zu fördern, relevante berufliche Fälle vorzustellen, die temporäre Asymmetrie der Beratungssituation zu akzeptieren, Bedenken zu vermindern, vorgesehene Rollen zu übernehmen, die Kohäsion der Gruppe und einvernehmliche Regelungen zu fördern, eine wenig Selbstwert bedrohende Atmosphäre für Selbstreflexionen zu schaffen, unterschiedliche Sichtweisen weniger bedrohlich zu erleben sowie für einen freieren Erfahrungsaustausch mögliche Tendenzen zur Selbstzensur abzufedern. Das Gebot von Kollegialität im Sinne gemeinsam geteilter Entscheidungsmacht und Statusgleichheit kann in funktionaler Hinsicht dazu dienen, die Experten- und Entscheidungsmacht eines Supervisors/Coachs zu substituieren, die Verantwortlichkeit und das Engagement aller Beteiligten anzuheben, die Aufhebung der temporären Asymmetrie der Beratungssituation zu sichern und damit die Reziprozität der Beratungsrollen vorzubereiten, fixierte Rollen zu verhindern, konsensuell geprägte Entscheidungsprozesse anzuempfehlen sowie Kompetenzunterschiede der Mitglieder zu tolerieren. Es kann zudem angenommen werden, dass sich diese beiden Lesarten von Kollegialität wechselseitig positiv beeinflussen, also kollegiales Verhalten eine günstige Voraussetzung für die Realisierung von Status-, Macht- und Entscheidungskollegialität bietet, während letztere kollegiale Verhaltensweisen nahelegt (vgl. M. Weber, 1972).

3.5.3 Resümee zur Bedeutung von Kollegialität für kollegiale Beratung

Mit *Kollegialität* bedient sich das Beratungsformat kollegiale Beratung eines Begriffs, dessen Bedeutungsraum als diffus bezeichnet werden kann und zudem drei – in gewissem Ausmaß voneinander unabhängige – Lesarten ermöglicht. Alle drei Bedeutungen können zusammenfallen, müssen es aber nicht notwendigerweise, beispielsweise können sich echte Kollegen auch anders als kollegial begegnen. Dass Kollegialität im Sinne prosozialen Verhaltens nicht gleichbedeutend mit Kollegialität im Sinne von Statusgleichheit ist, kann erklären, warum zahlreiche Autoren Beratungsformate als kollegiale Beratung bezeichnen, die entweder durch einen Coach/Supervisor angeleitet werden oder bei denen zwischen den Beteiligten ungleich bzw. irreversibel verteilte Beurteilungs- und Ausbildungsbefugnisse herrschen (z. B. Friedrich, 1997). Dass prosoziale Orientierungen nicht mit formaler Statusgleichheit einhergehen müssen, schränkt insgesamt die Eignung von Kollegialität als Definitionsmerkmal kollegialer Beratung ein.

Mitunter erscheinen die Beschreibungen dessen, was Kollegialität bedeuten soll, unangemessen idealistisch, was Anlass zu Skepsis bieten kann. So setzen z. B. Schlee und Mutzeck (1996b) quasi *a priori*, dass alle Beteiligten gleichwertig seien, dass es bei Auseinandersetzungen auf die Überzeugungskraft der Argumente unabhängig vom Status der Personen ankomme sowie, dass es keine Abhängigkeitsverhältnisse gebe. Für Combe (1987) „[...] drängt sich das Bild einer pädagogischen Urszene auf, nämlich das aufklärerisch alte Bild einer solidarischen Lern- und Erfahrungsgemeinschaft, verwirklicht etwa in kollegialer, fachlicher Zusammenarbeit." (S. 37f.). Auch die Frage, ob sich idealtypische Merkmale der ‚Kollegialitäten' unabhängig von Personenkonstellation, beruflichem Kontext und Gruppendynamik herstellen lassen, kann kritisch beantwortet werden. So merkt z. B. Hämmer (2006) an, dass in einer Gruppe, in der Menschen aus beruflichen Gründen zusammenkommen, zu erwarten ist, dass neben einer Motivation, anderen Menschen zu helfen, auch andere Motive vorhanden sind.

Mit Blick auf die potenziellen Funktionen, die Kollegialität für die internen Prozesse und den Erhalt einer Peergruppe einnimmt, muss davon ausgegangen werden, dass ihr grundlegende Bedeutung für kollegiale Beratung zukommt. Der Grad, mit dem Kollegialität in beiden wesentlichen Hinsichten verwirklicht wird, nimmt offenbar großen Einfluss auf den Beratungsprozess, in der Folge auf die potenziellen Wirkungen, die von ihm ausgehen, aber auch auf die Stabilität der Peergruppe. Damit entstehen die Fragen, wie ein notwendiges Maß an Kollegialität im Sinne prosozialer Orientierung hergestellt, wie es gegen Gefährdungen abgesichert wird und wie mögliche Kollegialitätseinbußen in Peergruppen kompensiert werden können. In Anlehnung an die Erkenntnisse zu prosozialem Verhalten kann angenommen werden, dass – von Anderen erfahrene – Kollegialität die Bereitschaft zu eigener Kollegialität begünstigt. Dafür ist zunächst ein Vorschuss an Kollegialität wichtig, der durch den Begriff selber und durch Appelle an kollegiale Haltungen und Verhaltensweisen nahegelegt werden soll[32]. Hier erweist sich Kollegialität vermutlich als fragiles Konstrukt, weil sie durch personen- und gruppenbezogene Variablen nicht nur positiv, sondern auch negativ beeinflussbar sein kann, und sie durch Gruppennormen nur bedingt abgesichert werden kann. Kollegialität umfasst einen individuell wahrscheinlich nur begrenzt enttäusch- und belastbaren Vorschuss an z. B. Wohlgesonnenheit, Fehlertoleranz und Hilfsbereitschaft. Mangelnd erlebte Kollegialität kann im Gegenzug durch unkollegiales Verhalten beantwortet werden, was einen *circulus vitiosus* in Gang setzen kann. Kollegialität als Qualität der Gruppeninteraktion erscheint vor diesem Hintergrund nur bedingt steuerbar.

32 Bemerkenswert erscheint hier, dass eine kollegiale Haltung, obgleich *freiwilligem* Engagement zugehörig, durch Gebote zur Kollegialität quasi vorausgesetzt wird.

3.6 Resümee zu den Perspektiven auf kollegiale Beratung

Die Kombination der verschiedenen Merkmale und Variablen von kollegialer Beratung scheinen ein Milieu zu prägen, welches sich von anderen Beratungsformaten unterscheidet. Schlee (2007) vertritt die Ansicht, dass kollegiale Beratungen verglichen mit professionellen Beratungen eine besondere Qualität entwickeln. Bei gut gelingender kollegialer Beratung fällt offenbar kaum auf, dass sie leiterlos stattfindet: „The observer of a well-working peer group would be puzzled until she realized there was no one supervisor." (Proctor, 2008, S. 48).

Mit der eingehenderen Betrachtung von charakteristischen Merkmalen kollegialer Beratung sowie von deren Variablen und von den mit ihnen zusammenhängenden Prozessen wird ersichtlich, wie vielschichtig und komplex das Geschehen gezeichnet werden muss. Deutlich wird auch, dass die bisher empirisch belegten und die von Autoren angenommenen Wirkungen des Beratungsformats von zahlreichen personen-, gruppen- und prozessbezogenen Größen abhängen, die einerseits sich wechselseitig beeinflussen und andererseits nicht vollständig im Einflussbereich der Beteiligten liegen. Ähnlich Formaten wie Supervision und Coaching basiert kollegiale Beratung auf Annahmen über komplexe Wirkprozesse, und es bedarf einer ganzen Reihe von Kompetenzen, Verständigungen sowie von gruppeninternen und -externen Rahmenbedingungen, damit eine arbeitsfähige Peergruppe kollegiale Beratung so praktizieren kann, dass sie hinsichtlich der prognostizierten Wirkungen (vgl. Abschnitte 2.6 und 4.1) effektiv sein kann.

Die Ausarbeitungen zeigen zugleich auf, welche veränderlichen Größen auf die Arbeitsfähigkeit einer Peergruppe einwirken können – begünstigend wie beeinträchtigend. Basis für die methodische Arbeitsfähigkeit bildet ein geteiltes Verständnis dessen, wie Beratungsprozesse gesteuert und gestaltet werden können. Dazu dienen die Ablaufschemata und Rollenanweisungen zu kollegialer Beratung. An der Arbeitsfähigkeit hinsichtlich des mit Prinzipien gemeinsamer Leitung organisierten Gruppenprozesses wirken bezogen auf die weiteren charakteristischen Merkmale des Formats zahlreiche Variablen mit, welche sich erheblich wechselseitig bedingen. Aus dem Merkmal der Fallberatung leitet sich die grundlegende zeitliche und soziale Struktur der Beratung ab. Mit dem Gruppenmodus, der einen Reflexion begünstigenden Lernkontext herstellen soll, hängen Variablen wie Kohäsion, psychologische Sicherheit, Perspektivenvielfalt, emotionaler Rückhalt, Offenheit und Vertrauen zusammen. Mit formaler Leiterlosigkeit gehen Anforderungen an eine kollegiale

Steuerung von Beratungs- und Gruppenprozess einher, aber auch die gebotene Reversibilität der Beratungsbeziehungen, die charakteristisch für kollegiale Beratung ist. Für viele dieser Variablen ist schließlich Kollegialität im Sinne prosozialen (Arbeits-) Verhaltens der Mitglieder von Bedeutung. Zu diesen psychosozialen Variablen lassen sich zahlreiche komplexe Antezedenzien, Konsequenzen und Verbindungen identifizieren, deren Zusammenhänge und Einflüsse weiterer Aufklärung und Forschung bedürfen. Für diesen Erkenntnisprozess können weitere theoretische und empirische Beiträge aus z. B. der Beratungsforschung oder der Sozialpsychologie erhellend sein.

Die Kennzeichen idealtypischer kollegialer Beratung können in Verbindung mit den allgemeinen, schulenunspezifischen Wirkfaktoren von Psychotherapie gebracht werden. Reuter (2006) nimmt an, dass sich durch kollegiale Beratung die vier Wirkfaktoren nach Grawe (vgl. Grawe, Donati & Bernauer, 2001) grundsätzlich realisieren lassen. Der Fallbericht des Beratenen erfordere eine *Problemaktualisierung*, im Lauf des Beratungsprozesses könne es mit Hilfe der Beratenden zu einer *motivationalen Klärung* des Beratenen sowie zur *Aktivierung seiner Ressourcen* kommen, und schließlich böte die Peergruppe kognitive und *emotionale Hilfe zur Problembewältigung*. Darüber hinaus korrespondiert das Verständnis von Kollegialität im Sinne prosozialen Verhaltens mit psychoanalytisch-interaktionellen Grundeinstellungen für die Gruppentherapie (vgl. Heigl-Evers & Ott, 1997): intensive *Aufmerksamkeitszuwendung*, *Respekt* vor dem Beratenen, die Einstellung einer *emotionalen Akzeptanz* dem Beratenen gegenüber sowie das Bemühen, dem Beratenen gegenüber *authentisch* zu sein. Wenn solche Wirkfaktoren und Grundeinstellungen begünstigend für psychotherapeutische Prozesse sind, kann angenommen werden, dass sich auch kollegiale Beratung, in der diese Faktoren realisiert werden, wirksam bei der instrumentellen, kognitiven und emotionalen Bewältigung beruflicher Schwierigkeiten sein kann.

Kollegiale Beratung zu gestalten und eine Peergruppe aufrechtzuerhalten erscheint mit Blick auf die Einflussgrößen als anspruchsvolles Unterfangen. Der Erfolg von Beratungsprozessen ist nicht selbstverständlich und es bedarf neben gemeinsamen Interessen und einer Motivation auch gewisser Kompetenzen aufseiten der Mitglieder, um einerseits wirksame Beratungen zu realisieren und andererseits ein soziales System wie eine Peergruppe zu steuern. Klemme und Siegmann (2006) betonen, dass eine metakognitive Auseinandersetzung mit dem eigenen Denken und Handeln im Gruppenrahmen umfassende Kompetenzen voraussetze, z. B. das Bewusstsein und die Bereitschaft zur Erweiterung von Sozial-, Personal und Methodenkompetenz, Kritikfähigkeit gegenüber dem eigenen Denken und Handeln sowie kommunikative Kompetenzen. Rotering-Steinberg (1996) nennt als *Basisvoraussetzungen* „[...] gegenseitige Wertschätzung und Sympathie, Bewußtheit mitmenschlicher Verantwortung, Offenheit bzw. die Absicht, ein Problem professionell zu beraten und zu bearbeiten, sich gegenseitig in der KollegInnengruppe zu unterstützen, zu bestärken und so eine bessere Arbeits- und Lebensqualität zu erzielen." (ebd., S. 105). Nold (1998) sieht grundlegende Gesprächstechniken wie aktives Zuhören und konstruktive Rückmeldungen als Grundvoraussetzungen für kollegiale Beratung. Fengler (1996) bezeichnet als notwendige Ressourcen aufseiten der Teilnehmer „Theoriekenntnisse, Praxis, Empathie, Fähigkeit zur klinischen Hypothesenbildung, Kontrolle der Gegenübertragung usw." (S. 60f.).

An diese Überlegungen schließt sich die Frage an, ob diese individuellen Voraussetzungen für kollegiale Beratung bei allen potenziellen Zielgruppen als gegeben angenommen werden können. So äußert sich Denner (2000) skeptisch bezogen auf die Zielgruppe Lehrer und vertritt die Ansicht, dass kollegiale Beratung hohe kommunikative Anforderungen an Pädagogen stellt und Kompetenzen voraussetzt, die angesichts ihrer beruflichen Sozialisation, der Struktur und Organisation der beruflichen Arbeit und der Situation in den Schulkollegien nur wenige Lehrer entwickelt haben dürften. Lippmann (2004) empfiehlt kollegiale Beratung vor allem für Personen, die bereits Erfahrung in der Moderation oder Leitung von Gruppen verfügen. Aus der Betrachtung bisheriger Zielgruppen (vgl. Abschnitt 2.2.2) wird ersichtlich, dass kollegiale Beratung mehrheitlich in Berufen mit psychosozialem akademischem Hintergrund oder mit hohen Anforderungen an soziale Kompetenzen realisiert wurde. Ob sich daraus ableiten lässt, dass einschlägige Vorbildung und Tätigkeit günstige Voraussetzungen darstellen, bleibt mangels Erfahrungsberichten über andere Zielgruppen derzeit offen.

4 Empirische Fragestellungen und Konstrukte

Dieses Kapitel beginnt mit den möglichen Fragestellungen, die der Evaluation mit Blick auf die Wirkungen von kollegialer Beratung zugrunde liegen können (4.1). Den Schwerpunkt bildet die Explikation der relevanten arbeitspsychologischen Konstrukte, welche in den zwei für eine Evaluation ausgewählten Fragestellungen enthalten sind. Mit Bezug auf diese Konstrukte werden dabei Wirkprozesse skizziert, die aus theoretischer Perspektive eine Wirkung von kollegialer Beratung auf diese Konstrukte erklären können (4.2).

4.1 Fragestellungen

Zu den drei zentralen Wirkbereichen kollegialer Beratung, die aus der explorativen Literaturanalyse resultieren (vgl. Abschnitt 2.6), lassen sich drei korrespondierende Fragestellungen formulieren, welche Ausgangspunkte für eine Evaluation im Sinne einer Wirksamkeitsanalyse (vgl. Solga, 2008) bilden können:

- *Kollegiale Beratung und Problemlösen:* In welchem Ausmaß wirkt die Teilnahme an kollegialer Beratung in Peergruppen auf eine Lösung beruflicher Praxisfälle?
- *Kollegiale Beratung und berufliche Handlungskompetenzen:* In welchem Ausmaß wirkt die Teilnahme an kollegialer Beratung in Peergruppen auf einen Zuwachs an beruflichen Handlungskompetenzen?
- *Kollegiale Beratung und berufliche Beanspruchung:* In welchem Ausmaß wirkt die Teilnahme an kollegialer Beratung in Peergruppen auf eine Verminderung beruflicher Beanspruchung?

In der vorliegenden Untersuchung wird ein quantitativer Forschungsansatz in Form eines quasiexperimentellen Designs mit Kontrollgruppe gewählt (vgl. Abschnitt 6.3.1), mit dem sich die Fragestellungen 2 und 3 simultan überprüfen lassen. Die Beantwortung von Fragestellung 1 eignet sich nicht für eine gleichzeitige Überprüfung mit dem gewählten Ansatz und scheidet daher im Rahmen dieser Evaluation aus forschungsökonomischen Gründen aus.

4.2 Wirkprozesse kollegialer Beratung

Im Folgenden werden die beiden Konstrukte *berufliche Handlungskompetenzen* und *berufliche Beanspruchung* aus arbeitspsychologischer Perspektive dargestellt und theoretische Zusammenhänge zwischen kollegialer Beratung und einer Veränderung von Merkmalsausprägungen bei beiden Konstrukten hergestellt[33].

4.2.1 Wirkprozesse bezogen auf berufliche Handlungskompetenzen

In der Arbeits- und Organisationspsychologie erfährt der Kompetenzbegriff zurzeit wachsende Beachtung. Dies spiegelt sich wider in einer Anzahl an differenzierten Modellen und Ansätzen zur Diagnostik, Entwicklung und zum so genannten Management beruflicher Handlungskompetenzen (vgl. Erpenbeck & von Rosenstiel, 2007; Grote, Kauffeld & Frieling, 2006; Heyse & Erpenbeck, 2004). Berufliche Handlungskompetenz wird aufgefasst als Potenzial einer Person, berufliche Aufgaben und Probleme selbstorganisiert zu bewältigen (Solga et al., 2008). Kompetenzen äußern sich in der Bewältigung von Handlungssituationen und gelten als veränderbar (Kaufhold, 2006). Berufliche Handlungskompetenz umschließt „alle Fähigkeiten, Fertigkeiten, Denkmethoden und Wissensbestände des Menschen, die ihn bei der Bewältigung konkreter sowohl vertrauter als auch neuartiger Arbeitsaufgaben selbstorganisiert, aufgabengemäß, zielgerichtet, situationsbedingt und verantwortungsbewusst – oft in Kooperation mit anderen – handlungs- und reaktionsfähig machen und sich in der erfolgreichen Bewältigung konkreter Arbeitsanforderungen zeigen.“ (Kauffeld, Grote & Henschel, 2007, S. 337). Der Kompetenzbegriff und die Messung von Kompetenzen werden in Fachkreisen kontrovers diskutiert (Erpenbeck & von Rosenstiel, 2005; Kaufhold, 2006).

In der Literatur ist verbreitet, die Aspekte beruflicher Handlungskompetenz in die Kompetenzfacetten Fach-, Methoden-, Sozial- und Selbstkompetenz zu unterscheiden (vgl. Kauffeld & Frieling, 2001; Solga et al., 2008; Sonntag,

33 Auf den Wirkungsbereich ‚kollegiale Beratung und Problemlösen‘ wird in Abschnitt 3.2.4 eingegangen.

2004): *Fachkompetenzen* beziehen sich dabei darauf, berufliche Fertigkeiten und Kenntnisse organisations-, prozess-, aufgaben- und arbeitsplatzspezifisch anzuwenden sowie auf die Fähigkeit, Probleme zu identifizieren und dafür Lösungen zu entwickeln. Mit *Methodenkompetenzen* sind Dispositionen gemeint, situationsübergreifend und flexibel kognitive Fähigkeiten einzusetzen, um z. B. Probleme zu strukturieren und Entscheidungen zu finden. *Sozialkompetenzen* betreffen kommunikative und kooperative Fähigkeiten, die dazu befähigen, individuelle oder gemeinsame Ziele und Pläne in sozialen Interaktionssituationen zu entwickeln bzw. zu verwirklichen. Und *Selbstkompetenzen* bezeichnen beruflich relevante Einstellungen, Werthaltungen und persönlichkeitsbezogene Dispositionen, welche die motivationale und emotionale Steuerung des beruflichen Handelns beeinflussen.

Um die Annahme theoretisch zu begründen, dass kollegiale Beratung wirksam dazu beitragen kann, berufliche Handlungskompetenzen zu entwickeln, bieten sich die in Abschnitt 2.4 bereits in Ansätzen dargestellten Konzepte des erfahrungsbasierten bzw. Aktionslernens sowie das Konzept des stellvertretenden Lernens an. An dieser Stelle sollen die von den Autoren aufgezeigten theoretischen Verknüpfungen in Hinblick auf die kompetenzbezogene Fragestellung durch ergänzende Überlegungen erweitert und konkretisiert werden.

Erfahrungsbasiertes Lernen und Aktionslernen

Der Lernzyklus erfahrungsbasierten Lernens von Kolb (1984; vgl. Abschnitt 2.4.2) liefert einen Rahmen, aus dem sich plausible Begründungen für die Annahme ableiten lassen, dass kollegiale Beratung zur Entwicklung beruflicher Handlungskompetenzen beitragen kann. Hierfür kann das Modell des Lernzyklus als Schablone dienen, der sich nun Phasen des kollegialen Beratungsprozesses zuordnen lassen.

Der Beratene durchläuft einen Lernzyklus beginnend mit einem beruflichen Praxisfall als *konkreter Erfahrung*, die er vorstellt und, orientiert an einer Ablaufstruktur, systematisch reflektiert. Die Beratenden bringen ihre Fragen und Perspektiven in den Reflexionsprozess ein und verhelfen dem Beratenen dazu, seine konkrete Erfahrung kognitiv und emotional einzuordnen und zu bewerten. Dies kann als Parallele zur Phase *Beobachtung und Reflexion* betrachtet werden. Bei kollegialer Beratung werden von den Beratenden schließlich Optionen angeboten, mit denen der Beratene einen veränderten Umgang mit dem Praxisfall erreichen können soll. Benannte Denk- und Handlungsalternativen können Verallgemeinerungen begünstigen und der Phase *Bildung abstrakter Begriffe* zugeordnet werden. Die systematische und gezielte Formulierung von Verallgemeinerungen oder abstrakten Konzepten ist bei kollegialer Beratung jedoch nicht explizit vorgesehen. Grundlage für die Phase des *aktiven Experimentierens*, die der Beratene außerhalb der Gruppe in seiner beruflichen Praxis realisiert, bieten die vorangegangene Reflexion und daraus abgeleitete Schlussfolgerungen. Bei nachfolgenden kollegialen Beratungen in der Peergruppe besteht für den Beratenen die Option, seine erlebten konkreten Erfahrungen aus dem aktiven Experimentieren vorzustellen und bei Bedarf einen weiteren Lernzyklus anzuschließen.

Der Schwerpunkt kollegialer Beratung bezogen auf die Elemente des Lernzyklus von Kolb (1984) liegt recht klar in der Phase der *Beobachtung und Reflexion*. Mit Bezug auf das erfahrungsbasierte Lernen kann angenommen werden, dass von einer Teilnahme kollegialer Beratung in erster Linie Effekte auf Problemlöse- und Reflexionskompetenzen erwartet werden können. Dies bezieht sich zunächst auf den jeweils Beratenen, der mit Hilfe kollegialer Beratung in der Gruppe unmittelbar erfahrungsbasiert lernen kann. Das Potenzial kollegialer Beratung für Lernprozesse der übrigen Teilnehmer lässt sich vermutlich plausibler mit Prinzipien des Modelllernens beschreiben, die im Fokus des folgenden Abschnitts stehen.

Modelllernen bzw. stellvertretendes Lernen

Kollegiale Beratung bietet offenbar günstige Bedingungen, um das berufliche Verhaltensrepertoire – und damit berufliche Handlungskompetenzen – der Teilnehmer durch stellvertretendes Lernen zu fördern (vgl. Abschnitt 2.4.1). Rotering-Steinberg (1996) betont, dass „sie aus den Reflexionen und geplanten Handlungsmöglichkeiten eigene Varianten für ähnliche Probleme ableiten können oder sich an bestimmte Handlungsschemata erinnern werden, wenn sie in der Zukunft mit ähnlichen Interaktionsproblemen konfrontiert werden." (S. 102). Solche Lernprozesse können vermutlich nicht allein durch die berichteten Erfahrungen des jeweils Beratenen angestoßen werden, sondern darüber hinaus auch im weiteren Beratungsprozess durch die Erfahrungen, Verhaltensideen und Standards, die von allen übrigen Beteiligten im Lauf einer kollegialen Beratung geäußert werden.

Voraussetzung dafür, neue Verhaltensmuster durch stellvertretendes Lernen anzueignen und bisherige Muster zu modifizieren, bildet eine Aufmerksamkeit für Modelle. Bezogen darauf kann schlüssig vermutet werden, dass einige Merkmale von kollegialer Beratung eine solche Aufmerksamkeit begünstigen. Im Zentrum kollegialer Beratung steht erklärtermaßen der systematische Austausch von Erfahrungen, weshalb den Teilnehmenden eine gewisse Motivation unterstellt werden kann, aus den Erfahrungen Anderer zu lernen. Zudem zählt zu den unabdingbaren Prinzipien kollegialer Beratung, dass alle Beteiligten die vom Beratenen geschilderten Handlungen, Standards und Strategien, die zugehörigen Kognitionen und Emotionen sowie die erlebten positiven und negativen Konsequenzen aufmerksam registrieren und diese Informationen systematisch verarbeiten. Vor diesem Hintergrund wird nicht ausbleiben, dass sie daraus Schlussfolgerungen für die eigene berufliche Praxis ableiten und somit auf Vorrat lernen.

Im Kontext des Modelllernens kann auch die Rolle der Kollegialität im Sinne prosozialen Verhaltens näher betrachtet werden. Einfluss darauf, ob Modellen Aufmerksamkeit zuteil wird, nimmt der Theorie zufolge, inwieweit andere Personen als Modellstifter anerkannt werden, wobei Merkmale der Modellperson und des Beobachters, ihrer Beziehung sowie der Situation wirken. Günstige Voraussetzungen für eine wechselseitige Anerkennung als Modellstifter bestehen bei kollegialer Beratung dann, wenn die Beteiligten einander als ähnlich wahrnehmen (Rotering-Steinberg, 1996). Zur Wahrnehmung, einander ähnlich zu sein, können ein gemeinsamer beruflicher Hintergrund und ähnliche berufliche Erfahrungen beitragen[34], aber auch die gemeinsame Mitgliedschaft in einer Gruppe und der damit verbundene Status als Peers. In Hinblick auf die Beziehung zwischen den Beteiligten erhält das Gebot der Kollegialität im Sinne prosozialen Verhaltens (vgl. Abschnitt 3.5.1) große Bedeutung, da sich darin die Erwartung an Wohlgesonnenheit, Unterstützungsbereitschaft und Fehlertoleranz widerspiegelt, mithin Beziehungsqualitäten, die eine wechselseitige Akzeptanz als Modellstifter fördern können (vgl. auch Hamlin & Timberlake, 1982).

Während er seinen Fall verbalisiert, ist der Beratene implizit zur Selbstbeobachtung und Selbstbewertung aufgefordert und er wird im Lauf des kollegialen Beratungsprozesses angeregt, sich mit den Reaktionen, dem Feedback, den Verhaltensvorschlägen sowie den darin enthaltenen Standards und Erfahrungen der übrigen Beteiligten auseinanderzusetzen. Im Zuge dessen können sich Situations- und Selbstbewertungen, aber auch Erfolgs- und Kompetenzerwar-

34 Daraus lässt sich ableiten, dass es im Sinne der sozial-kognitiven Lerntheorie lernbegünstigend wirken kann, wenn diese Ähnlichkeiten bei der Komposition von Peergruppen berücksichtigt werden können.

tungen des Beratenen verändern, was in einer Selbstmodifikation von Verhaltensweisen und -mustern münden kann (vgl. Rotering-Steinberg, 1996). Die wahrgenommene soziale Unterstützung sowie reale oder antizipierte Erwartungen der Gruppe können die Motivation des Beratenen beeinflussen und diesen ermutigen, im zukünftigen Fallgeschehen neue Verhaltensmuster zu erproben. Mit diesen Überlegungen erscheint es plausibel anzunehmen, dass kollegiale Beratung Effekte auf die *Selbstwirksamkeitserwartung* von Beratenen hat – von Schwarzer (1994) auch *optimistische Kompetenzerwartung* genannt. Für dieses Konstrukt, das in der Theorie des stellvertretenden Lernens bedeutsam ist, sind vier Einflussfaktoren relevant: (1) erfolgreiche bzw. nicht erfolgreiche Handlungsausführungen, (2) Modelllernen, (3) verbale/soziale Unterstützung und (4) die Attribution emotionaler/physiologischer Erregung (Bandura, 1997; zitiert nach Schyns, 2001). Kollegiale Beratung stellt vor allem zwei dieser Faktoren bereit: Modellernen und verbale/soziale Unterstützung. Die Annahme, dass sich infolge kollegialer Beratung die Selbstwirksamkeitserwartung steigert, konnte in zwei Studien bisher jedoch empirisch nicht bestätigt werden (vgl. de Haan & de Ridder, 2006[35]; Reuter, 2006).

Bei dieser Befundlage zum Einfluss von kollegialer Beratung auf die Selbstwirksamkeitserwartung spielt möglicherweise eine Rolle, dass das Konstrukt verschieden konzeptualisiert, und infolgedessen auch verschieden erfasst wird (vgl. Schyns, 2001). Abhängig von der jeweiligen Konzeptualisierung liegen Variationen hinsichtlich der Veränderbarkeit des Konstrukts nahe. Bandura (1997; zitiert nach Schyns, 2001) bezog die Selbstwirksamkeitserwartung ursprünglich auf eine spezifische Aufgabe oder einen engeren Bereich. Ähnlich äußern sich auch Bligh, Pearce und Kohles (2006): „[…] individuals may have high self-efficacy for some tasks and low self-efficacy for others.“ (S. 302). Andere Autoren konzipieren eine *generalisierte Selbstwirksamkeitserwartung* als stabile Persönlichkeitsdimension (z. B. Schwarzer, 1994) oder eine *berufliche Selbstwirksamkeitserwartung*, die sich auf allgemein berufliches Handeln bezieht (z. B. Schyns, 2001). Die beiden letzten Selbstwirksamkeitserwartungs-Konzepte erscheinen durch eine fallbezogene Intervention wie kollegiale Beratung weniger unmittelbar veränderbar, auch weil jeder Teilnehmer aus Kapazitätsgründen nicht bei jedem Peergruppentreffen einen eigenen Fall reflektieren kann. Insofern erscheint es theoretisch wahrscheinlicher, dass sich kollegiale Beratung, vermittelt über die beiden Einflussfakto-

35 In der Studie von de Haan und de Ridder (2006) wurden die Peergruppen konstant von einem peergruppenexternen Berater moderiert, weshalb dieser Befund sich eigentlich definitionsgemäß nicht auf kollegiale Beratung bezieht.

ren, wirksamer zeigt hinsichtlich einer auf die Fallsituation bezogenen spezifischen Selbstwirksamkeitserwartung als hinsichtlich einer allgemeinen beruflichen oder gar generalisierten Selbstwirksamkeitserwartung. Dass in beiden Studien kein Effekt nachgewiesen wurde, könnte damit in Verbindung stehen, dass zum einen Reuter (2006) der Untersuchungsgruppe ein Instrument zur beruflichen Selbstwirksamkeitserwartung vorlegte und zum anderen de Haan und de Ridder (2006; de Haan, 2005) einen Fragebogen nutzten, der die generalisierte Selbstwirksamkeitserwartung erhebt. Um Effekte bezogen auf die in Verbindung mit kollegialer Beratung relevante fall- oder aufgabenspezifische Selbstwirksamkeitserwartung messen zu können, ist vermutlich ein spezifischerer Forschungszugang erforderlich.

Zusammengefasst kann kollegiale Beratung mit Blick auf die sozial-kognitive Lerntheorie als ein Rahmen verstanden werden, in dem Lernprozesse bei Beratenen durch verbale Reflexion, Modelllernen und verbale Unterstützung sowie bei Beratenden durch stellvertretendes Lernen begünstigt und gefördert werden.

4.2.2 Wirkprozesse bezogen auf berufliche Beanspruchung

Psychische Belastung umfasst die Gesamtheit aller erfassbaren Einflüsse, die von außen auf den Menschen zukommen und psychisch auf ihn einwirken, während psychische Beanspruchung als „die unmittelbare (nicht die langfristige) Auswirkung der psychischen Belastung im Individuum in Abhängigkeit von seinen jeweiligen überdauernden und augenblicklichen Voraussetzungen einschließlich der individuellen Bewältigungsstrategien“ (Joiko, Schmauder & Wolff, 2008, S. 10) verstanden wird. Belastung wie Beanspruchung sind im arbeitswissenschaftlichen Sinn wertneutrale Konzepte (Packebusch, 2003); sie können kurz- wie langfristig positive und negative Auswirkungen haben (Joiko et al., 2008).

Die Grundlage vieler Ansätze der arbeitspsychologischen Stressforschung bilden transaktionale Konzepte (z. B. Lazarus & Launier, 1981; vgl. Bamberg & Fahlbruch, 2007). Zentrale Rollen darin spielen, sowohl bei der Vermeidung als auch bei der Entstehung und Bewältigung von Beanspruchungen wie Stress, einerseits personale und situative Belastungsfaktoren, andererseits personale und situative Ressourcen sowie die Bewertungsprozesse und die nachfolgenden Bewältigungsstrategien einer Person (Bamberg et al., 2003; Semmer & Udris, 2007).

- *Belastungsfaktoren.* Belastungen erwachsen aus externen bzw. situativen und aus internen bzw. personalen Bedingungen. Zu den situativen Einflüssen zählen u.a. Arbeitsbedingungen, Anforderungen und psychosoziale Faktoren, zu den personalen Einflüssen z. B. individuelle Voraussetzungen und Risiken. Wesentlich für den Grad der Beanspruchung ist die Gesamtkonstellation aus situativen und personalen Belastungen, deren Intensität und deren Dauer (Semmer & Udris, 2007).
- *Ressourcen.* Die Art und das Ausmaß der Beanspruchung werden moderiert durch verfügbare externe/situative und interne/personale Ressourcen, worunter Faktoren verstanden werden, die den Umgang mit der Situation erleichtern (Semmer & Udris, 2007). Wichtige externe, situationsbezogene Ressourcen bestehen im Handlungsspielraum und in der sozialen Unterstützung (Steinmetz, 2006). Personenbezogene Ressourcen lassen sich in (1) Kompetenzen, Fähigkeiten und Fertigkeiten, (2) Verhaltens-, Handlungs- und Bewältigungsstile und (3) Einstellungen, Haltungen und Bewertungen differenzieren (Bamberg et al., 2003).
- *Bewertungsprozesse.* Psychischen Prozessen kommt bei der Verarbeitung von erlebten Belastungen eine vermittelnde Bedeutung zu, sowohl bei der Einschätzung der Situation und ihrer Anforderungen (*primary appraisal*), als auch bei der Bewertung der eigenen Handlungsoptionen (*secondary appraisal*) (Semmer & Udris, 2007).
- *Bewältigungsprozesse.* Bei der Reaktion auf Beanspruchungen (Coping) werden behaviorale und kognitive Strategien unterschieden, die auf problembezogene und emotionsbezogene Prozesse wirken. Erstere implizieren eine Veränderung der Situation durch Handeln, zweitere die Modifikation der inneren (kognitiven und emotionalen) Haltung zur Situation.

Gleichartige Belastungen nehmen unterschiedliche Personen in verschiedenem Ausmaß in Anspruch, weil situative und personale Faktoren bei Beanspruchungsprozessen interagieren und sich zudem wechselseitig beeinflussen (vgl. Bamberg et al., 2003).

Psychisch beanspruchende berufliche Situationen, Belastungsfaktoren und Konstellationen wirken als Stress, wenn die Beanspruchung aversiv erlebt und von negativen Emotionen begleitet wird (Semmer & Udris, 2007). Stress hat schädliche Folgen, wenn er chronisch wird, wenn stressende Beanspruchungen länger andauern, rasch wiederkehren oder kumulieren, und wenn sich Bewältigungsstrategien als unzureichend erweisen. Die Folgen können sich kurz- und langfristig auf drei Ebenen widerspiegeln: auf der physiologisch-somatischen, auf der kognitiv-emotionalen und auf der Verhaltensebene; häufig betreffen sie mehrere Ebenen gleichzeitig. Damit können wiederum negative Folgen einhergehen für das Individuum selbst, für die Beziehungen zu Kollegen, Familie und Freunden sowie für die Organisation (Bamberg et al., 2003).

Stressbezogene Interventionen im Arbeitskontext werden in verhaltens- und verhältnisbezogene Interventionen unterschieden. Im Fokus von verhaltens- oder personenbezogenen Interventionen stehen personales Risikoverhalten und Ressourcen, im Fokus von verhältnisbezogenen (bedingungs-, organisationsbezogenen) Interventionen Belastungen und Ressourcen im Zusammenhang mit Arbeitsaufgaben und Arbeitsbedingungen (Bamberg & Busch, 2006). Mit Blick auf diese Unterscheidung kann kollegialer Beratung der Charakter einer verhaltensbezogenen Intervention zugeschrieben werden, wenngleich die intendierte Unterstützung durch eine Gruppe auch als externale Ressource einzuordnen ist. Wenn Fälle beanspruchend erlebt werden, dann setzt kollegiale Beratung grob formuliert daran an, individuelle Bewertungsprozesse des Beratenen zu reflektieren und zu verändern sowie günstigere Bewältigungsstrategien zu entwickeln, sei es durch *instrumentelles Coping* (Problemlösen durch Handeln) oder durch *palliatives Coping* (emotionale und kognitive Regulation). So vermutet auch Steinmetz (2006), dass kollegiale Beratung auf stressbezogene Effektvariablen wirkt.

Bisher fehlen differenziertere theoretische Ansätze dazu, welche Merkmale oder Prozesse von kollegialer Beratung zu einer Beanspruchungsreduzierung beitragen und anhand welcher spezifischer Effektvariablen diese Wirkung erkennbar werden kann. Deshalb werden nachfolgend zwei Konstrukte, auf deren Ausprägung kollegiale Beratung mindernd wirken könnte, detaillierter vorgestellt: Irritation und Burnout. Für beide Konstrukte wird dabei auch skizziert, wie das Geschehen in kollegialer Beratung ausprägungsverringernd wirken könnte.

Irritation

Eine Folge von Stresserleben im beruflichen Kontext, die akutes Befinden überdauert, bildet ein Zustand der Irritation (Gereiztheit), der kognitive, emotionale und behaviorale Komponenten umfasst. Irritation zeigt sich darin, dass Personen einerseits kognitiv schlecht ‚abschalten' können (kognitive Irritation), sich andererseits als nervös und gereizt erleben und in der Folge mit ihrem sozialen Umfeld vermehrt negativ interagieren (emotionale Irritation). Irritation wird als arbeitsbezogene psychische Befindensbeeinträchtigung gesehen, die weder eine kurzfristige Schwankung der Befindlichkeit noch eine psychische Störung bedeutet, sondern im Bereich zwischen akutem und chronischem Stress eingeordnet wird (Mohr, Rigotti & Müller, 2005).

Im Sinne des transaktionalen Stresskonzepts wird Irritation als Produkt eines problematischen Interaktionsprozesses zwischen Person und Umwelt gesehen, das infolge eines Ungleichgewichts zwischen persönlichen Ressourcen und (berufs-) alltäglichen Anforderungen und Belastungen entsteht (Mohr, Rigotti & Müller, 2005). Im Kontext von Theorien zur Zielorientierung beschreiben Müller, Mohr und Rigotti (2004) Irritation als Stressfolge einer andauernden erlebten Zieldiskrepanz bei einem persönlich bedeutsamen Ziel. Wenn die bisherigen Bemühungen und Handlungsmuster, das Problem zu lösen, fehlschlagen oder alternativ das Ziel nicht abgelöst wird, werden die Anstrengungen mit größerer Intensität fortgesetzt. Anhaltender Misserfolg resultiert dabei in zwei Reaktionsmustern:

- *Kognitive Irritation* zeigt sich vor allem in wiederkehrenden Gedanken an Arbeitsprobleme, so genannten Ruminationen. Müller et al. (2004) interpretieren Ruminationen als verstärkte Zielerreichungsbemühungen und als Zeichen hoher Motivation und Leistungsbereitschaft, die jedoch – weil nicht zielführend – zu weiteren psychischen Beanspruchungen führen. Mit Ruminationen gehen negative Affekte, kognitive Leistungsdefizite, kognitive Inflexibilität und, nachfolgend, generalisierte Erwartungsdefizite einher.
- *Emotionale Irritation* äußert sich in Gereiztheitsreaktionen, die zunächst mit Frustration, später mit Aggression sowie Formen verbal-aggressiven Verhaltens in der sozialen Interaktion einhergehen, was in der Folge zu nachlassender sozialer Unterstützung führen kann (Müller et al., 2004).

Die Dynamik im Irritationszustand kann in einen Teufelskreis münden, der schwerwiegenderen Krankheiten wie Depressivität, Angst oder psychosomatischen Beschwerden Vorschub leistet (Mohr, Rigotti & Müller, 2005). Burisch (2006) sieht es als Warnsignal für Burnout-Prozesse (s.u.), wenn man nach der Arbeit nicht mehr abschalten kann. Umgekehrt wird angenommen, dass Irritation durch die rechtzeitige Beseitigung der ätiologisch bedeutsamen Belastung und einer damit verbundenen Abnahme des Stresserlebens reduzierbar ist (Mohr & Rigotti, 2005; Müller et al., 2004).

Auf einer allgemeinen Ebene kann kollegiale Beratung dazu beitragen, kognitive und emotionale Irritation zu mindern, indem die Beratenen dabei unterstützt werden, relevante Belastungsfaktoren zu reduzieren oder einen weniger beanspruchenden Umgang damit zu finden. Dass ruminative Gedanken eine zentrale Rolle in der Konzeptualisierung von kognitiver Irritation spielen, öffnet die Perspektive auf eine spezifischere Ebene der potenziellen Wirksamkeit von kollegialer Beratung. Latzel (2003) definiert Rumination als Spezialfall von Reflexion. Beide Konstrukte bezeichnen kognitive Vorgänge, die kritischen Ereignissen und wahrgenommenen Zieldiskrepanzen folgen, und die von Affekten begleitet werden. Ihr wesentlicher Unterschied liegt in den Ergebnissen: „Reflexion führt zu einer Verbesserung im Wissen und Handeln, Rumination hingegen zu einer Verschlechterung auf diesen Parametern." (Latzel, 2003, S. 17). Auch Greif (2008, S. 37) stellt „ziellos kreisende Grübeleien" und ergebnisorientierte Selbstreflexionen einander gegenüber und grenzt sie voneinander ab.

Für den Erfolg einer gedanklichen Problemlösung ist die Systematik des Reflexionsprozesses entscheidend (Greif, 2008; Latzel, 2003). Systematische Reflexion kann demzufolge Rumination vorbeugen bzw. ihr entgegenwirken. Reflexionsförderliche Strategien sind: über das eigene Denken, eigene Gefühle und Stimmungen nachdenken; das Problem gegenüber Gleichrangigen offenbaren und dabei laut nachdenken; sich gezielte Fragen stellen (lassen); Gedankenexperimente durchführen; Perspektiven Anderer übernehmen; allgemeines oder strukturiertes Feedback (Latzel, 2003). Latzel empfiehlt, Berufstätigen gezielte, professionelle Reflexionsunterstützung zukommen zu lassen, wobei sie betont, dass „nur in einer Atmosphäre des Vertrauens [...] tiefgreifende, potenziell selbstwertbedrohliche Reflexion gesund ablaufen" könne (ebd., S. 189). Das Gros der aufgeführten Strategien zur Reflexionsförderung bezeichnet Aspekte, die auch das Geschehen in kollegialer Beratung charakterisieren. Dies begründet die Annahme, dass kollegiale Beratung wirksam darin sein kann, vor allem kognitive Irritation zu reduzieren.

Burnout

Eine langfristige Folge arbeitsbedingter intensiver Beanspruchung bildet Burnout, das grob als Stadium beschrieben werden kann, „bei dem das Gleichgewicht zwischen den Anforderungen und der verfügbaren Energie einer Person gestört ist und die Energiereserven erschöpft sind." (Demerouti, 1999, S. 1).

Zu Burnout existiert eine große Bandbreite an verschiedenen Beschreibungs- und Erklärungsansätzen, ein einheitliches Verständnis oder eine einheitliche Definition haben sich jedoch bisher nicht durchgesetzt (vgl. Burisch, 2006; Demerouti, 1999). Auch die Vielzahl und der Facettenreichtum an psychischen und psychosomatischen Symptomen, mit denen Burnout in Beziehung gesetzt wird (vgl. Burisch, 2006), erschweren eine überblickende Darstellung.

Gemeinsamer Kanon vieler Autoren ist, dass Burnout einen Zustand beschreibt, für den mindestens zwei Konstrukte charakteristisch sind:

- Eine psychische, körperliche und vor allem emotionale *Erschöpfung*, die sich auf „Gefühle der emotionalen Leere, der Überforderung durch die Arbeit und des starken Bedürfnisses nach Erholung" bezieht (Demerouti & Nachreiner, 1998, S. 83).
- Eine *Distanzierung* von der Arbeit, die mit dem Verlust des (positiven) inneren Bezugs zu Arbeitstätigkeit und -gegenstand und/oder zu den Empfängern der Dienstleistung, was als Depersonalisierung bezeichnet wird, einhergeht. Distanzierung zeigt sich in einer „Verringerung des Bedürfnisses nach Erfolg bei der Arbeit, sowie das Bedürfnis nach Abwechslung bei der Arbeit bis hin zu dem Wunsch, einen neuen Beruf zu ergreifen." (Demerouti, 1999, S. 45; vgl. auch Maslach, Jackson & Leiter, 1996).

Einige Autoren sehen in einer *reduzierten Leistungsfähigkeit* ein drittes wesentliches Merkmal von Burnout (z. B. Maslach et al., 1996), andere rechnen sie dessen Konsequenzen zu und klammern sie aus einer Definition aus (z. B. Demerouti, Bakker, Vardakou & Kantas, 2003). Nachdem Burnout lange Zeit als Spezifikum von helfenden Berufen aufgefasst wurde, weil der Depersonalisierung konstituierende Bedeutung zugeschrieben wurde, gilt es mittlerweile als professionsübergreifendes Phänomen (vgl. Burisch, 2006; Demerouti & Nachreiner, 1998).

Demerouti (1999; ähnlich Burisch, 2006) skizziert wesentliche allgemeine Gemeinsamkeiten der verschiedenen theoretischen Modelle zu Entstehungsbedingungen von Burnout. Vor Beginn einer Burnoutentwicklung bestehe häufig eine hohe Motivation, die mit einer starken Bindung an die Arbeit sowie mit hohen, teils idealistischen Zielen und Erwartungen einhergeht. Frustration entstehe, wenn in einem Arbeitskontext, der subjektiv ungünstig und stark belastend erlebt wird, und der hohe bzw. widersprüchliche Anforderungen und geringe Ressourcen bereithält, wiederholt bedeutende Ziele verfehlt und Erwartungen enttäuscht werden. Strategien zum Umgang mit der Arbeitsumgebung und mit den Frustrationen erwiesen sich wiederholt als ineffektiv. Burnout entwickele sich in diesem Kontext prozesshaft als Effekt einer langfristigen und erfolglosen Auseinandersetzung der Person mit ihrer Arbeit und deren Bedingungen sowie wiederholten Erfahrungen des Scheiterns von Lösungsversuchen.

Bei der prozesshaften Entwicklung von Burnout können zahlreiche personenbezogene Risikofaktoren mitwirken, aber auch Umweltfaktoren, die mit berufs- oder organisationsspezifischen Merkmalen zusammenhängen können (Burisch, 2006). Die Befunde zu den Faktoren und ihren Wechselwirkungen sind uneinheitlich, ebenso die daraus abgeleiteten Schlussfolgerungen. So belegt Demerouti (1999) an einer Stichprobe ($n = 374$), bestehend aus Dienstleistungs- und Produktionsberufen sowie Beschäftigten der Flugsicherung, dass Burnout als Folge konkreter Arbeitsbedingungen gesehen werden kann. Der Erschöpfung werden danach spezifische Belastungskomponenten wie Zeitdruck und Rollenkonflikte zugeordnet, der Distanzierung fehlende motivationale Anreize durch Inhalte und Rahmenbedingungen der Tätigkeit. Aus diesen Ergebnissen leitet sie ab, dass vor allem arbeitsplatzbezogene Maßnahmen wirksam sind, um Burnout zu vermindern oder vorzubeugen. Auf der Grundlage seiner Forschung an 302 Führungskräften und Managern misst Kernen (1999) hingegen vor allem fehlenden Ressourcen große Bedeutung bei der Entstehung von Burnout bei, vor allem internen Ressourcen wie günstigen Copingstilen oder Werthaltungen, darüber hinaus auch externen Ressourcen wie sozialer Unterstützung. Sein Burnout-Prophylaxe-Modell berücksichtigt demnach vor allem eine Stärkung von Ressourcen. Burisch (2006) vermutet, dass in Großorganisationen solche Faktoren zu Burnout beitragen können wie Einschränkungen von individueller Autonomie und von Handlungsspielräumen, eine unbewegliche Organisation und schwerfälliger Informationsfluss.

Um die Teilnahme an kollegialer Beratung mit der Verminderung einer Burnoutgefahr in Verbindung zu bringen, erscheint das integrative, handlungstheoretisch orientierte Erklärungsmodell von Burisch (2006) hilfreich, das hier vereinfacht dargestellt wird. Sein Ansatz fußt auf Theorien zur Zielorientierung in Verbindung mit dem transaktionalen Stressmodell, ähnlich wie der oben beschriebene Ansatz von Müller et al. (2004) hinsichtlich Irritation. Burisch (2006) sieht den Ausgangspunkt für Burnoutprozesse in Autonomieeinbußen, die gestörten Interaktionen des Individuums mit seiner Umwelt folgen, bzw. der subjektiven Repräsentation dieser Interaktionen als gestört und ihrer Bewältigung als gescheitert. Eine zentrale Rolle in seinem Modell spielt das Konzept der Handlungsepisode. Diese verläuft ungestört, wenn einer Motivanregung eine Motivsättigung folgt, also die Diskrepanz zu einem Ziel aufgelöst werden kann. Handlungsepisoden können jedoch durch Zielvereitelung, Zielerschwerung, Ausbleiben der Belohnung oder negative Nebenwirkungen gestört werden – die Zieldiskrepanz bleibt trotz dem Bemühen um ihre Verringerung in relevantem Ausmaß bestehen und das Ziel wird aufrechterhalten. *Gestörte Handlungsepisoden*, bei denen das Erreichen des Ziels bedroht oder herausgefordert ist, gehen mit Stress 1. Ordnung einher und lösen Copingversuche aus. Das Erlebnis, bei der konstruktiven Bewältigung der Störungen wiederholt zu scheitern, bedeutet durch die zusätzlich erfahrene Hilflosigkeit Stress 2. Ordnung, der schließlich Burnout in Gang setzen kann. Im Bereich zwischen ungestörten und gestörten Handlungsepisoden siedelt Burisch *kritische Handlungsepisoden* an. Sie sind dadurch gekennzeichnet, dass ihr positiver Ausgang bei der Handlungsplanung höchst ungewiss erscheint, weil das Ziel sehr schwer zu erreichen oder der Handlungsspielraum des Individuums eingeengt ist.

Zwischen dem Konzept der Handlungsepisoden und dem Verständnis von Fällen in kollegialer Beratung, das in Abschnitt 3.1.1 dargelegt wird, können nun Parallelen gezogen werden. Es lässt sich unschwer erkennen, dass Fälle aus dieser Perspektive vor allem entweder kritische oder gestörte Handlungsepisoden zum Gegenstand haben, hingegen selten ungestörte Handlungsepisoden. Das Ergebnis der erfolgreichen Beratung von Fällen besteht darin, dass der Beratene bezogen auf kritische oder gestörte Handlungsepisoden wirksamere Strategien entwickelt, entweder um Zieldiskrepanzen zu reduzieren oder um besser mit nicht reduzierten Diskrepanzen umzugehen. Kollegiale Beratung kann mit dieser theoretischen Verknüpfung als personenbezogene Intervention zur Unterstützung bei der Bewältigung von Stress 1. Ordnung betrachtet werden, die das Potenzial besitzt, Burnoutprozessen vorzubeugen.

Burisch (2006) äußert sich selbst optimistisch zur Wirksamkeit kollegialer Unterstützungsgruppen als Intervention am Ansatzpunkt zwischen Individuum und Organisation. Er regt an, „an möglichst vielen Arbeitsstätten Gesprächskreise und Selbsthilfegruppen“ (S. 269) einzurichten, in denen Burnoutprozessen frühzeitig entgegengesteuert werden könne: „Es scheint mir […] das Risiko der für Burnout typischen Eskalation und nachfolgenden Resignation wesentlich geringer, wenn regelmäßig die Möglichkeit offen steht, Frustrationen mit prinzipiell kompetenten, empathischen Kollegen zu besprechen.“ (ebd.). Agnew (1998, vgl. Abschnitt 2.5.2) ermittelte erste Hinweise auf Effekte einer Teilnahme an kollegialer Beratung auf Burnout-Ausprägungen. Er fand in einer Teilstichprobe seiner Untersuchung, verglichen mit einer Referenzstichprobe, signifikant niedrige Burnout-Ausprägungen.

4.2.3 Resümee zur Wirksamkeit von kollegialer Beratung auf die Konstrukte

Aus theoretischer Perspektive scheinen ähnliche Faktoren, Prozesse und Merkmale daran beteiligt zu sein, im Rahmen kollegialer Beratung eine Entwicklung von beruflichen Handlungskompetenzen einerseits und einen Abbau beruflicher Beanspruchungen andererseits zu begünstigen. Folgende Komponenten erscheinen zentral bedeutsam und wirken wahrscheinlich in wechselseitiger Interaktion zusammen:

- Die Beteiligten richten ihre Aufmerksamkeit gezielt und bewusst auf Fälle – offene, ungelöste berufliche Situationen, die von Beratenen subjektiv als schwierig und beanspruchend erlebt werden.
- Die gemeinsam geteilte Intention besteht darin, dass Beratene instrumentelle und/oder emotionale Strategien entwickeln, um mit ihrem Fall erfolgreicher, befriedigender und weniger beanspruchend umgehen zu können.
- Orientiert an einem Ablaufschema organisieren die Beteiligten ihre Kommunikationen systematisch und erwartbar zu einem zeitlich begrenzten Erfahrungsaustausch mit dem Ziel einer ergebnisorientierten Reflexion.
- Beratene explizieren und reflektieren ihren Fall verbal, was lautes Denken beinhaltet und wiederum auf ihre Verarbeitungsprozesse wirken kann.
- Im sozialen Kontext der Gruppe werden alle Mitglieder von allen Anwesenden beobachtet (gehört und gesehen) und beobachten, dass sie beobachtet werden. Es lässt sich vermuten, dass diese *reflexive Wahrnehmung* (Kieserling, 1999) zu Selektions- und Konformitätseffekten führt, um die Bewertungen durch Beobachtende zu beeinflussen.
- Die Gruppenmitglieder stellen ihre Kompetenzen und Erfahrungen als Ressourcen kommunikativ zur Verfügung. Durch eine Mehrzahl an Beratenden wird eine inhaltliche Varianz dieser Ressourcen wahrscheinlicher. Die Inhalte können von allen Anwesenden aufgenommen werden.
- Ein wahrnehmbarer Ausdruck einer Haltung der Beratenden, die sich an Kollegialität im Sinne prosozialen Verhaltens orientiert, dient als soziales Signal der Inklusion funktional dazu, die Aufnahmebereitschaft der Beratenen für neue Informationen zu erhöhen, Bedrohungen des Selbstwerts

zu mildern, Widerstände zu mindern sowie die temporäre Asymmetrie der komplementären Beratungsrollen im Beratungsprozess abzufedern.
- Indem Beratende ihre Erfahrungen bereitwillig weitergeben, sich im Beratungsprozess sichtbar engagieren und in ihren Äußerungen eine solidarische und hilfsbereite Haltung transportieren, entsteht aufseiten des Beratenen ein Gefühl des sozialen Rückhalts durch die Gruppe.
- Die Beobachtungen und Selbstbeobachtungen aller Beteiligten zum Fallgeschehen des Beratenen und zum Beratungsprozess in der Gruppe bilden die Basis für stellvertretendes Lernen. Dabei können erfolgversprechende Copingstrategien bewusst werden, die nachahmenswert erscheinen sowie bedenkliche Strategien erkannt werden, welche offenbar vermieden werden sollten.
- Dass die Gruppenmitglieder sich wiederholt treffen, erhöht potenziell den sozialen Druck auf die Beratenen, instrumentelle, kognitive oder emotionale Fortschritte hinsichtlich ihres Falls zu erreichen. Dies kann Zielerreichungsbemühungen verstärken.
- Berichte über erfolgreiche Problemlösungen bei vormals kollegial beratenen Fällen können zu einer Steigerung des Kompetenzerlebens der Gruppenmitglieder führen und deren Kohäsion stärken.
- Die Merkmale der Leiterlosigkeit der Gruppe und der Reversibilität der Beratungsrollen prägen den *Gruppenprozess* vermutlich bedeutender als den Beratungs- und den Reflexionsprozess.

In Hinblick auf die angestellten Überlegungen erscheint plausibel, dass kollegiale Beratung als Intervention dreierlei, positiv zu wertende, personenbezogene Wirkungen haben kann: Probleme zu lösen, Kompetenzen zu entwickeln und Beanspruchungen zu mindern.

Charakteristiken von kollegialer Beratung, besonders im Verbund mit der sozialen Situation der Peergruppe, können jedoch auch Belastungspotenziale bereitstellen, welche beanspruchende personenbezogene Wirkungen nach sich ziehen:

- Der Beratene fokussiert seine Aufmerksamkeit intensiv auf das beanspruchende Fallgeschehen, wenn er im Zuge der Fallschilderung sein Problem aktualisiert und sich nachfolgende mit abweichenden Perspektiven der Beratenden auseinandersetzt. Diese Hinwendung zur (in der Regel) problematischen Fallrepräsentation kann aufseiten des Beratenen unwillkürliche Reaktionen in Gestalt von Kognitionen, Emotionen und physiologischen Sensationen auslösen, welche mit der Fallsituation assoziiert sind. Dieses der Rumination und ihren Folgen ähnliche Phänomen wird von G. Schmidt (2004) auch als *Problemtrance* bezeichnet und kann selber beanspruchend wirken.

- Die Darstellung beruflich-persönlicher Probleme in der sozialen Situation der Peergruppe kann beim Beratenen mit dem Erleben von Selbstwertbedrohung, mit Angst vor Selbstdarstellungsfehlern und mit Schamaffekten einhergehen[36] (Möller, 1998; vgl. Abschnitt 3.3.1).
- Ein sozialer Vergleich mit den anderen Peergruppenmitgliedern kann darin münden, dass Teilnehmer ihre berufliche Lage als schwieriger und ihre beruflichen Handlungskompetenzen als geringer einschätzen (dies gilt jedoch gleichermaßen andersherum).
- Die temporäre soziale Differenzierung in Beratenen und Beratende kann belastend erlebt werden, z. B. durch Gefühle der Hilflosigkeit und Unterlegenheit angesichts der Majorität der anwesenden ‚Helfer'.
- Wenn Hoffnungen, die auf kollegialer Beratung ruhen, enttäuscht werden (z. B. weil keine befriedigenden Lösungen entwickelt wurden) oder im Anschluss (instrumentelle oder emotionale) Copingstrategien misslingen, die der Beratene aus der Beratung für sich abgeleitet hatte, kann sich dessen Belastungserleben verstärken, wenn die beanspruchende Fallsituation andauert und für ihn nun weniger veränderlich erscheint.

Darüber hinaus können die gruppenbezogenen Prozesse, welche in Abschnitt 3.3.1 als Risiken des Gruppenmodus und in Abschnitt 3.4.3 als Risiken der Leiterlosigkeit aufgeführt sind, im Falle ihres Eintretens belastende Momente darstellen.

Insgesamt erscheinen die Chancen der Problemlösung eines Falls, der Kompetenzerweiterung und der Beanspruchungsminderung durch Merkmale und Prozesse von kollegialer Beratung bedeutender verglichen mit den Risiken beanspruchender Aspekte. Kollegiale Beratung bietet Beratenen die Aussicht, eine problematisch erlebte und beanspruchende Fallsituation mithilfe instrumenteller und emotionaler Unterstützung durch die Gruppe zu verändern oder zu bewältigen. Diese Unterstützung wird wahrscheinlich erst dann gewünscht, wenn vormalige Lösungs- und Bewältigungsversuche als unzureichend bewertet werden und wenn, damit zusammenhängend, Ratlosigkeit und Ruminationen eingesetzt haben. Einige der genannten Risiken werden vermutlich durch

36 Allerdings vertritt Möller (1998) die Ansicht, dass „sanfte Schamaffekte, der ‚kleine Schmerz', [...] notwendig [sind], um lernen können." (S. 405).

Merkmale von kollegialer Beratung gemindert. Um eine mögliche Problemtrance zu kompensieren, sehen die unterschiedlichen Ablaufschemata eine lösungsorientierte Phase vor, in der die Beratenden ihre Vorschläge für Auswege aus der bisherigen Fallsituation benennen, wobei sich Beratene auf Lösungen und ihre Folgen konzentrieren können. Eine kollegiale Haltung der Beratenden und ein praktizierter Wechsel der Rollen bei kollegialer Beratung können Beratenen dazu verhelfen, eine beanspruchend erlebte Asymmetrie während des Beratungsprozesses emotional auszugleichen.

5 Konzeption und Realisierung der Intervention

Das Ziel der Intervention liegt darin, kollegiale Beratung als Personalentwicklungsmaßnahme in einem organisationalen Kontext formatgemäß zu realisieren. Absicht ist einerseits, den Teilnehmern eine systematische, praxisorientierte berufliche Weiterentwicklung zu ermöglichen und andererseits, eine formatgemäße Intervention zu kreieren, an der die ausgewählten personenbezogenen Wirkungen einer längerfristigen Teilnahme an kollegialer Beratung in der vorliegenden Studie empirisch überprüft werden können. Das Zentrum der Intervention bilden Treffen formal leiterloser Peergruppen, die von den Teilnehmern selbst organisiert und gestaltet werden, und in denen zu beruflichen Praxisfällen kollegiale Beratung orientiert an einem Ablaufschema und im wechselseitigen Modus praktiziert wird. Da die Gestaltung der unmittelbaren Intervention in den Händen der Teilnehmer liegt, gilt es durch mittelbare Interventionselemente die Arbeitsfähigkeit der Peergruppen zur selbst gesteuerten kollegialen Beratung herzustellen und zu unterstützen.

In diesem Kapitel wird die Intervention zur kollegialen Beratung charakterisiert. Zunächst werden der Kontext und die Rahmenbedingungen für die Intervention beschrieben (5.1). Es folgt die Darstellung der einzelnen Interventionselemente, jeweils differenziert danach, was konzipiert wurde, wie das Element realisiert wurde und wie das realisierte Element bezogen auf das Konzept einzuschätzen ist (5.2). Schließlich wird die realisierte Intervention hinsichtlich ihrer Formattreue, ihrer adäquaten Umsetzung und ihres Wirkpotenzials im Sinne einer nachträglichen Evaluation des gesamten Interventionsprozesses zusammenfassend bewertet (5.3).

5.1 Kontext und Rahmenbedingungen für die Intervention

5.1.1 Kontext der Intervention

Die Intervention fand zwischen September 2003 und Dezember 2004 in einem Schweizer Unternehmen aus der Finanzdienstleistungsbranche statt. Es hat seinen Hauptsitz in der deutschsprachigen Schweiz und beschäftigte im relevanten Zeitraum schweizweit ca. 3500 Mitarbeiter. Organisationseinheiten und Geschäftsstellen sind in der gesamten Schweiz verteilt, also auch in den italienisch- und französischsprachigen Landesteilen. Vonseiten der Abteilung für Führungskräfteentwicklung (FKE) des Unternehmens bestand die Überlegung, die Methodik der kollegialen Beratung als Element eines internen Entwicklungsprogramms für Nachwuchsführungskräfte einzuführen und Peergruppen zu initiieren, die sich über einen Zeitraum von einem Jahr regelmäßig zur kollegialen Beratung treffen.

Das bisherige interne FKE-Programm erstreckte sich über ein Jahr, von Spätsommer 2002 bis Sommer 2003. Es war untergliedert in drei parallele, miteinander verflochtene Sub-Programme, die sich an neue Führungskräfte, Nachwuchs-Projektleiter und Management-Aspiranten ohne Führungsfunktion richteten. Neben einer Reihe von fachübergreifenden Führungs- und Managementtrainings, Coaching und anderen Maßnahmen beinhaltete das FKE-Programm auch ein Angebot zur viermaligen, von externen Supervisoren angeleiteten Fallsupervision in festen Kleingruppen mit je fünf Mitgliedern, das bei den Teilnehmern insgesamt eine positive Resonanz hervorrief.

5.1.2 Bewertung der Eignung der Intervention für Zielgruppe und Organisation

Wichtige Einflussgrößen im Kontext einer Intervention zur kollegialen Beratung sind Merkmale aufseiten der Zielgruppe und Merkmale der Organisation. Diese können sich auf die Arbeitsfähigkeit der Peergruppen auswirken, ohne dass sie im Rahmen der Intervention kurzfristig beeinflusst werden können. Daher ist ihre Ausprägung vor einer Intervention einzuschätzen[37]. Das Resultat dieser Einschätzung von zielgruppen- und organisationsbezogenen Merkmalen (s.u.) sollte sich in der Gestaltung der Intervention niederschlagen, z. B. bei der Bestimmung von Inhalten und des zeitlichen Umfangs der Einführungsseminare oder in der Konzeption weiterer begleitender Interventionen. Sind diese Merkmale als gering bzw. nachteilig ausgeprägt zu bewerten, muss infrage gestellt werden, dass sich kollegiale Beratung als Intervention für eine bestimmte Zielgruppe oder Organisation eignet. Vor diesem Hintergrund wur-

37 Eine grundsätzliche Kompatibilität einerseits von institutionellen und individuellen Zielen von Führungskräfteentwicklung und andererseits Zielen von Fallsupervision in Gruppen arbeiten Conrads (1997) und Höfle (1994) aus. Es kann angenommen werden, dass sich diese generelle Passung auch auf kollegiale Beratung beziehen lässt.

de im Vorfeld der geplanten Intervention geprüft, inwieweit davon ausgegangen werden kann, dass bestimmte Kompetenzen in der anvisierten Zielgruppe vorhanden sind und welche Anzeichen dafür vorliegen, dass die Intervention mit der Organisation kompatibel ist. Mündliche Angaben und Dokumente aus der FKE-Abteilung lieferten die Grundlage für diese Einschätzungen.

Einschätzung der Voraussetzungen der Zielgruppe für kollegiale Beratung

Gute Voraussetzungen für die Arbeitsfähigkeit von Peergruppen zu kollegialer Beratung bilden Kenntnisse, Erfahrungen und Fähigkeiten aufseiten der Teilnehmer in Bezug auf Kommunikation, Kooperation und Leitung in Gruppen sowie die Bereitschaft zur Reflexion und positive Erfahrungen mit Supervision (vgl. Belardi, 2005; siehe auch Abschnitt 3.6). Diese Merkmale konnten aufseiten der geplanten Zielgruppe als ausreichend gegeben eingeschätzt werden, wofür die folgenden Anhaltspunkte sprachen: Das erste Jahr des FKE-Programms beinhaltete Seminare zu den Themen Kommunikation und Kooperation sowie Angebote zum Einzelcoaching und zur Fallsupervision. Besonders vorteilhaft wurde bewertet, dass die Teilnehmer die Prinzipien und die Schwerpunkte des Formats Fallsupervision im Gruppenmodus kennen gelernt haben würden (vgl. Abschnitt 5.1.1). Daher erschien die Einschätzung gerechtfertigt, dass die Teilnehmer hinsichtlich dieser Themen und des kollegialer Beratung nächstverwandten Formats ausreichende Kenntnisse und einschlägige Erfahrungen mitbringen würden.

Bewertung der Kompatibilität von Intervention und Organisationskultur

Die Realisierung von kollegialer Beratung wird von einer Organisationskultur begünstigt, in welcher die Teilnahme an Maßnahmen zur Personalentwicklung grundsätzlich positiv besetzt ist (vgl. Tietze, 2004). Eine Organisationskultur spiegelt sich Schein (1992) zufolge in Grundannahmen, die in Beziehung zu den Werten einer Organisation stehen. Dieser Kontextfaktor wurde zunächst vom Leiter der FKE-Abteilung als hinreichend ausgeprägt beurteilt. Zur weiteren Einschätzung wurden dem Autor interne Dokumente zur Verfügung gestellt: ein umfangreiches Strategiepapier zum Personalmanagement, die Konzeption des laufenden FKE-Programms und die Führungsleitlinien des Unternehmens. Die Vielschichtigkeit der Maßnahmen zur Personal- und Führungskräfteentwicklung, die in den beiden ersten Konzepten ersichtlich war, ließ darauf schließen, dass Lernen und Weiterentwicklung im Unternehmen einen hohen Stellenwert einnehmen.

Die Ausprägung von systematischer berufsbezogener Konkurrenz bildet einen weiteren bedeutsamen Aspekt bei der Einschätzung der Kompatibilität von Intervention und Organisation. Ein gewisses Konkurrenzdenken innerhalb eines Unternehmens prägt den beruflichen Alltag in vielen Situationen. Dies kann als funktional und erwünscht bewertet werden – und es ist nicht grundsätzlich vermeidbar. Wenn jedoch das organisationale Karriere-, Belohnungs- und Wertesystem ein hohes Maß an Kompetition unter Führungskräften oder Mitarbeitern fördert, kann dies dazu führen, dass Beratungs- und Peergruppenprozesse stärker von konkurrenzbedingt taktischem Verhalten geprägt werden – und damit zugleich weniger von kollegial (im Sinne prosozialen Verhaltens) bestimmter Kooperation, die wichtig für kollegiale Beratung ist. In einem solchen Fall ist von kollegialer Beratung als Intervention abzuraten[38]. Direkte berufliche Konkurrenzbeziehungen zwischen einzelnen Mitgliedern einer Peergruppe, die die Kooperation in kollegialer Beratung beeinträchtigen könnte, zu vermeiden, sollte ein Kriterium bei der Zusammenstellung der Peergruppe sein (vgl. Abschnitt 5.2.2).

Die internen Führungsleitlinien des Schweizer Unternehmens betonten explizit die Bedeutung von Kooperation und konstruktivem Dialog, obgleich verkündete Werte nicht in jedem Fall mit gelebten Werten und den in der Realität wirksamen Grundannahmen übereinstimmen müssen (vgl. Schein, 1992). Zudem konnte aus der berichteten positiven Resonanz der Zielgruppe auf die erlebte Fallsupervision in Gruppen abgeleitet werden, dass eine kollegiale Kooperation im Rahmen von Fallarbeit grundsätzlich möglich ist. Aus diesen Anhaltspunkten resultierte die Einschätzung, dass durch die Organisationskultur keine nachteiligen Einflüsse auf die Intervention zu erwarten waren.

5.1.3 Rahmenbedingungen für die Intervention

Im Dialog zwischen dem Leiter der FKE-Abteilung und dem Autor wurden folgende Rahmenbedingungen für die Intervention zur kollegialen Beratung festgelegt:

38 Allerdings ist anzunehmen, dass bei der Rahmenbedingung ausgeprägter systematischer berufsbezogener Konkurrenz, unter Voraussetzung einer freiwilligen Entscheidung zur Teilnahme an kollegialer Beratung, eine Peergruppe nur unwahrscheinlich entstehen wird.

- Das Programm erhält den Namen ‚Peergruppen-Intervision' (im Folgenden: PGI-Programm), um sprachlich eng an die eingeführte Bezeichnung der bisherigen Fallsupervision als ‚Peergruppen-Supervision' anzuknüpfen.
- Das Programm wird zur Folgemaßnahme des ersten Jahrs des laufenden FKE-Programms erklärt, um den Stellenwert des Programms der Zielgruppe gegenüber zu betonen, aber auch, um die unternehmensöffentliche interne Kommunikation zu unterstützen.
- Die Teilnahme am PGI-Programm ist freiwillig und als Weiterbildung Bestandteil der Arbeitszeit. Wer sich dafür entscheidet, verpflichtet sich für den gesamten Zeitraum von einem Jahr zur Teilnahme an den Peergruppentreffen.
- Da ein Teil der Zielgruppe aus französisch- und italienischsprachigen Landesteilen der Schweiz stammt, wird die Intervention auch in französischer Sprache angeboten.
- Eine Personalentwicklerin aus der FKE-Abteilung wird das PGI-Programm operativ koordinieren und sowohl für die Teilnehmer als auch für den Autor ansprechbar sein.
- Die Methodenvermittlung für die Teilnehmer erfolgt in zweitägigen Einführungsseminaren. Die fünf Seminare werden peergruppen-übergreifend besetzt, damit die Teilnehmer einen Seminartermin passend zu ihrem beruflichen Zeitplan wahrnehmen können.
- Die Peergruppen treffen sich im Zeitraum des Programms mindestens viermal für einen halben Tag zur kollegialen Beratung, was der Intensität der bisher angebotenen Fallsupervision entspricht.
- Die Peergruppen organisieren ihre Treffen zur kollegialen Beratung selbständig und ohne Unterstützung durch die FKE-Abteilung.
- Informationen über beratene Fälle verbleiben vertraulich innerhalb der Peergruppen und werden weder an die FKE-Abteilung gegeben noch von ihr erwartet.
- Zur Hälfte der Laufzeit der Maßnahme wird ein Workshop angeboten, der dem Erfahrungsaustausch und der methodischen Vertiefung dient. An diesem Workshop nehmen zwei Mitglieder aus jeder Peergruppe teil.
- Bei Fragen zu Ablauf, Struktur und Methoden der kollegialen Beratung, die während der selbständigen Peergruppentreffen entstehen, wenden sich die Peergruppen an den Seminarleiter des Einführungsseminars.
- Bei peergruppeninternen Problemen oder Konflikten wenden sich die Peergruppen optional an die FKE-Abteilung, damit diese einen Coach/

Supervisor organisiert, der die Gruppe bei der Lösung von Schwierigkeiten unterstützt und begleitet.

5.2 Elemente der Intervention

Mit Blick auf die genannten Rahmenbedingungen wurde das PGI-Programm zur kollegialen Beratung vom Autor konzipiert und mit dem Leiter der FKE-Abteilung des Unternehmens abgestimmt. Es umfasst die folgenden Elemente:

1. Ansprache der Zielgruppe
2. Bildung von Peergruppen zur kollegialen Beratung
3. Einführungsseminar zur kollegialen Beratung
4. Workshop zum Erfahrungsaustausch und zur Methodenvertiefung[39]
5. Kollegiale Beratung in den Peergruppen

In den folgenden Abschnitten wird für jedes dieser Elemente beschrieben, welche Konzeption ihm zugrunde lag, wie das Element realisiert wurde und was mögliche Abweichungen zwischen Konzeption und Realisierung für die Bewertung der gesamten Intervention bedeuten.

5.2.1 Ansprache der Zielgruppe

Das Ziel der Ansprache besteht darin, das PGI-Programm in der Zielgruppe zu bewerben und eine ausreichende Grundlage für die individuelle Entscheidung zu schaffen, freiwillig und engagiert daran teilzunehmen. Das PGI-Programm soll einerseits von den Teilnehmern als attraktiv wahrgenommen werden, andererseits sollen sie realistisch einschätzen können, welche Möglichkeiten und Bedingungen mit einer Teilnahme einhergehen und welches besondere Engagement von Teilnehmern erwartet wird, um zu Organisation und Gestaltung der Peergruppentreffen beizutragen.

---

39 Die Chronologie der Interventionselemente wird in dieser Darstellung verlassen. Der Workshop fand zeitlich gesehen nach Ablauf der Hälfte der Arbeit in den Peergruppen statt.

5.2.1.1 Konzeption der Zielgruppenansprache

Um der Zielgruppe eine ausreichende Informationsbasis für eine Entscheidung zur Teilnahme am PGI-Programm zu liefern, wurden folgende Maßnahmen geplant:

- Alle Teilnehmer des FKE-Programms werden in mündlicher und in schriftlicher Form über die Maßnahme, ihre Ziele, Elemente und Rahmenbedingungen informiert.
- Bei der Kommunikation werden der Charakter des PGI-Programms als Fortführung des FKE-Programms und die Verbindung zur Peergruppen-Supervision betont. Gleichzeitig wird die selbständige Intervision als nächste Stufe hervorgehoben, die auf die Elemente des bisherigen FKE-Programms und die erlebte, angeleitete Supervision aufbaut.
- Zeitig vor den ersten Einführungsseminaren geben der Leiter der FKE-Abteilung gemeinsam mit dem Autor (als Experte für kollegiale Beratung) im Rahmen von Präsenzveranstaltungen weitere Informationen zur Methode der kollegialen Beratung, zu den Elementen und zur Organisation des PGI-Programms.

5.2.1.2 Realisierung der Zielgruppenansprache

Die Ansprache und Information der Teilnehmer wurde wie geplant verwirklicht. Erste Informationen zum PGI-Programm vermittelte der Leiter der FKE-Abteilung der Zielgruppe persönlich und mündlich auf den Feedbackveranstaltungen am Ende des ersten Jahres des FKE-Programms im Frühsommer 2003. Im Juli 2003 erhielten alle Teilnehmer des FKE-Programms per E-Mail eine schriftliche Information über die Ziele und die Elemente des PGI-Programms (siehe Anhang, Dokument 1, S. 262 und Dokument 2, S. 264), eine Übersicht über die Methodik der kollegialen Beratung und Hinweise zur Prozedur für die Bildung der Peergruppen (vgl. Abschnitt 5.2.2). Für Anfang September 2003 waren alle Interessierten eingeladen, sich bei einer Informationsveranstaltung ausführlich über das PGI-Programm zu erkundigen und Fragen zu klären. Dieser Einladung in die Hauptverwaltung des Unternehmens folgten zu beiden angebotenen Terminen insgesamt etwa 50 Personen. Eine der beiden Veranstaltungen wurde gemeinsam durch den Leiter der FKE-Abteilung und den Autor gestaltet; bei der zweiten war der Leiter der FKE-Abteilung kurzfristig verhindert und wurde durch die Personalentwicklerin vertreten, die für die Koordinierung des PGI-Programms verantwortlich war. Bis Mitte September 2003 entschieden sich von insgesamt etwa 90 angesprochenen Teilnehmern des FKE-Programms des ersten Jahres 51 deutschsprachige und sieben französischsprachige Mitarbeiter dafür, am PGI-Programm teilzunehmen. Insgesamt 58 Personen meldeten ihr Interesse bei der FKE-Abteilung an und beteiligten sich an der Prozedur zur Bildung der Peergruppen (vgl. Abschnitt 5.2.2).

5.2.1.3 Bewertung der Zielgruppenansprache

Die auf die Anzahl der angesprochenen Personen bezogene Quote an Teilnehmern ist für eine freiwillige Maßnahme, bei der die Teilnehmer Zeit und Engagement aufwenden, um zu ihrem Gelingen beizutragen, als gut zu bewerten. Dies stützt zugleich die Annahme, dass die organisationskulturellen Bedingungen für diese Intervention geeignet sind. Die Realisierung von Ansprache und Information der Zielgruppe im Vorfeld der Intervention kann als konzeptgemäß und insgesamt als gelungen eingeschätzt werden.

5.2.2 Bildung von Peergruppen

Das Konzept des PGI-Programms zur Peergruppenbildung sah vor, aus dem Kreis aller interessierten Teilnehmer mehrere Peergruppen zusammenzustellen mit dem Ziel, dass deren jeweilige Mitgliederkonstellation einen Beitrag für die Arbeitsfähigkeit der Gruppe leistet. Die Arbeitsfähigkeit einer Peergruppe zeigt sich später zum einen darin, dass sie ihre Gruppentreffen selbständig organisiert, zum anderen darin, dass sie qualitativ hochwertige kollegiale Beratungen durchführt. Die personelle Konstellation einer Peergruppe kann zur Erhöhung der Arbeitsfähigkeit beitragen,

1. wenn durch sie sichergestellt ist, dass ausreichende Kompetenzen für den Gruppenprozess und die Beratungsprozesse vorhanden sind,
2. wenn die eigene Mitgliedschaft und die Mitgliederkonstellation von den Mitgliedern als attraktiv wahrgenommen wird und
3. wenn darin spezifische Personenkonstellationen ausgeschlossen sind, die Gruppen- und Beratungsprozess beeinträchtigen (vgl. Abschnitt 3.3.3).

5.2.2.1 Konzeption der Peergruppenbildung

Da für ein solches Konzept keine Hinweise oder Beispiele in der Literatur vorlagen, wurden die Zielkriterien und das Vorgehen zwischen dem Leiter der FKE-Abteilung und dem Autor entwickelt. Es wurde festgelegt, dass die sieben französischsprachigen Teilnehmer, die hauptsächlich aus der *Suisse Romande* stammen, aus nahe liegenden – sprachlichen und räumlichen – Gründen eine eigene Gruppe bilden. Für die deutschsprachigen Gruppen wurden etwa 10 Mitglieder als Ausgangs-Gruppengröße angesetzt, um die formale Arbeitsfähigkeit der Peergruppen unter Berücksichtigung möglicher Abwesenheiten durch Krankheit oder berufliche Gründe zu gewährleisten. Aus dieser Mitgliederzahl resultiert bei 51 Teilnehmern eine Zahl von fünf deutschsprachigen Peergruppen.

Für eine spätere Arbeitsfähigkeit der Peergruppen sprachen die folgenden Anhaltspunkte, die sich auf Kompetenzen, Einstellungen und Erfahrungen aller Teilnehmer beziehen:

- Wichtige Kompetenzen aufseiten der Teilnehmer sowie Erfahrungen mit Fallsupervision in Gruppen wurden bereits im Vorfeld als gegeben eingeschätzt (vgl. Abschnitt 5.1.2).
- Mit der Anmeldung zum PGI-Programm signalisieren die Teilnehmer grundsätzliche Bereitschaft und Offenheit, ihre Berufspraxis in einer Peergruppe zu reflektieren.
- Den Teilnehmern ist bekannt, dass die übrigen Mitglieder einer Peergruppe aus dem Kreis der Teilnehmer des FKE-Programms stammen und Unternehmenskollegen sind.
- Die notwendigen methodischen Kenntnisse und Anwendungserfahrungen zur kollegialen Beratung erwerben die Teilnehmer im Einführungsseminar (vgl. Abschnitt 5.2.3).
- In den Einführungsseminaren erleben die Teilnehmer, dass kollegiale Beratungsprozesse auch in Gruppen möglich ist, die nicht nach Kriterien der Attraktivität oder Sympathie besetzt sind.
- In den Peergruppen sind ausreichende Kompetenzen vorhanden, um deren Gruppenprozesse zu gestalten, weil alle Mitglieder Führungs-, Management- oder Projektleitungsfunktionen ausüben.
- Eine für kollegiale Beratung förderliche Heterogenität an Kompetenzen und Perspektiven in den Peergruppen ergibt sich dadurch, dass die Teil-

nehmer aus unterschiedlichen Bereichen im Innen- und Außendienst des Unternehmens kommen.
- Verbindende Merkmale der Teilnehmer bestehen mindestens in der gemeinsamen Zugehörigkeit zum Unternehmen und zum FKE-Programm.

Im Hinblick auf diese Anhaltspunkte wurde eingeschätzt, dass bezogen auf Kompetenzen für Gruppenprozess und Beratungsprozesse – jenseits von konkreten Mitgliederkonstellationen – die potenzielle Arbeitsfähigkeit der Peergruppen angelegt war. Daher erschien es gerechtfertigt, den Prozess der Peergruppenbildung so zu planen, dass die beiden weiteren Merkmale im Vordergrund stehen, mit denen die personelle Konstellation zur Arbeitsfähigkeit der Gruppe beitragen kann: die Attraktivität der Mitgliederkonstellation und die Vermeidung von möglichen Einschränkungen von Attraktivität und Arbeitsfähigkeit, die sich durch spezifische Personenkonstellationen ergeben würden.

Da die Kriterien für eine Beurteilung der Attraktivität einer Peergruppe und für die Einschätzung bevorzugter sowie schwieriger Personenkonstellationen subjektiv sind und individuell variieren, wurde entschieden, dass die Zuordnung zu den fünf deutschsprachigen Peergruppen weitgehend durch die Teilnehmer selber realisiert wird. Leitend war dabei, dass sich die Peergruppen selbständig nach personenbezogenen Kriterien wie Sympathie, Vertrauen und Kompetenz sowie nach regionalen Aspekten finden (vgl. Schmelzer, 1997). Für diese Entscheidung sprachen mehrere Annahmen:

- Viele Teilnehmer kennen einander durch das bisherige FKE-Programm und aus anderen Arbeitskontexten. Sie können daher günstigere und ungünstigere Konstellationen bezogen auf Personen und regionale Nähe besser berücksichtigen als dies durch Außenstehende gesteuert werden kann.
- Durch die Beteiligung am Prozess können die Teilnehmer ihre individuellen Maßstäbe an eine Attraktivität der Mitgliedschaft in einer Peergruppe anlegen, mehrere Konstellationen vergleichen und abwägen, welche davon ihren Kriterien am ehesten gerecht wird.
- Durch eine Mitverantwortung für die Peergruppenbildung und die gewonnene Einsicht in die Komplexität dieses Prozesses steigt die Chance darauf, dass eine entstandene Peergruppen-Konstellation von Teilnehmern auch dann akzeptiert wird, wenn nicht alle individuellen Kriterien vollständig erfüllt sind.

- Die FKE-Abteilung kann darauf achten, dass hierarchische Beziehungen in einer Peergruppe vermieden werden, weil andernfalls die Offenheit eingeschränkt sein könnte, bestimmte berufliche Situationen zu thematisieren (vgl. de Haan, 2005).

Für den Prozess der Zusammenstellung der deutschsprachigen Peergruppen entwarf die FKE-Abteilung eine intranet-gestützte Prozedur, bei der sich die 51 Teilnehmer binnen drei Wochen selbst organisiert und freiwillig einer der Gruppen zuordnen sollten, indem sie sich in eine Liste eintragen. Es sollte den Teilnehmern in diesem Zeitraum erlaubt sein, sich selber neu zuzuordnen, wenn ihnen eine bestimmte Konstellation attraktiver oder weniger problematisch als die bisher gefundene erscheint. Zu diesem Zweck sollten den Teilnehmern durch die Personalentwicklerin der FKE-Abteilung regelmäßig Zwischenstände der Gruppenaufteilung übermittelt werden.

5.2.2.2 Realisierung der Peergruppenbildung

Der Prozess der Peergruppeneinteilung für die deutschsprachigen Gruppen wurde wie geplant realisiert. Die vorläufige Gruppeneinteilung erfuhr im gesamten Zeitraum wiederholt Veränderungen, weil Teilnehmer sich einer anderen Gruppe zuordneten. Am Ende des Zeitkorridors standen fünf deutschsprachige Peergruppen fest, vier mit je 10 Mitgliedern und eine mit 11 Mitgliedern. Hierarchische Beziehungen zwischen Mitgliedern von Peergruppen fanden sich darin nicht. Gegen die endgültige Peergruppeneinteilung wurden keine Einwände erhoben.

5.2.2.3 Bewertung der Peergruppenbildung

Die Bildung der Peergruppen kann mit Einschränkungen insgesamt als konzeptgemäß realisiert bewertet werden. Das formale Ziel, jeder Peergruppe etwa 10 Mitglieder zuzuordnen, wurde für die deutschsprachigen Gruppen erfüllt, für die französischsprachige Gruppe aus den genannten Gründen nicht. Mit Blick auf das Ziel, eine günstige Ausgangssituation für die Arbeitsfähigkeit der Peergruppen zu schaffen, wurde aus mehreren Anhaltspunkten geschlossen, dass die erforderlichen Kompetenzen in allen Peergruppen angelegt waren. Aus der Dynamik der wiederholten Veränderungen der vorläufigen Gruppeneinteilung kann abgeleitet werden, dass wahrscheinlich die Kriterien der Attraktivität und der Vermeidung persönlich unattraktiver oder funktional ungünstiger Konstellationen im Zuordnungsprozess eine Rolle gespielt hatten. Die Attraktivität der endgültigen Mitgliederkonstellation der Peergruppen erschien hinreichend gewährleistet, nachdem keine Einwände dagegen formuliert wurden. Im weiteren Verlauf des PGI-Programms ergaben sich keine Hinweise auf Schwierigkeiten, die sich auf den Prozess der Peergruppenbildung und sein Resultat zurückführen lassen.

Das von der FKE-Abteilung entwickelte neuartige Verfahren, in dem sich die Teilnehmer den Peergruppen zuordneten, beruhte wesentlich auf Prinzipien der Selbstfindung der Peergruppen unter maßgeblicher Beteiligung der Betroffenen. Der iterative Prozess, bestehend aus kombinierten Phasen der individuellen Zuordnung und der Rückmeldung des erreichten Zwischenstands, bot die Möglichkeit zur schrittweisen Veränderung der Konstellationen, bis die finale Aufteilung der Peergruppen erzielt wurde. Damit konnte mit nur marginalen steuernden Eingriffen von außen eine für die Beteiligten bestmögliche Gesamtkonstellation gefunden werden.

Eine Einschränkung zur positiven Bewertung der Peergruppenbildung ergibt sich durch Rückmeldungen von Teilnehmern, denen zufolge im Nachhinein ersichtlich wurde, dass die Zusammensetzung der Peergruppen bezogen auf bestimmte Kriterien nicht durchgängig optimal war und dass mit dem realisierten Prozess der Peergruppenbildung einzelne Personenkonstellationen nicht verhindert wurden, die als kritisch für die Peergruppen und für kollegiale Beratungsprozesse eingeschätzt werden müssen. So meldete ein Teilnehmer nach Ende des PGI-Programms zurück, dass Mitglieder seiner Peergruppe zu lange Anfahrtswege für die Treffen auf sich nehmen mussten. Ein anderer Teilnehmer bemängelte, dass in seiner Peergruppe ein unmittelbarer Arbeitskollege war, was ihn darin einschränkte, offen über die eigene Berufspraxis zu reflektieren.

Problematisch am Merkmal der Arbeitsfähigkeit einer Peergruppe sind im Zusammenhang mit der Peergruppenbildung vor allem zwei Aspekte. Zum einen resultiert sie aus der dynamischen Interaktion von einer Vielzahl an Faktoren, Einflüssen und Rahmenbedingungen, von denen im Prozess der Peergruppenbildung nur wenige intentional gesteuert werden können. Zum anderen existieren bisher keine zuverlässigen Kriterien, mit denen sich die spätere Arbeitsfähigkeit einer Peergruppe prognostizieren lässt, weshalb man auf eine Schätzung aus der Betrachtung von Anhaltspunkten angewiesen ist, von denen mit einer gewissen Plausibilität angenommen werden kann, dass sie sich auf die Arbeitsfähigkeit günstig auswirken.

Zur Problematik des Merkmals der Arbeitsfähigkeit kommt hinzu, dass die Möglichkeiten, mit einer gegebenen Zahl und Ausgangskonstellation von Teilnehmern eine bestimmte Anzahl an geeignet großen Peergruppen zur kollegialen Beratung mit idealen Ausgangsbedingungen zu bilden, durch organisationale, personelle, persönliche, räumliche und finanzielle Bedingungen und Entscheidungen begrenzt sind – im PGI-Programm zudem durch sprachliche Merkmale. Für den Prozess der Peergruppenbildung und das Ausmaß, in dem sein Resultat zu günstigen Ausgangsbedingungen führt, die zu qualitativ hochwertigen kollegialen Beratungen beitragen, bedeutet dies, dass genau geprüft werden muss, wie die theoretischen Anforderungen mit den praktischen Restriktionen verwirklicht werden können und wo sie relativiert werden müssen.

5.2.3 Einführungsseminar zur kollegialen Beratung

Der kompetenten Vermittlung eines Ablaufschemas, der Organisation von ausreichenden Erfahrungen mit kollegialen Beratungsprozessen und der Ausbildung der zur kollegialen Beratung notwendigen Verhaltensweisen kommt eine zentrale Bedeutung für die methodische Arbeitsfähigkeit der Peergruppen und somit für die Qualität der kollegialen Beratungsprozesse bei den Peergruppentreffen zu (vgl. Fiege, 1999; Nold, 1998; Tietze, 2003). Die Darstellung von Konzeption, Durchführung und Verlauf des Einführungsseminars leistet einen wesentlichen Beitrag für die Einschätzung der Güte der zu evaluierenden Intervention.

5.2.3.1 Konzeption des Einführungsseminars

Ziele des Einführungsseminars

Zentrales Ziel eines Einführungsseminars ist es, alle Teilnehmer in die Lage zu versetzen, sich nach den Seminaren mit Hilfe einer einheitlichen Methodik in den Peergruppen selbständig kollegial beraten zu können (vgl. Rüegg, 2001). Diesem Ziel wurden die in Tabelle 1 auf S. 142 dargestellten Lernziele zugeordnet, die nach kognitiver, affektiver und behavioraler Ebene unterschieden werden (vgl. Kießling-Sonntag, 2003).

Tabelle 1: Ziele des Einführungsseminars zur kollegialen Beratung

Ebene	Ziele
Kognitive Ebene	Die Teilnehmer haben das Ablaufschema und neun Beratungsmethoden der kollegialen Beratung verstanden. Die Teilnehmer haben die Aufgaben und die Prozessbeiträge kennen gelernt, die von ihnen in den verschiedenen Rollen (Beratener, Moderator, Beratende) erwartet werden. Die Teilnehmer haben verstanden, was zu erfolgreicheren und zu weniger erfolgreicheren Beratungsprozessen beiträgt. Möglichst viele Teilnehmer haben in der Rolle der Beratenen eigene Fälle zufrieden stellend weiterentwickeln können. Die Teilnehmer wissen, was sie bei der Organisation und Gestaltung ihrer Peergruppentreffen beachten sollten.
Affektive Ebene	Die Teilnehmer haben mehrere Prozesse der kollegialen Beratung erfahren und sich dabei in verschiedenen Rollen erlebt. Die Teilnehmer haben verschiedene erfolgreiche kollegiale Beratungen erlebt. Teilnehmer, deren Fälle kollegial beraten wurden, haben sozio-emotionale Unterstützung oder instrumentelle Hilfe erfahren. Die Teilnehmer haben eine positive Haltung der kollegialen Beratung gegenüber entwickelt. Die Teilnehmer haben Vertrauen darin entwickelt, dass sie von den übrigen Teilnehmern unterstützende Reaktionen erwarten können, wenn sie schwierige Praxissituationen vorstellen. Die Teilnehmer haben ihre Verbundenheit mit dem PGI-Programm gestärkt.
Behaviorale Ebene	Die Teilnehmer können kollegiale Beratungsprozesse in Peergruppen selbständig und orientiert am Anliegen der Beratenen durchführen. Die Teilnehmer können die für kollegiale Beratung notwendigen kollegialen Verhaltensweisen gegenüber Beratenen verwirklichen. Die Teilnehmer sind in der Lage, kollegiale Beratungsprozesse gemeinsam zu reflektieren und zu verbessern.

Inhalte des Einführungsseminars

Mit Blick auf die angenommenen Kompetenzen der Zielgruppe in den Themenfeldern Kommunikation und Kooperation sowie deren Erfahrungen in Supervision liegt der inhaltliche Schwerpunkt der Einführungsseminare einerseits in der Vermittlung des sechs Phasen umfassenden adaptiven Ablaufschemas zur kollegialen Beratung nach dem Modell von Tietze (2003) und zugehöriger Beratungsmethoden, und andererseits in der praktische Durchführung von kollegialen Beratungen und die anschließende Reflexion der Beratungsprozesse.

Methoden des Einführungsseminars

Die Inhalte werden unter Berücksichtigung wesentlicher erwachsenenpädagogischer Grundsätze nach Kießling-Sonntag (2003) vermittelt. Als didaktische Elemente werden gewählt: der Seminarkontrakt, mehrere Lehrvorträge mit Medienunterstützung zur Wissensvermittlung, praktische Durchführungen von kollegialen Beratungen mit Teilnehmerfällen, ausführliche Auswertungen der Beratungsprozesse, um Prinzipien zu verdeutlichen und Erfahrungen der Teilnehmer zu integrieren sowie Diskussionen, um Klärungsprozesse voranzubringen. Eine Seminarunterlage für die Teilnehmer wird alle Inhalte der Lehrvorträge enthalten sowie Anleitungen für die einzelnen Rollen des vermittelten Ablaufschemas ähnlich den Rollenbeschreibungen bei Vonesch und Kopp (2003). Die Seminarunterlagen sowie die Vortragsmaterialien werden ins Französische übersetzt.

Um die Selbständigkeit der Teilnehmer zu fördern und um deren Kompetenz zu stärken, kollegiale Beratungsprozesse ohne einen externen Prozessexperten durchzuführen, ist es empfehlenswert, die Beteiligung des Seminarleiters an den Beratungsprozessen im Lauf des Seminars systematisch zu reduzieren (vgl. de Haan, 2005; Fiege, 1999). Geplant war deshalb, dass von der zweiten praktischen Durchführung einer kollegialen Beratung an je ein Mitglied der Seminargruppe die Rolle des Moderators der kollegialen Beratung praktiziert und vom Seminarleiter unterstützt oder korrigiert wird.

Die Trainingskonzeption entspricht im Wesentlichen den Trainingsrichtlinien von Brauchle und Wright (1993) für die Entwicklung der Effizienz von teilautonomen Arbeitsgruppen. Diese beinhalten die Klärung von Kontrakt und Zielen der Fortbildung, die Entwicklung einer Prozessstruktur, die Ausbildung einer Reflexionskultur, die Vermittlung von Techniken der Gruppenarbeit, die Bestimmung von Personen, die für den Austausch des Teams mit der Organisation zuständig sind und eine Reduzierung des Trainerengagements entsprechend dem Grad, in dem die Gruppe den Prozess selbständig organisieren kann. Die Entwicklung einer Reflexionskultur ist für die eigenständige Durchführung von kollegialer Beratung in den Peergruppen besonders bedeutsam, da Evaluation und Reflexion von kollegialen Beratungsprozessen die Qualität der kollegialen Beratung und somit ihrer Effekte steigern helfen (de Haan, 2005; Žorga et al., 2001).

Tabelle 2: Ablauf des Einführungsseminars zur kollegialen Beratung

1. Tag	
Schritt	**Funktion**
Vorstellung von Zielen, Inhalten, Ablauf, Rollen und Arbeitsweise des Seminars	schließen eines Kontrakts als Grundlage für die Kooperation während des Seminars
Einführungsvortrag zur kollegialen Beratung	kennen lernen des Ablaufschemas, der sechs Schritte und von neun Methodenbausteinen
Vereinbarung zur Verschwiegenheit über Inhalte der Teilnehmerfälle gegenüber Dritten	die Bereitschaft der Teilnehmer erhöhen, über Praxisfälle zu berichten
Sammlung von Praxisfällen aus dem Teilnehmerkreis als potenzielle Übungsfälle für das Seminar	Praxisbezug des Seminarinhalts herstellen; Beispiel geben für das Sammeln von Fällen
Erste kollegiale Beratung, der Seminarleiter in der Rolle des Moderators	erleben einer kollegialen Beratung anhand eines realen Praxisfalls
Auswertung und Reflexion der ersten kollegialen Beratung	verstehen des erlebten Beratungsprozesses und seiner Bestandteile
Kurzvortrag und Übung zum Aktiven Zuhören und zum erkundenden Fragen	verstehen und anwenden von wichtigen Gesprächsverhaltensweisen
Zweite kollegiale Beratung, ein Teilnehmer in der Rolle des Moderators	erleben einer kollegialen Beratung; heranführen von Teilnehmern an die Moderatorenrolle
Auswertung und Reflexion der kollegialen Beratung	verstehen des erlebten Beratungsprozesses und seiner Bestandteile
Kurzvortrag zur kollegialen Haltung und zu Möglichkeiten zu ihrer Verwirklichung	verstehen, worin sich eine kollegiale Haltung ausdrücken kann
Dritte kollegiale Beratung und Auswertung	(wie bei der zweiten kollegialen Beratung)
Kurzvortrag zu Fallthemen und Fallmerkmalen, die sich für kollegiale Beratung eignen	verstehen, welche Fälle sich für kollegiale Beratung eignen und welche nicht
Vierte kollegiale Beratung und Auswertung	(wie bei der zweiten kollegialen Beratung)
Auswertung des Seminarprozesses des ersten Seminartags	bisherigen Seminarprozess und Kooperation zwischen Seminarleiter und Gruppe bewerten
2. Tag	
Kurzvortrag zur inneren Logik des Ablaufschemas bezogen auf Aspekte des Problemlösens	Prinzipien und Gestaltungsfreiheiten im Ablaufschema verstehen
Fünfte kollegiale Beratung und Auswertung	(wie bei der zweiten kollegialen Beratung)
Erläuterung der Evaluation und Ausgabe der Fragebogen für die Evaluation	Bereitschaft entwickeln, zur Evaluation des PGI-Programms beizutragen
Kurzvortrag zu Grenzen der kollegialen Beratung und zum Umgang mit Schwierigkeiten im Beratungsprozess	entwickeln realistischer Erwartungen; mit Schwierigkeiten im Prozess umgehen können
Sechste kollegiale Beratung und Auswertung	(wie bei der zweiten kollegialen Beratung)
Kurzvortrag zur Gestaltung der Peergruppentreffen und Diskussion	verstehen, wie die Peergruppentreffen organisiert und gestaltet werden können
Abschlussrunde und mündliche Rückmeldungen zum Einführungsseminar	Seminarprozess und Kooperation zwischen Seminarleiter und Gruppe bewerten

Ablaufkonzeption des Einführungsseminars

Um die in Tabelle 1 dargestellten Lernziele zu verfolgen und um sicher zu stellen, dass alle Einführungsseminare vergleichbar verlaufen, wurde der in Tabelle 2 auf S. 144 dargestellte Ablauf konzipiert, gegliedert nach Schritten und zugehörigen Funktionen.

5.2.3.2 Realisierung des Einführungsseminars

Zwischen Mitte September und Mitte Oktober 2003 wurden fünf Einführungsseminare zur kollegialen Beratung nach dem in Tabelle 2 auf S. 144 dargestellten, geplanten Ablauf ohne nennenswerte Abweichungen durchgeführt. Die vier deutschsprachigen Seminare wurden vom Autor geleitet, der darin erfahren war, die Methodik kollegialer Beratung zu vermitteln und überdies beruflich als Berater, Supervisor und Trainer tätig war. In zwei Seminaren war es aufgrund der Teilnehmerzahl möglich, am zweiten Seminartag kollegiale Beratung in parallelen Halbgruppen zu praktizieren, was den Übungsanteil erhöhte. Jedes Seminar enthielt wenigstens sechs kollegiale Beratungsprozesse.

Das Seminar in französischer Sprache wurde von einer beratungs- und trainingserfahrenen französischen Trainerin mit sehr guten Deutschkenntnissen durchgeführt. Die Trainerin, die mit der zu vermittelnden Methodik der kollegialen Beratung vertraut war, wurde vom Autor bei einem Vorbereitungstreffen und in mehreren Telefonaten bezogen auf Konzept, Ablauf und Didaktik des Einführungsseminars sorgfältig instruiert. Die Seminarunterlagen und Vortragsmaterialien wurden seitens des Unternehmens ins Französische übersetzt und von der Trainerin in ihrer Qualität gesichert. Die gemeinsame Nachbereitung des Seminars ergab, dass es in allen wesentlichen Aspekten den deutschsprachigen Seminaren vergleichbar verlief.

Die fünf Einführungsseminare zur kollegialen Beratung hatten insgesamt 47 Teilnehmer. An den vier deutschsprachigen Seminaren nahmen 41 Personen teil, am französischsprachigen Seminar 6 Personen. Obwohl Seminarkapazität für alle 58 Interessenten bereitgestellt war, fehlten einige Teilnehmer aus gesundheitlichen oder beruflichen terminlichen Gründen. Vier der abwesenden Programmteilnehmer hatten sich kurz vor ihrem jeweiligen Seminartermin entschieden, nicht weiter am Programm teilzunehmen. Für die übrigen abwesenden Teilnehmer wurde zwischen dem Leiter der FKE-Abteilung und dem Autor vereinbart, dass eine Nicht-Teilnahme am Einführungsseminar kein

Kriterium für den Ausschluss am weiteren PGI-Programm darstellt, damit die Peergruppen die bezogen auf ihre Größe weiterhin arbeitsfähig bleiben.

5.2.3.3 Bewertung des Einführungsseminars

Die folgende Bewertung der fünf Einführungsseminare zur kollegialen Beratung stützt sich auf mündliche Rückmeldungen der Teilnehmer, die sie in der Abschlussrunde gaben sowie auf Beobachtungen der beiden Seminarleiter. Von einer grundsätzlich wünschenswerten Erhebung der Einschätzungen über Verlauf und Ergebnis des Seminars mittels eines Fragebogens wurde abgesehen. Ausschlaggebend für diese Entscheidung war zum einen die Überlegung, dass die Seminarteilnehmer am selben Tag bereits den längeren Fragebogen für die Evaluation der Intervention (vgl. Abschnitt 6.3.3) bearbeiten sollten (vgl. Tabelle 2, S. 144), weshalb ein weiterer Fragebogen von ihnen wahrscheinlich als unangemessene Zumutung empfunden werden würde. Zum sollte sich die Aufmerksamkeit zum Seminarende auf die zukünftige Gestaltung der Peergruppentreffen richten. Da der Schwerpunkt der vorliegenden Evaluationsstudie nicht in den Reaktionen auf einzelne Interventionselemente liegen sollte (vgl. Abschnitt 6.1), wurden mündliche Rückmeldungen als ausreichend angesehen, um die Resonanzen der Teilnehmer zu erheben.

Die von den Seminarleitern notierten Rückmeldungen zu den Einführungsseminaren beziehen sich einerseits auf den Seminarprozess und auf die Inhalte sowie andererseits auf im Seminar Gelerntes und die Aussicht, kollegiale Beratung in der eigenen Peergruppe zu praktizieren:

- Zu Seminarprozess und -inhalten gaben Teilnehmer folgende Rückmeldungen:

  angenehm war, dass die Theorie überschaubar ist / es gab viele Übungen / gut war, dass es kleine Input-Häppchen mit wenigen Folien gab / mir hat behagt, dass es ein kurzer Input war / gut ist, dass es relativ viele Fallbeispiele gab / das Seminar hat sehr viel Spaß gemacht / ich bin insgesamt positiv überrascht von der Intervision / die Info-Veranstaltung vor einigen Wochen hätte man sich sparen können / für mich haben sich die hohen Erwartungen erfüllt

- Zu Gelerntem und zur Aussicht auf die kollegiale Beratung in den Peergruppen wurde von Teilnehmern genannt:

  ich fühle mich gut gerüstet für die Intervision / ob das Üben hier erfolgreich war, wird sich in der Peergruppe erweisen / ich habe die Methodik gelernt, das Ziel ist erreicht, das ist okay /

ich habe noch ein Quäntchen Skepsis: Wenn es ‚heavy cases' gibt – ob das gut geht? / ich sehe gute Chancen, dass die Peergruppen-Intervision was erreicht / ich freue mich riesig auf die Intervision / ich habe eine gute Struktur bekommen mit den Instrumenten / ich habe Lust auf mehr Intervision bekommen / ich bin etwas skeptisch aus der Erfahrung der Supervision / die Ziele dieses Starthilfeseminars sind für mich erreicht / ich habe den Lernprozess begriffen, die Peergruppe braucht viel Disziplin / ich kann mich nun sehr gut in den Ablauf hineindenken / ich bin gespannt, ob es auch in der Praxis gut läuft / ich gehe mit einem positiven Eindruck in die Intervision / die Intervision ist intus, ich fühle mich befähigt, das zu praktizieren / ich freue mich auf die erste Intervision

In den Rückmeldungen spiegeln sich eine positive Einstellung der Seminarteilnehmer zu Seminar und Methodik sowie Zuversicht bezogen auf die nachfolgende kollegiale Beratung in den Peergruppen. Aus diesen Reaktionen kann abgeleitet werden, dass die in Tabelle 1 (S. 142) differenziert aufgeführten unmittelbaren Ziele der Einführungsseminare auf kognitiver, affektiver und behavioraler Ebene als weitgehend erreicht gewertet werden können. Die Seminarleiter nahmen zudem auf, dass die mindestens sechs kollegialen Beratungen in jedem Seminar zum einen konzeptgemäß realisiert und zum anderen von Beratenen und Beratenden als erfolg- und erkenntnisreich bewertet wurden. Die Seminarleiter beobachteten weiter, dass im Lauf eines Seminars die Sicherheit der Teilnehmer hinsichtlich der Methodik der kollegialen Beratung zunahm, sowohl im Umgang mit dem Ablaufschema als auch in der Ausgestaltung der Rollen im Beratungsprozess.

Gestützt auf diese Quellen resultiert insgesamt die Einschätzung, dass die gesetzten Seminarziele bezogen auf die Teilnehmer erreicht wurden. Das übergeordnete Ziel, alle Teilnehmer am PGI-Programm durch ein Einführungsseminar im Umgang mit der Methodik der kollegialen Beratung zu qualifizieren, wurde für die abwesenden Programmteilnehmer folglich nicht erreicht. Insgesamt kann jedoch dieses Element der zu evaluierenden Intervention zur kollegialen Beratung bezogen auf die große Mehrheit der PGI-Programmteilnehmer als konzeptgemäß und die mit dem Element verbundenen Ziele bei der geschilderten Einschränkung als erreicht gewertet werden.

Kritisch bewertet werden muss, bezogen auf die Einführungsseminare, die Entscheidung, die deutschsprachigen Seminare aus terminlichen Gründen peergruppenübergreifend zu realisieren. Als Folge nahmen Mitglieder einer jeden späteren Peergruppe an verschiedenen Seminaren teil. So entfiel die Möglichkeit, bereits im Seminar als Peergruppe miteinander vertraut zu werden und Routine darin zu entwickeln, kollegiale Beratung durchzuführen. Die für die Ausbildung der Gruppenkohäsion und für die Arbeitsfähigkeit einer Peergruppe bedeutende Anfangsphase wurde deshalb auf das erste selbst organisierte Peergruppentreffen verlagert, bei dem ein systematisches Vorgehen nicht vorgesehen und nicht gewährleistet war. Die meisten der Peergruppen im PGI-Programm konnten diesen Nachteil offenbar kompensieren, möglicherweise aber nicht in dem Ausmaß, in dem das Vertrauen und die Offenheit, einander im Kreis von Gleichrangigen von schwierigen beruflichen Situationen zu berichten, von Anfang an ausreichend ausgebildet worden wären. Auch mit Blick auf Rückmeldungen von Teilnehmern, die in ihrer Peergruppe Einschränkungen von Offenheit, Vertrauen und Verbundenheit sahen (vgl. Abschnitt 5.2.5.3), ist anzunehmen, dass diese Entscheidung nachteilige Auswirkungen auf die Arbeitsfähigkeit der Peergruppen hatte.

5.2.4 *Workshop zum Erfahrungsaustausch und zur Methodenvertiefung*

Die gezielte Reflexion von kollegialer Beratung hilft Žorga et al. (2001) zufolge, die Qualität der Beratungsprozesse zu fördern. Um die Qualität der kollegialen Beratungsprozesse in den Peergruppen des PGI-Programms systematisch zu sichern und zu entwickeln, war deshalb als weiteres unterstützendes Element der Intervention vom Autor empfohlen worden, jeder Gruppe nach den ersten zwei selbständigen Peergruppentreffen einen Supervisionstag anzubieten, bei dem die Gruppen kollegiale Beratungen durchführen und diese Prozesse unter Anleitung eines Supervisors gemeinsam reflektiert und verbessert werden. Dieser Vorschlag wurde jedoch vom Leiter der FKE-Abteilung aus Budgetgründen verworfen.

5.2.4.1 Konzeption des Workshops

Als Alternative wurde das Konzept eines Workshops entwickelt, mit dem die Qualität sichernde Funktion von Supervisionstagen für die Intervention wenigstens zum Teil erfüllt werden sollte. An diesem Workshop, der etwa zur Hälfte des PGI-Programms stattfinden sollte, sollten zwei Mitglieder jeder Peergruppe als delegierte Stellvertreter teilnehmen und gewonnene Erkenntnisse an ihre Gruppe weitergeben. Der Workshop sollte darüber hinaus die folgenden mittelbaren Funktionen erfüllen:

- Den Peergruppen werden über die Delegierten Anstöße gegeben, die Qualität der kollegialen Beratungsprozesse weiterzuentwickeln.

- Über die Delegierten erfahren die Peergruppen von den bisherigen Peergruppenprozessen.
- Die Workshopleiter erfahren von möglichen Schwierigkeiten in den Peergruppen und können den Delegierten im Workshop Hilfestellung geben. Wenn sie gravierende Störungen bemerken, können sie der FKE-Abteilung Interventionen für einzelne Peergruppen vorschlagen.
- Der Programmcharakter des PGI-Programms wird durch ein zentrales Angebot gegenüber den Peergruppen unterstrichen, die sonst selbst organisiert und dezentral arbeiten.
- Um den Teilnehmern aus der französischsprachigen Peergruppe gerecht werden zu können, wird der Workshop zweisprachig – Deutsch und Französisch – durchgeführt.

Im Hinblick auf diese Funktionen wurde das nachfolgend beschriebene Konzept für einen Workshop entwickelt, der dem Erfahrungsaustausch zwischen den Peergruppen dient und mit dem Methoden- und Anwendungskompetenzen der Workshopteilnehmer erweitert werden. Der Workshop enthält damit sowohl Seminar- als auch Supervisionselemente.

Ziele des Workshops

Die unmittelbaren Ziele des Workshops auf kognitiver, affektiver und behavioraler Ebene sind in Tabelle 3 auf S. 150 dargestellt.

Inhalte des Workshops

Die Schwerpunkte liegen im wechselseitigen Austausch der Teilnehmer, der Orientierung über den bisherigen Verlauf von Gruppen- und Beratungsprozessen in den Peergruppen und der Entwicklung von Lösungsmöglichkeiten für Fragen, welche die Teilnehmer bezogen auf ihre Peergruppe oder die Methode mitbringen. Die konkreten Inhalte bezogen auf den dritten Schwerpunkt werden erst im Workshop von den Teilnehmern benannt. Ein weiterer Schwerpunkt besteht darin, kollegiale Beratung zu üben und die Beratungsprozesse zu reflektieren. Und es werden weitere Methodenbausteine der Konzeption von kollegialer Beratung nach Tietze (2003) vermittelt und, wenn sie passen, in kollegialen Beratungsprozessen erprobt.

Tabelle 3: Ziele des Workshops zum Erfahrungsaustausch und zur Methodenvertiefung

Ebene	**Ziele**
Kognitive Ebene	Die Teilnehmer wissen, welchen Verlauf die jeweils anderen Peergruppen seit Beginn des PGI-Programms genommen haben. Die Teilnehmer haben Antworten auf offene Fragen ihrer Peergruppe zum Beratungs- oder Gruppenprozess erhalten. Die Beteiligten haben Orientierung darüber erhalten, wie das Programm bisher verlief und welchen Unterstützungsbedarf die Peergruppen haben. Die Teilnehmer haben größeres Wissen über das Ablaufschema und Beratungsmethoden entwickelt.
Affektive Ebene	Die Teilnehmer haben mehrere Prozesse der kollegialen Beratung erfahren und sich dabei in verschiedenen Rollen erlebt. Die Teilnehmer haben verschiedene erfolgreiche kollegiale Beratungen erlebt. Die beratenen Teilnehmer haben eigene Fälle zufrieden stellend weiterentwickeln können. Die Teilnehmer haben größere Sicherheit darin entwickelt, kollegiale Beratungen durchzuführen. Die Teilnehmer haben eine positive Einstellung zu kollegialer Beratung verstärkt. Die Teilnehmer haben eine größere Verbundenheit mit dem PGI-Programm entwickelt. Die Teilnehmer sind zuversichtlich, dass die weitere Arbeit in den Peergruppen bis zum Ende des PGI-Programms gelingen kann.
Behaviorale Ebene	Die Teilnehmer können kollegiale Beratungsprozesse in Peergruppen selbständig und orientiert am Anliegen des Beratenen durchführen. Die Teilnehmer können den übrigen Mitgliedern ihrer Peergruppe die Informationen und Erlebnisse des Workshops vermitteln.

Methoden des Workshops

Die didaktischen Elemente für die Erweiterung der theoretischen und praktischen Methodenkompetenzen der Teilnehmer entsprechen denen des Einführungsseminars (vgl. Abschnitt 5.2.3) mit dem Unterschied, dass kollegiale Beratungen von Anfang an von Workshopteilnehmern moderiert werden. Hinzu kommt die moderierte Problemlösemethodik (vgl. Kießling-Sonntag, 2003) als didaktisches Verfahren für Themen, die sich aus den Fragen der Delegierten bzw. ihrer Peergruppen ergeben.

Tabelle 4: Ablauf des Workshops zum Erfahrungsaustausch und zur Methodenvertiefung

1. Tag des Workshops	
Schritt	**Funktion**
Vorstellung der Workshopleiter und der Teilnehmer, Abfrage der Teilnehmererwartungen	kennen lernen der Workshopteilnehmer
Vorstellung von Zielen, Inhalten, Ablauf, Rollen, Regeln und Arbeitsweise des Workshops	schließen eines Kontrakts als Grundlage für die Kooperation während des Workshops
Teilnehmer berichten über den bisherigen Prozess in den Peergruppen, zum Umgang mit dem Ablaufschema und den Methoden, zu Erfolgen und erlebten Schwierigkeiten	orientieren zum bisherigen Prozess in den Peergruppen und erheben von Klärungs- und Antwortbedarf
Sammlung von Praxisfällen aus dem Teilnehmerkreis als potenzielle Übungsfälle für das Seminar	Praxisrelevanz und -bezug herstellen; Beispiel geben für das Sammeln von Praxisfällen in Peergruppentreffen
Erste kollegiale Beratung, ein Teilnehmer in der Rolle des Moderators	erleben einer kollegialen Beratung; heranführen von Teilnehmern an die Moderatorenrolle
Auswertung und Reflexion der kollegialen Beratung	verstehen des erlebten Beratungsprozesses und seiner Bestandteile
Fragen aus den Peergruppen/zur Peergruppe	entwickeln von Antworten/Lösungen für Fragen/Probleme von Peergruppen
Zweite kollegiale Beratung, Auswertung und Reflexion	(wie die erste kollegiale Beratung)
2. Tag des Workshops	
Kurzvortrag zu zwei weiteren Methodenbausteinen	erweitern des Methodenspektrums der Teilnehmer
Dritte kollegiale Beratung, Auswertung und Reflexion	(wie die erste kollegiale Beratung)
Fragen aus den Peergruppen/zur Peergruppe	entwickeln von Antworten/Lösungen für Fragen/Probleme von Peergruppen
Vierte kollegiale Beratung, Auswertung und Reflexion	(wie die erste kollegiale Beratung)
Reflexion dessen, was die Teilnehmer als Delegierte an ihre Peergruppen weitergeben wollen und werden	vorbereiten und fokussieren der inhaltlichen Impulse der Delegierten für ihre Peergruppen
Abschlussrunde und Rückmeldungen zum Workshop	Workshopprozess bewerten und abschließen

Ablaufkonzeption des Workshops

Mit Blick auf die formulierten Ziele und die bestimmten Inhalte des Workshops wurde der in Tabelle 4 auf S. 151 dargestellte Ablauf konzipiert, gegliedert nach Schritten und zugehörigen Funktionen.

5.2.4.2 Realisierung des Workshops

Der im Mai 2004 realisierte Workshop entsprach der in Tabelle 4 auf S. 151 dargestellten Konzeption. In der Personenkonstellation ergaben sich drei Abweichungen. Es nahmen lediglich sechs Mitglieder aus fünf Peergruppen teil – nur eine Gruppe entsandte zwei Mitglieder. Von Peergruppe 3 war keine Person (vgl. Abschnitt 5.2.5) vertreten. Geleitet wurde der Workshop vom Autor und einer Personalentwicklerin der FKE-Abteilung. Die Entscheidung für diese Leitungskonstellation war getroffen worden, als sich im Vorfeld abzeichnete, dass ein Sprachproblem mit dem Mitglied der französischsprachigen Peergruppe nicht zu erwarten war.

Wie geplant lag ein Schwerpunkt des Workshops in der Orientierung und im Austausch über das bisherige Geschehen in den Peergruppen. Die Delegierten berichteten vom Verlauf seit den Einführungsseminaren, von Anzahl und zeitlichem Umfang bisheriger Treffen, der Zahl anwesender Gruppenmitglieder sowie der Anzahl an Fallberatungsprozessen. Bezogen auf die gruppeninterne Kooperation gaben die Teilnehmer an, dass in ihren Peergruppen Wille und Engagement zur kollegialen Beratung bestünden. Aus zwei Peergruppen wurde berichtet, dass sich Vertrauen und Offenheit untereinander noch weiter entwickeln müssten. Eine Peergruppe erlebte, dass ihre Mitglieder Schwierigkeiten hatten, Fälle zur kollegialen Beratung zu benennen. Für diese beiden Themen wurden im Workshop Lösungsmöglichkeiten und Empfehlungen entwickelt. Bezogen auf den Umgang mit der Methode der kollegialen Beratung wurden keine Probleme mitgeteilt. Es wurden zudem vier Fälle kollegial beraten, jeweils moderiert durch einen Workshopteilnehmer. Die Prozesse der kollegialen Beratungen wurden jeweils anschließend reflektiert.

5.2.4.3 Bewertung des Workshops

Mit Blick auf die schriftlich erhobenen Rückmeldungen[40] der Workshopteilnehmer wurden die unmittelbaren Ziele des Workshops offenbar erfüllt (vgl. Tabelle 3 auf S. 150). Die Beteiligten äußerten eine hohe Zufriedenheit mit den Inhalten und mit dem Workshopprozess. Teilnehmer notierten, dass sie die Methodik zur kollegialen Beratung nach dem Workshop besser anwenden könnten, dass sie ihren Peergruppen neue Motivation und positive Eindrücke geben könnten sowie dass sie nun wüssten, wo die übrigen Peergruppen stehen. Die Seminarleiter schätzten die Qualität der vier während des Workshops realisierten kollegialen Beratungsprozesse, die von den sechs Teilnehmern selbständig durchgeführt wurden, als hoch ein.

Mit der Entscheidung für das Delegiertenprinzip ging jedoch einher, dass durch dieses Element der Intervention nur wenige PGI-Programmteilnehmer direkt und die meisten Teilnehmer allenfalls indirekt erreicht wurden. Durch die geringe Teilnehmerzahl des Workshops muss davon ausgegangen werden, dass der beabsichtigte Effekt vermindert ausfiel. Die Mitglieder von einer der Peergruppen wurden weder direkt noch indirekt erreicht. Somit wurde das Ziel, die Peergruppen zu stärken und ihre Verbundenheit mit dem PGI-Programm zu fördern, nur bedingt erreicht. Zusammenfassend kann, bezogen auf den realisierten Workshop, bewertet werden, dass die beabsichtigten förderlichen Auswirkungen auf die Intervention vermutlich nur in geringem Umfang eintraten.

Das Hauptziel dieses Interventionselements, die Qualität der kollegialen Beratungen in den Peergruppen durch eine Maßnahme zur Reflexion zu sichern und zu entwickeln, wurde mit dem realisierten Workshop nur zu einem Teil erreicht.

5.2.5 *Kollegiale Beratung in den Peergruppen*

Die von den Mitgliedern innerhalb eines Jahres organisierten Peergruppentreffen und die darin gestalteten kollegialen Beratungsprozesse bilden das zentrale Element der Intervention. Ziel der Peergruppentreffen ist es, berufliche Themen in Form von Fallberatung mit Hilfe der Methodik kollegialer Beratung in einer über einen längeren Zeitraum bestehenden Peergruppe zu bearbeiten,

40 Kurz nach dem Workshop wurden die Resonanzen der Teilnehmer auf den Workshop durch die FKE-Abteilung mit einem Fragebogen erhoben.

wobei die Beratungsrollen reversibel sind und von Fall zu Fall wechseln. Als längerfristige Folge sollen sich die in Abschnitt 4.2 beschriebenen Wirkungen bezogen auf berufliche Handlungskompetenzen und berufliche Beanspruchungen einstellen.

Nach einer positiven Einschätzung der individuellen Voraussetzungen aufseiten der Teilnehmer und der Kompatibilität der Intervention mit organisationskulturellen Merkmalen (vgl. Abschnitt 5.1.2) werden mit der Zusammenstellung der Peergruppen (vgl. Abschnitt 5.2.2) und der Vermittlung methodischer Kompetenzen zur kollegialen Beratung (vgl. Abschnitt 5.2.3) weitere Weichen für die Arbeitsfähigkeit der Peergruppen und die Qualität der kollegialen Beratungen gestellt. Inwieweit kollegiale Beratung anschließend konzeptgemäß realisiert wird, hängt von den Beiträgen, den Haltungen, den Kompetenzen und den Interaktionen der Peergruppenmitglieder ab. Einfluss auf das Gelingen kollegialer Beratung nehmen zusätzlich situative Faktoren, wie z. B. ob ein geplantes Peergruppentreffen zustande kommt, welche Fälle die Mitglieder einbringen oder ob sich die Gruppendynamik begünstigend auf die Stabilität der Peergruppe und auf die Beratungsprozesse auswirkt.

5.2.5.1 Konzeption der kollegialen Beratung in den Peergruppen

Das Konzept des PGI-Programms sah für die Peergruppentreffen zur kollegialen Beratung folgende Merkmale vor:

- Die Phase der selbständigen kollegialen Beratung in den gebildeten Peergruppen beginnt nach den Einführungsseminaren und dauert bis zum Dezember 2004.
- Jede Peergruppe organisiert in diesem Zeitraum vier Peergruppentreffen mit einer Dauer von mindestens vier Stunden und nach Bedarf mehr. Die Organisation der Peergruppentreffen liegt in der Selbstverantwortung der Gruppenmitglieder.
- Im Fokus der Fälle stehen berufliche Themen der Teilnehmer.
- Bei der Gestaltung der kollegialen Beratungsprozesse orientieren sich die Peergruppen an dem im Einführungsseminar vermittelten Ablaufschema.
- Die Beratungsrollen werden von den Beteiligten von Fall zu Fall reziprok eingenommen.
- Informationen über kollegiale Beratungsprozesse sowie zu Fallinhalten verbleiben in den Peergruppen.

Diese Merkmale spiegeln die vier Kernmerkmale kollegialer Beratung wider (vgl. Abschnitt 2.1.3).

Datenerhebung zur Einschätzung der Realisierung

Bei der Frage der Erhebung von Daten aus den Peergruppen, mit denen für die vorliegende Studie eine Realisierung der kollegialen Beratungen eingeschätzt und hinsichtlich ihrer Konzepttreue bewertet werden kann, besteht ein substanzieller Konflikt zwischen den Interessen der Forschung und dem Charakter der Intervention. Um die Peergruppentreffen und die kollegialen Beratungen hinsichtlich ihrer Quantität und Qualität beschreiben und bewerten zu können, wäre einerseits aus Forschungssicht eine geeignete Datenerhebung zum Geschehen in den Peergruppen erforderlich – z. B. durch direkte Beobachtung, durch audiovisuelle Aufzeichnung oder durch eine hochwertige schriftliche Dokumentation seitens der Teilnehmer. Die Beobachtung der Peergruppentreffen oder die Erwartung einer Dokumentation stehen andererseits jedoch in Widerspruch zur Autonomie und Selbstverantwortung der Peergruppen sowie zum freiwilligen und vertraulichen Charakter der kollegialen Beratung, der die Beratung sensibler Informationen ermöglichen soll. Es ist zudem anzunehmen, dass eine Dokumentation der Fallberatungsprozesse durch die Beratenen wahrscheinlich die Intervention bedeutsam verändert. Und schließlich besteht die Gefahr, dass eine Dokumentation, die vorrangig im Interesse der Forschung liegt, von den Teilnehmern als unverhältnismäßiger Aufwand bewertet wird. Eine durch den Dokumentationsaufwand evozierte verschlechterte Aufwand-Nutzen-Bilanz könnte zu einer Verringerung der Motivation zur kollegialen Beratung führen.

Um zu vermeiden, die Intervention bedeutsam zu modifizieren oder zu gefährden, wurde entschieden, von einer umfangreichen Datenerhebung zum Geschehen in den Peergruppen abzusehen. Dadurch wurde in Kauf genommen, dass eine aus wissenschaftlicher Sicht optimale Einschätzung der kollegialen Beratung in den Peergruppen nicht erreicht werden kann. So wurde stattdessen entschieden, alternative Wege zu beschreiten, um die Realisierung der kollegialen Beratung in den Peergruppen einschätzen zu können. Es wurde geplant, Informationen zu erheben, aus denen sich Quantität und Qualität der kollegialen Beratung in den Peergruppen schließen lassen, ohne dass sich Art und Umfang der Erhebung invasiv auf die Intervention auswirken:

- Informationen zu den Peergruppentreffen zwischen den Einführungsseminaren und Mai 2004 werden beim Workshop zum Erfahrungsaustausch und zur Methodenvertiefung (Abschnitt 5.2.4, S. 148) erhoben.
- Die Teilnehmer werden gebeten, auf freiwilliger Basis Inhalte der kollegialen Beratungen zu dokumentieren, die sie als Beratene erlebt haben. Dies dient dazu, einschätzen zu können, ob die eingebrachten Fälle konzeptgemäße Merkmale (vgl. Abschnitt 3.1.1) aufweisen und inwieweit sich die kollegialen Beratungen am vermittelten Ablaufschema orientieren. Hierzu sollten die Beratenen Stichworte zu den Inhalten des Beratungsprozesses in chronologischer Reihenfolge notieren.
- Die Sicht der Teilnehmer zur kollegialen Beratung wird mit einem einfachen Evaluationsfragebogen nach dem offiziellen Ende des PGI-Programms im Dezember 2004 erhoben.
- Nach Ende des PGI-Programms werden die Ansprechpartner der Peergruppen gebeten, Auskunft über die Peergruppentreffen zur kollegialen Beratung im definierten Zeitraum des PGI-Programms zu geben.

Optionale Unterstützung der Peergruppen

In Peergruppen können Fragen zum praktischen Umgang mit der Methodik entstehen, bei denen gruppenexternes Methodenwissen erforderlich ist, um sie zu beantworten. Zudem können Spannungen und Konflikte entstehen, welche die Qualität der kollegialen Beratungen mindern, die Kohäsion der Peergruppe empfindlich stören und sogar ihren Erhalt gefährden können. Bei gruppendynamischen Problemen, die nicht von den Mitgliedern selber bewältigt werden können, wird empfohlen, einen Supervisor hinzuzuziehen (vgl. Abschnitt 3.4.3).

Im Konzept des PGI-Programms war deshalb verankert, allen Peergruppen auf Anfrage Unterstützung anzubieten, einerseits um die Arbeitsfähigkeit auf der Beratungsprozessebene durch zusätzliches, abrufbares Methodenwissen zu stützen, und andererseits um die Arbeitsfähigkeit auf Gruppenprozessebene wiederherzustellen, falls diese durch schädliche gruppendynamische Prozesse beeinträchtigt ist. Das Konzept sah folgende Maßnahmen vor:

- Bei Fragen zur Methodik wendet sich die Peergruppe telefonisch oder per E-Mail an den deutschsprachigen Seminarleiter oder an die französischsprachige Seminarleiterin.

- Bei gruppenbezogenen Schwierigkeiten wendet sich die Peergruppe optional an die Personalentwicklerin der FKE-Abteilung. Diese entscheidet, welche Unterstützung die Peergruppe erhält. Hierfür stehen ausgebildete Supervisoren für Teamsupervision in deutscher bzw. französischer Sprache zur Verfügung.
- Über beide Möglichkeiten und die dazugehörigen Verfahrensweisen werden die Teilnehmer schriftlich und mündlich informiert.

5.2.5.2 Realisierung der kollegialen Beratung in den Peergruppen

Die sechs Peergruppen, die am PGI-Programm teilnahmen, verabredeten sich in der Zeit nach dem Einführungsseminar selbst organisiert zur kollegialen Beratung. Die Beschreibung der Realisierung wird nach der Quantität der Peergruppentreffen und der Qualität der kollegialen Beratungen unterschieden.

Realisierung der Quantität der Peergruppentreffen

Alle Peergruppen trafen sich im Zeitraum des PGI-Programms mindestens dreimal (vgl. Tabelle 5). Die Erwartung an die Peergruppen, mindestens vier Treffen zu organisieren, wurde von drei Gruppen nicht erfüllt. Peergruppe 4 traf sich sechsmal. Peergruppe 6 organisierte drei Treffen, die jeweils einen ganzen Tag dauerten.

Tabelle 5: Anzahl der Peergruppentreffen zwischen Dezember 2003 und Dezember 2004

Peergruppe	**1**	**2**	**3**	**4**	**5**	**6**
Anzahl Treffen	3	4	3	6	4	3

Bis zum Mai 2004 hatten sich fünf von sechs Peergruppen seit den Einführungsseminaren zweimal zur kollegialen Beratung getroffen. Eine Peergruppe hatte erst ein ganztägiges Treffen verwirklicht, weil deren Mitglieder weitere Anfahrtswege hatten. Anwesend waren bei jedem der bisherigen Treffen zwischen sechs und acht Gruppenmitglieder. Diese hatten einen zeitlichen Umfang von vier bis acht Stunden. Mit Schwerpunkt auf zwei kollegiale Beratungen in vier Stunden waren bei den Peergruppentreffen zwischen zwei und sechs Fällen kollegial beraten worden.

Berichten von Peergruppenmitgliedern beim Workshop zum Erfahrungsaustausch und zur Methodenvertiefung (vgl. Abschnitt 5.2.4) war zu entnehmen, dass viele der Programmteilnehmer ohne Einführungsseminar auch an den weiteren Peergruppentreffen nicht teilgenommen hatten und somit aus dem PGI-Programm ausgeschieden waren. Auch andere Teilnehmer verließen das Programm, ohne dass Gründe hierfür ermittelt werden konnten. Die Gesamtzahl der Teilnehmer am PGI-Programm reduzierte sich nach diesen Informationen auf etwa 45 Personen in sechs Peergruppen.

Realisierung der Qualität der kollegialen Beratungsprozesse

Als Kriterien für die Qualität der kollegialen Beratungsprozesse können gelten, (1) inwieweit sich die Peergruppen am vermittelten Ablaufschema orientieren, (2) inwieweit im Beratungsprozess eine Vielfalt an verschiedenen Perspektiven auf den Fall mobilisiert wird und (3) inwieweit die Beteiligten zufrieden mit dem Prozess und dem Ergebnis der kollegialen Beratung sind. Eine – bezogen auf diese Kriterien – hohe Qualität der kollegialen Beratungsprozesse zu fördern war zentraler Zweck aller Interventionselemente. Da sich Qualität kaum beschreiben lässt, ohne dabei Einschätzungen vorzunehmen, enthalten die folgenden Ausführungen zur Qualität der kollegialen Beratungsprozesse bereits bewertende Momente.

Um die Güte der kollegialen Beratungsprozesse in den Peergruppen einzuschätzen, können folgende Indikatoren sowie Beobachtungen der jeweiligen Leiter der Einführungsseminare und des Workshops herangezogen werden:

- Nach Beobachtungen der beiden Seminarleiter nahm die Qualität der kollegialen Beratungen im Verlauf eines jeden Einführungsseminars kontinuierlich zu und konnte am Ende durchgängig als hoch bewertet werden (vgl. Abschnitt 5.2.3.3). Die Ausgangsbedingungen für eine gute Qualität der Beratungsprozesse können demnach als günstig bewertet werden.
- Aus den Rückmeldungen der Teilnehmer am Ende der Einführungsseminare (vgl. Abschnitt 5.2.3.3) wird ersichtlich, dass viele Peergruppenmitglieder die Methodik positiv beurteilten und einschätzten, dass sie mit dieser Methodik gerne arbeiten werden würden.
- Die positiven Bewertungen zu Methodik und Nutzen der kollegialen Beratung, die sich in den Antworten des Evaluationsbogens (vgl. Tabelle 30,

S. 260) finden, begründen die Annahme, dass in einigen Peergruppen eine gute Qualität der kollegialen Beratungen erzielt wurde.

- Während des Workshops beobachteten die beiden Leiter vier kollegiale Beratungsprozesse, die von den aus verschiedenen Peergruppen stammenden Workshopteilnehmern selbständig durchgeführt wurden. Diese vier kollegialen Beratungen wurden von den Workshopleitern als konzeptgemäß und qualitativ hochwertig eingeschätzt. Daraus kann abgeleitet werden, dass in den Peergruppen grundsätzlich ausreichende Kompetenzen für gute kollegiale Beratungen angelegt waren.
- Rückmeldungen von Teilnehmern im Evaluationsbogen (vgl. Tabelle 30, S. 260) ist zu entnehmen, dass gruppenbezogene Merkmale, die sich förderlich auf die Beratungsqualität auswirken, wie Offenheit, Vertrauen und Kohäsion, nicht in allen Peergruppen gleichermaßen hinreichend ausgebildet waren.
- Von Teilnehmern thematisierte Schwierigkeiten, in einem Teil der Peergruppen geeignete Fallthemen zu finden oder Gruppentreffen gemeinsam zu organisieren, weisen auf Aspekte hin, die Qualitätseinschränkungen auf der Beratungsprozessebene bedeuten können.

Der Bitte um eine Dokumentation ihrer kollegialen Beratungsprozesse kamen 12 Teilnehmer aus fünf Peergruppen nach, aus jeder dieser Gruppen mindestens zwei. Die folgenden acht Fallbeschreibungen wurden vom Autor ausgewählt und auf eine kurze Situationsschilderung mit dazugehöriger Schlüsselfrage reduziert, um die zugesicherte Anonymität zu wahren[41].

> Nach der Schilderung der beratenen Führungskraft über Umstrukturierungen und Stellen-Neubesetzungen in ihrem Bereich, nach der sie weniger berufliche Herausforderungen erlebte, ist die Frage: „Wie stelle ich sicher, dass Verantwortung und Herausforderungen im [Bereich] wieder bei mir landen?“
>
> Der Fallbericht dreht sich um Belastungen des Beratenen. Gleichzeitig sieht dieser eine attraktive Aufstiegschance, die jedoch weitere Mehrbelastungen mit sich bringen würde. Seine Fragestellung: „Soll ich mich bewerben?“
>
> Der Beratene berichtet über einen Projektleiter, dessen Leitungsverhalten er nicht zieldienlich wahrnimmt. Sein Klärungswunsch: „Wie bringe ich den Projektleiter dazu, auf uns einzugehen und unsere Anliegen zu verstehen?“
>
> Im Mittelpunkt der Fallerzählung steht eine neue Projektassistentin, deren Arbeitsverhalten der Beratene als Vorgesetzter kritisch sieht. Frage: „Mit welchen Methoden kann die neue Projektassistentin in die neue Umgebung und Arbeitsweise eingeführt werden?“

---

41 Bei den anderen vier Skizzen erscheinen die Fallschilderungen zu speziell, um dies zu gewährleisten.

Bei der Planung möglicher Umstrukturierungen erlebt der Beratene unbefriedigendes Kooperationsverhalten von Mitarbeitern eines anderen Bereichs. Sein Klärungsziel: „Wie bringe ich die Mitarbeiter [des anderen Bereichs] dazu, konstruktiv an einem mir wichtigen Vorhaben teilzunehmen?"

Berichtet wird über einen Mitarbeiter, der meist alleine arbeite, nicht als hilfsbereit erlebt wird und keine Einmischung in seine Arbeit dulde. Die Fragestellung des Beratenen lautet: „Wie kann ich den Individualisten zum Teil der Gruppe werden lassen?"

Im Fall geht es um die Zusammenarbeit unter Teamleitern eines Bereichs, in dem er Aufgaben und Verantwortlichkeiten als ungleich verteilt beurteilt. Die Fragestellung des Beratenen: „Wie kann ich erreichen, dass sich die Verantwortlichkeiten auf alle Teamleiter gleichermaßen übertragen?"

Im Arbeitsbereich des Beratenen gab es eine Umstrukturierung, nach welcher er beobachtet, dass die Arbeit ungleichmäßig verteilt ist. Zudem erlebt er, dass Anerkennung für geleistete Arbeit sehr ungleich vergeben werde. Seine Frage an die Beratenden: „Wie würdet ihr euch in dieser Situation verhalten?"

Zur Frage, inwieweit sich die Peergruppen bei den kollegialen Beratungen am vermittelten Ablaufschema orientierten, bestehen folgende Anhaltspunkte:

- Die kollegiale Beratung mit dem Ablaufschema wurde in den Rückmeldungen der Teilnehmer zumeist positiv, in Einzelfällen aber auch negativ kommentiert (vgl. Tabelle 30, S. 260). Unabhängig von der Bewertung bedeutet dies, dass die Peergruppen mit dem Ablaufschema gearbeitet hatten.
- Aus der Dokumentation der 12 erstellten Fallberatungsskizzen wird ersichtlich, dass jeder dieser Fälle unter Verwendung des vermittelten Ablaufschemas kollegial beraten wurde.
- Die teilnehmenden Delegierten der Peergruppen beim Workshop zum Erfahrungsaustausch und zur Methodenvertiefung berichteten, dass bis zum Mai 2004 keine der Peergruppen Schwierigkeiten mit dem vermittelten Ablaufschema erlebt hatte.
- Die Mitglieder einer Peergruppe entschieden nach zwei Treffen, sich nicht mehr am Ablaufschema zur kollegialen Beratung zu orientieren, sich jedoch weiterhin zum Austausch über berufliche Praxisfälle zu treffen. Sie begründeten ihre Entscheidung damit, dass sie die vermittelte Ablaufstruktur als ungeeignet beurteilten, ihre beruflichen Themen zu bearbeiten[42].

42 Der Vorschlag der Personalentwicklerin, die kollegiale Beratung mit dem Ablaufschema wiederaufzunehmen, wurde von den Gruppenmitgliedern abgelehnt. Als Erklärung für die Entscheidung kann ein Faktor identifiziert werden, der sich vermutlich bedeutend auf die me-

Insgesamt kann mit Bezug auf diese Quellen eingeschätzt werden, dass die kollegialen Beratungsprozesse hinsichtlich der genannten drei Kriterien weitgehend von akzeptabler Qualität verlaufen sein dürften.

Realisierung der Teilnehmerbefragung zur kollegialen Beratung in den Peergruppen

Der Evaluationsbogen zur Intervention wurde vom Autor erstellt und den Teilnehmern des PGI-Programms im Dezember 2004 als PDF-Datei per E-Mail zugestellt (Dokument 10, S. 280). Die französischsprachigen Teilnehmer erhielten eine ins Französische übersetzte Version (Dokument 11, S. 282). Von 45 Teilnehmern wurden 21 Fragebogen zurückgesandt, was einer Rücklaufquote von 45% entspricht. Dabei war der Rücklauf aus den verschiedenen Peergruppen unterschiedlich (vgl. Tabelle 6), aus Peergruppe 3 angesichts der oben geschilderten Entwicklung erwartungsgemäß am geringsten.

Tabelle 6: Rücklauf der Fragebogen zum PGI-Programm aus den Peergruppen

Peergruppe	**1**	**2**	**3**	**4**	**5**	**6**
Fragebogen	6	6	1	3	3	2

Realisierung der optionalen begleitenden Unterstützung für die Peergruppen

Die Information der Teilnehmer zur optionalen Unterstützung der Peergruppen wurde konzeptgemäß realisiert. Im Lauf des PGI-Programms fragte keine Peergruppe um Unterstützung an, weder zu methodischen Fragen noch aus Anlass von gruppeninternen Schwierigkeiten.

thodische Arbeitsfähigkeit dieser Peergruppe ausgewirkt hatte. Von ihren zehn Mitgliedern hatten lediglich drei an Einführungsseminaren teilgenommen. Die übrigen sieben Mitglieder konnten mit dem vermittelten Modell keine praktischen Erfahrungen, keine emotionalen Erlebnisse und keine positiv verlaufenen Beratungsprozesse verbinden. Bezogen auf die Arbeitsfähigkeit aller Peergruppen sowie für die Qualität der kollegialen Beratungsprozesse sollte daher die Entscheidung kritisch bewertet werden, Programmteilnehmern ohne Einführungsseminar die weitere Teilnahme zu ermöglichen.

5.2.5.3 Bewertung der kollegialen Beratung in den Peergruppen durch die Teilnehmer

Das PGI-Programm wurde von den 21 antwortenden Teilnehmern insgesamt positiv beurteilt (vgl. Tabelle 30, S. 260). So gaben 15 Personen an, erneut an kollegialer Beratung teilnehmen zu wollen, wenn die Gelegenheit dazu bestünde, und 19 Antwortende würden anderen empfehlen, daran teilzunehmen. Begründet wurden die positiven Voten mit guten Erfahrungen mit der Methodik der kollegialen Beratung selber, mit dem in Beratungsprozessen erlebten konstruktiven Austausch von Gedanken und Erfahrungen, mit dem Kennen lernen anderer Sichtweisen sowie mit positiven Lernerlebnissen. Zudem wurden die Kontakte zu anderen Teilnehmern und die Netzwerkbildung über die kollegiale Beratung hinaus mehrfach positiv hervorgehoben. Als Gründe der übrigen sechs Antwortenden dafür, nicht selber erneut teilnehmen zu wollen, wurden vor allem ein erlebter hoher Zeitaufwand für die Peergruppentreffen und eine geringe Zahl anwesender Mitglieder in einer Peergruppe angegeben.

Bei der Betrachtung von Antworten auf offene Fragen dazu, was Teilnehmern gefallen bzw. nicht gefallen hatte, lässt sich erkennen, dass die Idee der kollegialen Beratung und die erlebten Peergruppenprozesse differenziert bewertet wurden.

- Das Prinzip des Austauschs und der Hilfestellung zu beruflichen Problemen hoben viele der antwortenden Teilnehmer sehr positiv hervor, ebenso wie die erlernte Methodik der kollegialen Beratung und den Nutzen, den die Teilnehmer aus den Peergruppentreffen hätten ziehen können. Einige der Antwortenden hätten sich eine höhere Anzahl an Peergruppentreffen gewünscht.
- Angegeben wurde von Teilnehmern eine hohe Zufriedenheit mit der eigenen Peergruppe. Die Zusammenarbeit darin wurde als konstruktiv bewertet und die Atmosphäre der Peergruppentreffen als angenehm.
- Einige Teilnehmer bemängelten, dass ihnen Offenheit und Vertrauen in ihrer Peergruppe fehlten und dass es, damit zusammenhängend, offenbar schwieriger war, Fälle zu benennen bzw. zu finden. Eine Rolle spielte für sie dabei, dass ihnen andere Mitglieder zu wenig bekannt waren, um persönliche berufliche Themen offener anzusprechen. Für andere war bedeutsam, dass unmittelbare Arbeitskollegen in ihrer Peergruppe anwesend waren, was ihre Offenheit beeinträchtigte.

- Einige Teilnehmer kritisierten eine mangelnde Verbundenheit von anderen Teilnehmern mit der Peergruppe, die sich in fehlendem Zusammenhalt, vermindertem Engagement sowie in der Verschiebung von verabredeten Treffen niederschlug. Negativ wurde auch ein verhältnismäßig großer Reiseaufwand eingeschätzt, den einige Mitglieder von Peergruppen für die Treffen zur kollegialen Beratung hatten.

Zusammenfassend kann beobachtet werden, dass Aspekte, die der Ebene des Beratungsprozesses zugerechnet werden können, bei den antwortenden Teilnehmern durchweg positive Einschätzungen auslösten. Aspekte, welche sich auf die Peergruppen und die Gruppenprozessebene beziehen, erhielten sowohl positive als auch kritische Bewertungen.

5.2.5.4 Bewertung der kollegialen Beratung in den Peergruppen aus Forschungssicht

Bewertung der Quantität der kollegialen Beratungsprozesse

Die realisierte Quantität der Peergruppentreffen und damit die zeitliche Intensität dieses Interventionselements müssen als geringer beurteilt werden, als es konzeptgemäß vorgesehen war. Von drei Peergruppen wurde die erwartete Häufigkeit von vier Treffen erreicht oder überschritten, von drei Peergruppen unterschritten. Eine der letzteren führte jedoch zeitlich umfangreichere Treffen durch, wodurch die zeitliche Intensität des Erlebens kollegialer Beratung als zum Teil kompensiert bewertet werden kann.

Bewertung der Qualität der kollegialen Beratungsprozesse

Eine Abwägung der verschiedenen Indikatoren zur Qualität der kollegialen Beratungen führt zur begründeten Annahme, dass die kollegialen Beratungsprozesse in den Peergruppen tendenziell eine ausreichende Qualität aufwiesen, wenngleich eine optimale Ausprägung nicht erreicht wurde, weil Einflüsse auf der Ebene des Gruppenprozesses zu Beeinträchtigungen geführt hatten.

In Hinblick auf die Stichprobe der aufgezeichneten Fälle wird als wahrscheinlich eingeschätzt, dass die in den Peergruppen beratenen Fälle bezogen auf ihren Fokus den erforderlichen Fall-Charakter besaßen und sich daraus keine Einschränkungen für die kollegiale Beratungen ergaben. Darüber hinaus wird ersichtlich, dass vorrangig Führungs- und Managementthemen eingebracht wurden. Einschränkend muss angemerkt werden, dass die Stichprobe von Fallskizzen als unsystematisch erhoben gelten und als nicht repräsentativ bewertet werden muss.

Die Hinweise zur Verwendung des Ablaufschemas und zu seiner Bewertung durch die Teilnehmer und die dokumentierten kollegialen Beratungen führen zur Einschätzung, dass sich fünf von sechs Peergruppen in den kollegialen Beratungsprozessen an der vermittelten Methodik zur kollegialen Beratung orientierten. Für eine Peergruppe galt dies offenbar nur zu Beginn des PGI-Programms, weshalb die positive Bewertung für diese Peergruppe eingeschränkt werden muss. Eine weitere Einschränkung leitet sich aus den Erkenntnissen von Fiege (1999) ab, denen zufolge ein Einführungstraining zur kollegialen Beratung nur bedingt dazu führt, dass sich Peergruppen anschließend am vermittelten idealtypischen Ablauf orientieren.

Bewertung der optionalen begleitenden Unterstützung für die Peergruppen

Im Workshop zum Erfahrungsaustausch und zur Methodenvertiefung (vgl. Abschnitt 5.2.4) sowie in Teilnehmerrückmeldungen zum PGI-Programm wurden Schwierigkeiten thematisiert, die als relevant für die Beratungs- und Gruppenprozesse der Peergruppen eingeschätzt werden können. Als Erklärungen dafür, dass dennoch keine Unterstützung gesucht wurde, lassen sich mehrere Annahmen formulieren:

- Die Peergruppen haben die Relevanz erlebter Schwierigkeiten für kollegiale Beratungen und für den Gruppenprozess nicht adäquat einschätzen können.
- Die Peergruppen haben erlebte Schwierigkeiten nicht als veränderbar oder nicht als hinreichend veränderungswürdig eingeschätzt.
- Das Wissen um die Angebote ging in den Peergruppen nicht automatisch mit der Bereitschaft einher, sie anzunehmen.

Abweichend vom Konzept hat die angebotene Option der Unterstützung auf Anfrage nicht dazu beitragen können, die Güte der Intervention zu steigern bzw. mögliche Beeinträchtigungen der Qualität der kollegialen Beratungen und von Peergruppenprozessen zu mindern.

5.3 Zusammenfassende Bewertung der Intervention

Mit der Intervention war beabsichtigt, kollegiale Beratung als institutionalisierte Maßnahme zu verwirklichen, welche maßgeblich von den Teilnehmern selber organisiert und gestaltet wird. Das Kernelement dieser komplexen Intervention bestand in den Peergruppentreffen zur kollegialen Beratung, die vonseiten der Organisatoren nicht direkt gesteuert werden. Die weiteren Elemente dienten den Zwecken, die Voraussetzungen für die formatgetreue Realisierung des Kernelements zu schaffen, die Qualität der Beratungsprozesse zu fördern und schädliche Prozesse in den Peergruppen abzuwenden[43]. Aus der Gesamtschau der Bewertungen der einzelnen Interventionselemente resultiert die folgende summative Evaluation, welche auf qualitativen und quantitativen Daten fußt und sich auf den Interventionsprozess hinsichtlich seiner Konzepttreue bezieht.

Eine formatgemäße Realisierung des Kernelements kann mit Einschränkungen grundsätzlich als gelungen bewertet werden. Ziel war es, eine systematische, praxisorientierte berufliche Weiterentwicklung der Teilnehmer zu ermöglichen. Die Teilnehmer organisierten sich nach einer geeigneten methodischen Einführung in Peergruppen selbständig und führten in einem Zeitraum von bis zu 12 Monaten kollegiale Beratungsprozesse durch, bei denen berufliche Praxisfälle orientiert an einem Ablaufschema und mit reversiblen Beratungsrollen reflektiert wurden. Berichte aus den Peergruppen während eines Workshops mit Peergruppenvertretern, dokumentierte Fälle sowie Teilnehmerstimmen zur kollegialen Beratung in den Peergruppen stützen eine solche Bewertung bezogen auf die Beratungsprozessebene. Die Peergruppen führten im fraglichen Zeitraum bei drei bis sechs Treffen kollegiale Beratungsprozesse im Sinne des Formats durch. Dabei hatten Teilnehmer in den Rollen von Beratenen und Beratenden Gelegenheit, ihre Berufspraxis lösungsorientiert zu reflektieren, eigene Praxisfälle weiterzuentwickeln oder stellvertretend zu lernen. Damit können die vier Kernmerkmale kollegialer Beratung – Gruppenmodus, Fallberatung, Orientierung an einem Ablaufschema und Reversibilität der Beratungsrollen – als erfüllt gelten.

Zu dieser allgemein positiven Einschätzung der Intervention bezogen auf die große Mehrheit der Teilnehmer müssen gewisse Einschränkungen bezogen auf die Quantität der Peergruppentreffen und die Qualität der kollegialen Beratungsprozesse formuliert werden. Die erwartete Mindestanzahl von vier

43 Dies entspricht dem Prinzip der Kontextsteuerung für nicht instruktiv steuerbare soziale Systeme (vgl. Willke, 1994).

Peergruppentreffen wurde von drei Peergruppen unterschritten. Eine dieser Peergruppen orientierte sich nach zwei Treffen nicht mehr am vermittelten Ablaufschema, was durch einen hohen Anteil an Mitgliedern ohne methodische Kompetenzen erklärt werden kann. Es muss angenommen werden, dass die grundsätzlich befriedigende Qualität der kollegialen Beratungsprozesse in einigen Situationen durch gruppenprozessbezogene Faktoren beeinträchtigt wurde, welche sich in verminderter Offenheit und geschmälertem Vertrauen in einzelnen Peergruppen niederschlugen. Diesen Gruppeneinflüssen konnte mit den realisierten Interventionselementen nicht ausreichend begegnet werden. Unter Berücksichtigung dieser Einschränkungen kann insgesamt bewertet werden, dass die Intervention weitgehend formatgemäß realisiert wurde, jedoch von geringerer Intensität war als geplant.

6 Konzeption und Realisierung der Evaluation

Im Zentrum dieses Kapitels stehen das Design und die Realisierung der Untersuchung, mit welcher die Wirkungen der Intervention zur kollegialen Beratung (Kapitel 5) hinsichtlich der ausgewählten Fragestellungen (Abschnitt 4.1) überprüft werden. Nach Formulierung der Zielsetzung der Evaluation und der zu prüfenden (statistischen) Hypothesen (6.1) werden die Konzeption der Evaluation und die verwendeten Instrumente beschrieben (6.3). Es folgen eine Darstellung der realisierten Evaluation hinsichtlich Design und Datengewinnung (6.4), ein Überblick der statistischen Auswertungsverfahren (6.5) und die Beschreibung der Datenanalyse, mit der die Struktur der abhängigen Variablen erkundet wurde (6.6).

6.1 Zielsetzung der Evaluation

Das Ziel der Evaluation besteht darin, die in Kapitel 5 beschriebene Intervention zur kollegialen Beratung als unabhängige Variable hinsichtlich ihrer Wirkungen auf die abhängigen Variablen *berufliche Handlungskompetenzen* und *berufliche Beanspruchung* zu überprüfen. Damit handelt es sich um eine summative Evaluation, deren Zweck darin besteht, Programme zur Personalentwicklung (PE) abschließend zu bewerten (vgl. Solga, 2008). Der Fokus dieser Evaluation liegt in einer Wirksamkeitsanalyse. Bei Wirksamkeitsanalysen von PE-Maßnahmen werden nach Kirkpatrick (Kirkpatrick & Kirkpatrick, 2006) vier Ebenen unterschieden: *Reaktionen* (Resonanz der Teilnehmer), *Lernen* (erworbene Kenntnisse, Fertigkeiten und Einstellungen), *Verhalten* (Transfer des Gelernten in den Arbeitsalltag) und *Resultate* (Indikatoren des Unternehmenserfolgs). Die personenbezogenen Wirkungen einer längerfristigen Teilnahme an kollegialer Beratung (vgl. Abschnitte 2.6 und 4.1) und damit das Erkenntnisinteresse der Evaluation liegen in erster Linie auf der Ebene des Lernens (kognitiv, affektiv und behavioral; vgl. Solga, 2008) und in zweiter Linie auf der Ebene des Verhaltens in Form von Verhaltensänderungen, die wiederum zu kognitiven, affektiven und behavioralen Lernfortschritten beitragen sollen (vgl. Abschnitt 2.6.4): Beratene und Beratende reflektieren gemeinsam Praxisfälle und entwickeln dafür neue Bewertungs- und Handlungsoptionen, mit denen sich Ausschnitte beruflicher Praxis besser bewältigen lassen. Im Ergebnis sollen sich berufliche Handlungskompetenzen entwickeln und berufliche Beanspruchungen abbauen.

Ein wesentlicher Bestandteil der Gesamtintervention besteht darin, kollegiale Beratung zu praktizieren – vornehmlich in den Peergruppen, aber auch im Rahmen des Einführungsseminars und des Workshops für die Delegierten. Kollegiale Beratung bildet demnach die primäre, direkte Intervention, durch welche die beschriebenen Wirkungen hervorgerufen werden sollen. Andere Elemente der Intervention haben die Funktion, eine durch die Teilnehmer selbst gesteuerte Personalentwicklungsmaßnahme zu etablieren und die Arbeitsfähigkeit der Peergruppen in methodischer und psychosozialer Hinsicht herzustellen und aufrechtzuerhalten (vgl. Abschnitt 3.6). Sie können als sekundäre, indirekte Interventionen betrachtet werden, für die eigene Wirkungsgefüge zutreffen[44]. Es ist denkbar, dass auch diese theoretisch sekundären Interventionselemente in gewissem Ausmaß Einfluss auf die abhängigen Variablen nehmen, so dass sich später die Effekte der primären Intervention nicht vollständig isolieren lassen. Summativ evaluiert wird daher im Folgenden die gesamte Intervention zur kollegialen Beratung, einschließlich der Bestandteile, die zur Herstellung und Aufrechterhaltung der Arbeitsfähigkeit der Peergruppen dienen.

6.2 Statistische Hypothesen

Die inhaltlichen Fragestellungen und Untersuchungshypothesen der Evaluation leiten sich aus der Literatur- und Quellenanalyse zu den Wirkungen kollegialer Beratung ab (Abschnitt 2.6) und wurden in Abschnitt 4.1 dargestellt. Die zu prüfenden Unterschiedshypothesen für ein longitudinales Design werden gerichtet formuliert:

1. Bezogen auf relevante *berufliche Handlungskompetenzen* ist der Mittelwert in einer Population nach einer Intervention zur kollegialen Beratung signifikant größer als in einer Population ohne Intervention.

44 Die methodische Vermittlung z. B. hat einen anderen Fokus als die kollegiale Beratung in den Peergruppen und kann dementsprechend bei Teilnehmern andere Effekte auslösen.

$H_{1,1}$: $\mu_{IG;\,t2} > \mu_{KG;\,t2}$

$H_{0,1}$: $\mu_{IG;\,t2} \leq \mu_{KG;\,t2}$

2. Bezogen auf relevante *berufliche Beanspruchungen* ist der Mittelwert in einer Population nach einer Intervention zur kollegialen Beratung signifikant kleiner als in einer Population ohne Intervention.

$H_{1,2}$: $\mu_{IG;\,t2} < \mu_{KG;\,t2}$

$H_{0,2}$: $\mu_{IG;\,t2} \geq \mu_{KG;\,t2}$

Die Untersuchung verfolgt zum einen das Ziel, die vorgestellten Hypothesen empirisch zu überprüfen. Zudem hat sie erkundenden Charakter und versteht sich eher als explorativ denn als konfirmativ. Um diese statistischen Hypothesen zu überprüfen, gilt es, geeignete Datensätze von Stichproben beider Populationen zu gewinnen.

6.3 Konzeption der Evaluation

Die Evaluation der Intervention zur kollegialen Beratung wurde vom Autor konzipiert und mit dem Leiter der FKE-Abteilung des betreffenden Unternehmens abgestimmt.

6.3.1 Kennzeichen des Evaluationsdesigns

Zur Wahl eines Evaluationsdesigns bietet sich ein Vorgehen an, das Störfaktoren für die interne und externe Validität bestmöglich kontrolliert (Solga, 2008). Die Dauer der Intervention und die erwartete Anzahl der Interventionsteilnehmer erlauben einen longitudinalen, quantitativen Untersuchungsansatz. Für die vorliegende Untersuchung wird ein Zwei-Gruppen-Prätest-Posttest-Plan mit einer Kontrollgruppe gewählt (vgl. Bortz & Döring, 2006). Er ermöglicht die statistische Überprüfung gerichteter Hypothesen mit varianzanalytischen Methoden und ist dabei vergleichsweise ökonomisch zu realisieren (Bungard, Holling & Schultz-Gambard, 1996). Die Daten werden via Fragebogen zu zwei Messzeitpunkten erhoben – zu Beginn und nach Ende der

Intervention. Die Möglichkeit, durch die Wahl eines erweiterten Untersuchungsdesigns die interne und externe Validität der Evaluationsergebnisse zu steigern, wie die Einrichtung einer Warte- oder einer Plazebogruppe sowie eine Datenerhebung zu mehr als zwei Messzeitpunkten, werden aus organisatorischen Gründen und wegen des unverhältnismäßig großen zu erwartenden Aufwands verworfen.

Eine randomisierte Bildung von Interventions- und Kontrollgruppe, mit der sich Gefährdungen der internen Validität reduzieren lassen (vgl. Bortz & Döring, 2006), scheidet in dieser Studie aus organisatorischen und praktischen Erwägungen aus. Die Randomisierungsmöglichkeiten für Untersuchungen in Wirtschaftsunternehmen werden allgemein als begrenzt eingeschätzt (vgl. Bungard, 2007). Die Interventionsgruppe besteht aus Teilnehmern des FKE-Programms, die sich freiwillig zum PGI-Programm anmelden (vgl. Abschnitt 5.2.1). Die Mitglieder der Kontrollgruppe finden sich im gleichen Unternehmen, um etwaige Unterschiede bezogen auf die Unternehmenskultur zu minimieren (vgl. Bungard, 2007; Schein, 1992). Die Äquivalenz beider Untersuchungsgruppen wird überprüft anhand von persönlichen Daten, anhand der Verteilung von Führungstätigkeiten und von deren Merkmalen, anhand von Umfang und Art der Teilnahme an weiteren Personalentwicklungsmaßnahmen sowie anhand von Merkmalen der Arbeitstätigkeit und der Arbeitsbedingungen (vgl. Abschnitt 6.3.5). Es handelt sich somit um ein quasiexperimentelles Forschungsdesign (vgl. Tabelle 7).

Tabelle 7: Geplantes quasiexperimentelles Evaluationsdesign

	Messzeitpunkt t_1 Sept./Okt. 2003	Untersuchungszeitraum Sept./Okt. 2003 – Dez. 2004	Messzeitpunkt t_2 Dez. 2004
Interventionsgruppe	Fragebogen t_1	Intervention	Fragebogen t_2
Kontrollgruppe	Fragebogen t_1	keine Intervention	Fragebogen t_2

6.3.2 *Ermittlung der erforderlichen Stichprobengröße*

Die Bedeutsamkeit von statistisch signifikanten Effekten hängt zusammen mit der Größe der Stichprobe, von der erwarteten Effektstärke, von der Teststärke (1-β) und vom gewählten Signifikanzniveau (vgl. Bortz & Döring, 2006). Werden das Signifikanzniveau sowie eine akzeptable Teststärke festgelegt, und liegt die Schätzung der zu erwartenden Effektstärke vor, dann lässt sich aus diesen Daten ein optimaler Stichprobenumfang ermitteln. Erst wenn die Aussicht auf diese Mindest-Samplegröße und, damit verbunden, auf statistisch signifikante *und* praktisch bedeutsame Effekte besteht, dann sollte die Durchführung einer Untersuchung mit wissenschaftlichem Anspruch erwogen werden.

Das Signifikanzniveau für die Testung der Untersuchungshypothesen wurde auf $\alpha = .05$ festgelegt. Ein angemessener Wert für die Teststärke liegt bei $1\text{-}\beta = .80$ (Bortz & Döring, 2006). Bezogen auf die zu erwartende Effektstärke lagen zum Zeitpunkt der Untersuchungsplanung keine Erfahrungen aus früheren, vergleichbaren Forschungsarbeiten zur Evaluation von Wirkungen der Teilnahme an kollegialer Beratung vor. Auch zu den Wirkungen der am ehesten als verwandt anzusehenden Fallsupervision existieren keine Untersuchungen mit äquivalentem Design (vgl. Hausinger, 2008), aus denen sich eine zu erwartende Effektstärke hätte ableiten lassen. Angesichts der umfangreichen und eindringlichen Hinweise aus der Literatur zu den Wirkungen von kollegialer Beratung einerseits (vgl. Abschnitt 2.6) und der Einschätzung, dass es sich um eine eher gering dosierte Intervention handelt, wird eine mittlere Effektstärke der Intervention auf die abhängigen Variablen geschätzt. Der optimale Stichprobenumfang für einen mehrfaktoriellen Versuchsplan mit 2x2-Design bei einer angenommenen mittleren Effektstärke von $f = .25$, bei $\alpha = .05$ und bei $1\text{-}\beta = .80$ liegt bei $n = 33$ (Bortz & Döring, 2006)[45]. Da sich in der Untersuchungsplanung andeutete, dass allein die Interventionsgruppe größer sein würde als dieser Wert, konnte davon ausgegangen werden, dass eine wesentliche Voraussetzung für die Durchführung der Evaluation vorlag.

6.3.3 Planung der Datengewinnung

Es wurde entschieden, die Daten mittels standardisierter Fragebogen zur Selbstauskunft zu gewinnen, deren Güte als ausreichend gesichert gilt. Fragebogen bieten in der arbeits- und organisationspsychologischen Forschung eine standardisierte, anonyme und ökonomische Form der Datengewinnung (Bungard et al., 1996). Alternative Verfahren mit erhöhter Güte der gewonnenen Datengrundlage, wie systematische Verhaltensbeobachtungen oder die zusätzliche Erhebung von Fremdeinschätzungen, scheiden für die vorliegende Studie

45 Überprüft man die A-priori-Berechnung mit der heute verfügbaren Version des Programms G*Power (Faul, Erdfelder, Lang & Buchner, 2007), dann zeigen sich hinlängliche Übereinstimmungen: Die erforderliche Stichprobengröße für die Prüfung von Interaktionseffekten anhand einer mehrfaktoriellen Varianzanalyse mit Messwiederholungsfaktor ergibt danach $n = 34$ (Parameter: $\eta^2 = .06$; $\alpha = .05$; $1\text{-}\beta = .80$).

aus inhaltlichen Gründen aus (vgl. Argumentation unter 5.2.5.1). Darüber hinaus lassen sich für diese Entscheidung weitere Begründungen anführen, die sich auf die beiden interessierenden Konstrukte selber beziehen. Psychische Beanspruchung ist *per definitionem* eine individuelle, subjektive Größe (vgl. Abschnitt 4.2.1), weshalb es nahe liegt, ihre Ausprägung durch Fragebogen zur Selbstauskunft zu erheben. Hinsichtlich der Erfassung kompetenzbezogener Daten gehen Sonntag und Schäfer-Rauser (1993) davon aus, dass die Selbsteinschätzung beruflicher Handlungskompetenzen als subjektive Voraussetzung eine bedeutende Rolle dabei spielt, dass entsprechendes berufliches Verhalten gezeigt wird sowie davon, dass das berufliche Selbstkonzept eine berufs- und laufbahndeterminierende Größe ist. Sie plädieren deshalb dafür, gerade subjektive Einschätzungen bei der Evaluation betrieblicher Bildungs- und Trainingsmaßnahmen zu berücksichtigen. Vor diesem Hintergrund erscheint es sinnvoll, die Konstrukte mittels Fragebogen zur Selbstauskunft zu erheben.

Vonseiten der FKE-Abteilung wurde erwartet, auch die französischsprachigen Mitglieder der Interventionsgruppe an der Evaluation zu beteiligen. Daher wurde entschieden, alle Evaluationsmaterialien auch in französischer Sprache zu erstellen. Um den Rücklauf der Fragebogen aus beiden Untersuchungsgruppen zu verbessern, wurden Maßnahmen geplant, die sich an entsprechende Empfehlungen von Moser (2007) anlehnen:

- Ein Anschreiben des Autors mit Briefkopf und Design der Universität Hamburg, in dem um Beteiligung an der Untersuchung geworben, der Zweck der Untersuchung in allgemeiner Form dargestellt und die Anonymität der Teilnehmenden zugesichert wird.
- Die einheitliche Gestaltung der unterschiedlichen Fragebogen und ihre Zusammenstellung als Fragebogenbatterie zu jedem Erhebungszeitpunkt. Der Fragebogen wird von jedem Untersuchungsteilnehmer mit einem Code versehen, der aus einer Kombination von personenbezogenen Buchstaben und Zahlen besteht und den nur der Bearbeiter kennt.
- Ein Anschreiben der FKE-Abteilung des Unternehmens, in dem sie für eine freiwillige Teilnahme an der Untersuchung wirbt.
- Ein Anreiz zur Teilnahme an der Evaluation in Form eines individuellen ‚Kompetenz-Checks' (vgl. Henschel, 2005) nach Rücksendung der Bogen zu beiden Erhebungszeitpunkten.

Die Distribution der Fragebogen erfolgt auf elektronischem Weg: als E-Mail-Anhänge in Form von PDF-Dokumenten. Der Rücklauf der Fragebogen geschieht auf postalischem Weg, wofür Versandmaterial und -wege des Unternehmens genutzt werden können. Eine Ausnahme bilden Distribution und Rücklauf der Fragebogen für die Teilnehmer der Interventionsgruppe zum Erhebungszeitpunkt t_1. Diese Fragebogen werden aus praktischen Gründen im Einführungsseminar ausgehändigt und nach individueller Bearbeitung in einem Umschlag verschlossen beim jeweiligen Seminarleiter abgegeben.

6.3.4 *Erhebungsinstrumente*

Die Themenkomplexe *berufliche Handlungskompetenzen* und *berufliche Beanspruchung* werden durch bestehende und eingeführte Fragebogeninstrumente erhoben, die im Folgenden beschrieben werden.

Kompetenz-Reflexions-Inventar (KRI)

Mit dem Kompetenz-Reflexions-Inventar (KRI, Kauffeld, 2003a) wird das Ziel verfolgt, das Selbstkonzept beruflicher Handlungskompetenz zu erfassen, wobei angenommen wird, dass die Befragten „als Experten ihrer Tätigkeit in der Lage sind, das Vorhandensein der Kompetenzen, die für die Ausführung der Arbeit von Bedeutung sind, einschätzen zu können." (Kauffeld et al., 2007, S. 338). Das KRI erhebt ein breites Spektrum relevanter Bereiche der beruflichen Handlungskompetenz in den vier ‚Kompetenzfacetten' Fachkompetenz, Methodenkompetenz, Sozialkompetenz und Selbstkompetenz (Kauffeld et al., 2007; Kauffeld, 2003b). Das KRI ist ein standardisierter Fragebogen und dient dazu, unterschiedliche Ausprägungen eines Mitarbeiters in den Kompetenzfacetten darzustellen. Daran lassen sich Maßnahmen anschließen, um die entsprechenden Kompetenzen zu fördern und zu entwickeln (Kauffeld, 2003b). Kauffeld et al. (2007) geben an, dass sich durch das KRI Veränderungen der beruflichen Handlungskompetenz innerhalb homogener Teilstichproben abbilden lassen, die durch Personalentwicklungs- und Trainingsmaßnahmen induziert werden.

Das KRI umfasst 80 Items in 19 Skalen, die sich den vier Kompetenzfacetten zuordnen (vgl. Tabelle 8, S. 174; detaillierter: Tabelle 15, Anhang S. 247). 15 der Items sind negativ gepolt. Als Antwortformat dient eine Skala von

„0 = *trifft überhaupt nicht zu*" bis „100 = *trifft völlig zu*", die, in 10-er-Schritte unterteilt, insgesamt 11 Antwortmöglichkeiten zulässt. Beispiel-Items sind: „*Neue Ideen zur Verbesserung meiner Arbeit zu entwickeln ist eine meiner Stärken.*" (Facette Fachkompetenz, Skala Problemerkennung), „*Es zeichnet mich aus, im Nachhinein zu überlegen, wie ich Schwierigkeiten und Probleme beim nächsten Mal besser lösen kann.*" (Methodenkompetenz – Reflexion), „*Auf Vorschläge anderer (Kollegen, Mitarbeiter, Kunden, Geschäftspartner etc.) einzugehen fällt mir leicht.*" (Sozialkompetenz – Akzeptanz und Anerkennung), „*Ich lasse mich von Fehlschlägen in der Arbeit leicht entmutigen.*" (Selbstkompetenz – Verantwortungsübernahme und -initiative, negative Polung).

Tabelle 8: Skalen, Itemanzahl und interne Konsistenz (Cronbachs α) der Skalen des KRI

Kompetenzfacette	**Skala**	**Items**	α*
Fachkompetenz	Konzeptionelles Denken	4	.80
	Kenntnis der Organisation und Abläufe	4	.55
	Problemerkennung	3	.74
	Entwicklung von Lösungen	3	.84
Methodenkompetenz	Moderation und Präsentation	5	.85
	Planung	4	.83
	Reflexion	4	.80
	Umgang mit EDV und Technik	4	.89
	Konzentration	4	.74
	Aufgabenverteilung	3	.62
Sozialkompetenz	Positionierung des eigenen Standpunktes	5	.81
	Motivation von Anderen	5	.91
	Akzeptanz und Anerkennung	5	.85
	Kontaktaufbau und -pflege	4	.85
	Rücksichtnahme und Besonnenheit	5	.88
Selbstkompetenz	Mitwirkung	4	.85
	Verantwortungsübernahme und Initiative	5	.85
	Interesse an Veränderungen	5	.87
	Selbstmanagement	4	.63

Anmerkungen: * Cronbachs α; Stichprobe bei Henschel (2005) mit $n = 368$.

Auf Basis bestehender Instrumente zur Kompetenzerhebung sowie orientiert an verschiedenen Modellen und Definitionen zur Kompetenz wurde ein großer Itempool entwickelt und mit den Daten von 156 Berufstätigen in einem mehrstufigen Selektionsverfahren systematisch auf 80 Items reduziert (Kauffeld, 2003b). Die vier bis sechs Skalen einer Kompetenzfacette wurden faktorenanalytisch aus den ihr zugeordneten Items gewonnen und konnten an einer zweiten Stichprobe (n = 368) weitgehend bestätigt werden (Henschel, 2005).

Die interne Konsistenz (Cronbachs α) der Skalen ist den Werten in Tabelle 8 zufolge als zufrieden stellend bis befriedigend, für drei Skalen als ausreichend einzuschätzen. In verschiedenen Studien wurden konvergente Validitäten des KRI ermittelt (vgl. Kauffeld et al., 2007; Henschel, 2005). Signifikante Zusammenhänge bestehen danach zwischen den Kompetenzfacetten bzw. den Skalen und der Zufriedenheit im Beruf (moderate bis mittlere Korrelationen), dem beruflichen Erfolg (moderat), dem Brutto-Jahresgehalt (moderat), der beruflichen Selbstwirksamkeitserwartung (moderat bis hoch), der Lernzielorientierung (mittel bis hoch), der Durchschnittsnote des letzten Schulzeugnisses (mittel bis hoch) und verschiedenen Dimensionen von Flexibilität: vertikal, vergütungsbezogen, qualifikatorisch und zeitlich (moderat bis hoch). Diskriminante Validität wurde ermittelt für horizontale und räumliche Flexibilität sowie für Leistungszielorientierung.

Von der bei Henschel (2005) angegebenen Möglichkeit, Summen- oder Mittelwertscores der vier Kompetenzfacetten zu bilden, wird in dieser Studie aus mehreren Gründen abgesehen. Auf der inhaltlichen Ebene erscheinen die Facettentitel zu wenig spezifisch für eine spätere Interpretation der Ergebnisse. Zudem sammeln sich innerhalb der Facetten Skalen zu unterschiedlich relevanten Kompetenzthemen, was Facettenwerte für das Erkenntnisinteresse der vorliegenden Untersuchung nur bedingt aufschlussreich erscheinen lässt. Statistische Bedenken gegen Summenwerte der Facetten entstehen bei Betrachtung der Korrelationen zwischen den 19 Skalen des KRI (vgl. Henschel, 2005). Facettenuntypische Muster und hohe facettenübergreifende Interkorrelationen nähren die Annahme, dass der KRI Spezifischeres erhebt als die angegebenen Kompetenzfacetten[46]. Eine auf der Basis von in dieser Untersuchung gewonnenen Daten durchgeführte Faktorenanalyse weist in eine ähnliche Richtung (vgl. Abschnitt 6.6, S. 184). Und schließlich legt die faktorenanalytische Extraktion der Skalen aus Itempools für jede Facette nahe, dass die Skalen einer Facette theoretisch heterogen und infolgedessen möglichst gering korreliert sein dürften. Die bei Henschel (2005) angegebenen hohen internen Konsistenzen der Kompetenzfacetten werfen abermals die Frage nach der internen

46 Eine Faktorenanalyse auf Skalen- oder gar Itemebene, die Aufschluss darüber geben würde, inwieweit die interne Struktur des KRI der Modellannahme von vier Facetten entspricht, findet sich weder bei Henschel (2005) noch bei Kauffeld (2003b).

Struktur des KRI auf. In der Summe führen diese Überlegungen zur inhaltlichen Eignung von Facettenscores und zur Konstruktion des KRI dazu, dass in dieser Studie vorrangig dessen Skalenebene betrachtet wird.

Irritation

Das Instrument ‚Irritation' (Mohr & Rigotti, 2005) erhebt berufsbezogene emotionale und kognitive Beanspruchungen, welche über akute Schwankungen der Befindlichkeit hinausgehen sowie Auswirkungen, die in den Freizeitbereich hineinragen. Die Gesamtskala mit acht Aussagen besteht aus zwei Subskalen. Die drei Items der Subskala *kognitive Irritation* erfassen einen Zustand des Nicht-Abschalten-Könnens, z. B. *„Ich muss auch zu Hause an Schwierigkeiten bei der Arbeit denken."* und *„Es fällt mir schwer, nach der Arbeit abzuschalten."*. Die fünf Items der Subskala *emotionale Irritation* beziehen sich auf einen Zustand agitierter Gereiztheit, z. B. *„Ich bin schnell verärgert."* und *„Wenn andere mich ansprechen, kommt es vor, dass ich mürrisch reagiere."*. Beantwortet werden die Items auf einer siebenstufigen Skala von „1 = *trifft überhaupt nicht zu*" bis „7 = *trifft fast völlig zu*". Hohe Werte bedeuten demnach hohe Ausprägungen an kognitiver bzw. emotionaler Irritation.

Die psychometrische Qualität der Gesamtskala und ihrer Subskalen wurde mittlerweile auf einer Basis von n = 4030 aus 15 Studien überprüft (Müller et al., 2004). Exploratorische und konfirmatorische Faktorenanalysen bestätigten eine zweifaktorielle Struktur der Gesamtskala mit zwei Faktoren, die zu r = .61 korrelieren. Die Trennschärfen der Items variieren zwischen r_{it} = .62 und .69. Die interne Konsistenz (Cronbachs α) der Gesamtskala beträgt .89, die der Subskala kognitive Irritation .87 und die der Subskala emotionale Irritation .88. Ermittelte Retest-Reliabilitäten (6 Monate: .69; 30 Monate: .61; n = 316-358) belegen nach Mohr, Müller und Rigotti (2005) die Annahme, dass Irritation nicht zu stark von aktuellen Stimmungsveränderungen beeinflusst wird.

Konvergente Validität der Gesamtskala besteht bezogen auf positive Zusammenhänge zu Arbeitsstressoren, zu weiteren Beeinträchtigungen des Befindens wie emotionale Erschöpfung und Depersonalisierung, zu fehlenden Ressourcen wie mangelnde soziale Unterstützung sowie zu physiologischen Belastungsindikatoren (Mohr, Rigotti & Müller, 2005). Die Subskala kognitive Irritation korreliert positiv mit Leistungs-, Gestaltungs- und Führungsmotivation, Gewissenhaftigkeit und organisationalem Commitment, aber auch mit erlebter Arbeitsbelastung, während emotionale Irritation zu diesen Variablen negative bzw. keine Zusammenhänge aufweist (vgl. Müller et al., 2004). Die Subskala emotionale Irritation korreliert positiv mit der Wahrnehmung psychosomatischer Beschwerden und mit Depressivität, negativ mit beruflicher Selbstwirksamkeit, Optimismus, emotionaler Stabilität, Belastbarkeit und Selbstbewusstsein. Darüber hinaus zeigt emotionale Irritation hohe negative Korrelationen mit sozialen Kompetenzen, während kognitive Irritation hierzu in keinem bzw. geringem Zusammenhang steht.

Oldenburger Burnout Inventar (OLBI)

Die Ausprägung von Burnout als arbeitsbedingter, langfristiger Beanspruchungsfolge wird mit dem Oldenburger Burnout Inventar (OLBI) erhoben, welches die beiden Dimensionen *Erschöpfung* und *Distanzierung von der Arbeit* auf separaten Subskalen erfasst (Demerouti, 1999; Demerouti et al., 2003). Jede Subskala umfasst acht Items in Aussageform, von denen jeweils vier positiv und vier negativ formuliert sind. Die Items der *Erschöpfungs-Subskala* betreffen Gefühle der emotionalen Leere, der Überforderung durch die Arbeit, des starken Bedürfnisses nach Erholung sowie körperliche Erschöpfung. Beispiel-Items für Erschöpfung sind „*Nach der Arbeit fühle ich mich in der Regel schlapp und abgespannt.*“, „*Ich habe bei der Arbeit immer häufiger das Gefühl, emotional ausgelaugt zu sein.*“ und „*Nach der Arbeit bin ich in der Regel noch ganz fit für meine Freizeitaktivitäten.*“ (umgepolt). Die Items der *Distanzierungs-Subskala* referieren auf einen geringen Bezug zu Arbeitsgegenstand und -inhalten sowie auf Desinteresse und Abwertungen gegenüber der Arbeitstätigkeit. Beispiel-Items sind „*Es passiert mir immer öfter, dass ich mich abwertend über meine Arbeitstätigkeit äußere.*“, „*Manchmal bin ich von meiner Arbeitstätigkeit richtig gehend angewidert.*“ und „*Mit der Zeit engagiere ich mich immer mehr bei meiner Arbeit.*“ (umgepolt). Die Antworten werden auf einer vierstufigen Skala von „1 = *völlig zutreffend*“ bis „4 = *völlig unzutreffend*“ gegeben. Nachdem die Antworten auf die positiv formulierten Items umgepolt sind, bedeuten hohe Werte hohe inhaltliche Ausprägungen.

Das OLBI wurde entwickelt, um Burnout berufsfeldübergreifend zu erfassen, wobei theoretische, methodische und psychometrische Schwächen des Maslach Burnout Inventory (MBI; Maslach et al., 1996) vermieden werden sollten (vgl. Demerouti & Nachreiner, 1998). Die professionsunabhängige Eignung des OLBI konnte in mehreren Untersuchungen bestätigt werden, ebenso die zweifaktorielle Struktur des Instruments und die psychometrische Qualität der Skalen (Demerouti, 1999; Demerouti, Bakker, Nachreiner & Ebbinghaus, 2002; Demerouti & Nachreiner, 1998). Die beiden Subskalen Erschöpfung und Distanzierung korrelieren mit $r = .39$ (Demerouti et al., 2002). Die Trennschärfen der Items variieren zwischen $r_{it} = .40$ und .72 (Demerouti, 1999). Die interne Konsistenz (Cronbachs α) für die Subskala Distanzierung beträgt .84, für die Subskala Erschöpfung .85 (Demerouti et al., 2002). Konvergente Validität des OLBI und seiner Subskalen zum Maslach Burnout Inventory – General Survey (MBI-GS; Maslach et al., 1996) konnte in einer Studie bestätigt werden (Demerouti et al., 2003). Diskriminante Validität besteht zu kurzzeitigen und reversiblen Folgen von negativer Beanspruchung, wobei die Subskala Erschöpfung mit psychischer Ermüdung und in geringem Ausmaß negativ mit akuten Stressreaktionen einhergeht, jedoch nicht mit Sättigung und Monotonieerleben, die Subskala Distanzierung wiederum mit Sättigung und Monotonieerleben, jedoch nicht mit psychischer Ermüdung und akuten Stressreaktionen (Demerouti et al., 2002, 2003; Demerouti & Nachreiner, 1998).

6.3.5 Konzeption der Prüfung zur Äquivalenz der Untergruppen

Bei der Planung einer quasiexperimentellen Untersuchung im Feld, bei welcher eine randomisierte Gruppenbildung nicht in Frage kommt, muss besonderes Augenmerk auf die Vergleichbarkeit von Interventions- und Kontrollgruppe gelegt werden, obgleich es kaum möglich ist, zwei in jeder Hinsicht vergleichbare Gruppen zu bilden (vgl. Bungard, 2007; Moser, 2007). Bei einem longitudinalen Evaluationsdesign mit erheblicher Zeitspanne spielen zudem mit einiger Wahrscheinlichkeit Drittvariablen eine Rolle, die neben der geplanten unabhängigen Variablen (Intervention) in relevantem Ausmaß systematisch auf die abhängigen Variablen einwirken können. Systematische Unterschiede zwischen den Untersuchungsgruppen sowie Einflüsse von Drittvariablen können die Ergebnisse eines quasiexperimentellen Untersuchungsplans verzerren.

Um solche relevanten Einflüsse kontrollieren zu können, werden im Rahmen der vorliegenden Untersuchung neben gängigen Informationen wie Geschlecht, Alter und Dauer der Berufstätigkeit weitere Daten erhoben, mit denen sich die Untersuchungsgruppen charakterisieren und auf ihre Äquivalenz in wesentlichen Merkmalen überprüfen lassen. Zudem werden Drittvariablen erhoben, die auf die abhängigen Variablen *berufliche Handlungskompetenzen* bzw. *berufliche Beanspruchung* wirken können. Und schließlich wird durch eine Prüfung auf Prätestgruppendifferenzen ermittelt, ob die Untersuchungsgruppen hinsichtlich ihrer Ausprägungen in den abhängigen Variablen zum Messzeitpunkt t_1 als äquivalent gelten können.

Führungstätigkeit, Führungsspanne und Führungserfahrung

Führungsfunktionen werden in Zusammenhang gebracht mit besonderen Ressourcen wie z. B. einem größeren Handlungsspielraum und sozialer Unterstützung, aber auch mit besonderen Stressoren wie Zeit- oder Entscheidungsdruck, die mit der Aufgabe einhergehen (vgl. Kernen, 1999; ausführlich bei Steinmetz, 2006). Da sich das FKE-Programm und damit die Intervention zur kollegialen Beratung an Führungskräfte, Projektleiter und Managementaspiranten mit und ohne Führungsfunktion richtet, wird der Anteil an Führungskräften in beiden Untersuchungsgruppen erhoben, ebenso die jeweilige Führungsspanne und die Dauer der Führungserfahrung (in Jahren). Die Führungsfunktion und die Führungsspanne (Anzahl unterstellter Mitarbeiter) werden zu beiden Messzeitpunkten erhoben, weil sich diese Merkmale im Lauf des Untersuchungszeitraums verändern können.

Teilnahme an Personalentwicklungsmaßnahmen im Untersuchungszeitraum

Die Teilnahme an Maßnahmen zur Personalentwicklung in relevantem Ausmaß parallel zur Intervention zur kollegialen Beratung stellt eine Drittvariable dar, die mit der unabhängigen Variable interagieren und sich auf die abhängigen Variablen auswirken kann. Mit jeglichen PE-Maßnahmen wird in unterschiedlicher Gewichtung beabsichtigt, Fach-, Methoden-, Sozial- und Selbstkompetenzen zu fördern (vgl. Grote, Kauffeld, Denison & Frieling, 2006; Heyse & Erpenbeck, 2004). Für die vorliegende Evaluation ist deshalb von besonderer Bedeutung, ob, in welchem Umfang und zu welchen Themen Mitglieder von Interventions- und Kontrollgruppe im Untersuchungszeitraum an (weiteren) Maßnahmen zur Personalentwicklung teilnehmen.

Merkmale der Arbeitstätigkeit und der Arbeitsbedingungen

Arbeitsaufgabe und Arbeitsbedingungen haben einerseits Einfluss auf die Entfaltung und Entwicklung beruflicher Handlungskompetenzen (Kaufhold, 2006). Andererseits halten sie unterschiedliche Belastungsfaktoren bereit und wirken somit auf berufliche Beanspruchungen (vgl. Demerouti, 1999). Veränderungen der Arbeitsaufgabe können mit Veränderungen im Selbstkonzept beruflicher Handlungskompetenz und mit einer Veränderung beruflicher Beanspruchung einhergehen. Um überprüfen zu können, inwieweit Merkmale der Arbeitstätigkeit der Mitglieder beider Gruppen zu Beginn der Untersuchung vergleichbar sind und inwieweit sich diese Merkmale im fraglichen Zeitraum stabil verhalten, wird den Untersuchungsteilnehmern zu beiden Messzeitpunkten ein Instrument zur Arbeitsanalyse vorgelegt. Zusätzlich werden die Mitglieder beider Gruppen gebeten, eventuelle Veränderungen in ihrer Arbeitsaufgabe und Arbeitstätigkeit im Untersuchungszeitraum zu beschreiben.

Als Instrument zur Erfassung von beanspruchungsrelevanten Merkmalen der Arbeitstätigkeit wurde der Kurzfragebogen zur Arbeitsanalyse (KFZA; Prümper, Hartmannsgruber & Frese, 1995) gewählt. Der KFZA ist ein Screening-Instrument zur Arbeitsanalyse, das auf die soziale und ergonomische Arbeitsplatzgestaltung fokussiert und trotz seiner Kürze eine große Bandbreite an wichtigen Aspekten der Arbeits- und Organisationsstruktur zuverlässig erhebt (Prümper et al., 1995). Der KFZA umfasst 26 Items, die insgesamt 11 Dimensionen mit je zwei bis drei Items zugeordnet sind (vgl. Tabelle 9 auf S. 181). Antworten werden auf fünfstufigen Likert-Skalen gegeben, wobei die Antworten zu den Dimensionen Handlungsspielraum und Vielseitigkeit zwischen „5 = *sehr wenig*“ und „1 = *sehr viel*“ liegen können, während die Antwortmöglichkeiten für die übrigen Dimensionen von „1 = *trifft gar nicht zu*“ bis „5 = *trifft völlig zu*“ reichen. Die Items zu Qualitative Arbeitsbelastung, Quantitative Arbeitsbelastung, Arbeitsunterbrechungen und Umgebungsbelastungen sind so formuliert, dass hohe Werte auch hohe Belastungen bedeuten. Bei allen anderen Dimensionen weisen hohe Werte auf niedrige Belastungen hin.

Der KFZA wurde entwickelt, um ein Instrument zu schaffen, das sowohl ökonomisch eingesetzt als auch ökonomisch ausgewertet werden kann (Prümper et al., 1995). Aus bestehenden Instrumenten zur psychologischen Arbeitsanalyse wurden Markieritems entnommen, „die aufgrund von Einsatzerfahrungen und Itemanalysen von bereits durchgeführten Untersuchungen der Arbeits- und Organisationsstruktur am eindeutigsten repräsentieren.“ (Prümper et al., 1995, S. 125). Ursprünglich 31 Items wurden 196 Personen vorgelegt. Faktorenanalysen bestätigten die zugrunde liegenden Konstrukte. Danach beschreibt der KFZA vier Hauptaspekte der Arbeitswelt: Arbeitsinhalte, Ressourcen, Stressoren und das Organisationsklima (Prümper et al., 1995). Die internen Konsistenzen (vgl. Tabelle 9) der 11 Dimensionen des KFZA variieren zwischen .76 und .40. Die Autoren bezeichnen diese Reliabilitäten als zufriedenstellend (Ausnahmen: Qualitative Arbeitsbelastungen und Arbeitsunterbrechungen) angesichts des Umstands, dass es sich um starke Testverkürzungen handelt (vgl. Prümper et al., 1995). Zur Validität machen die Autoren keine gesonderten Aussagen. Eichert (2008) konnte die Faktorenstruktur des KFZA mit einer konfirmatorischen Faktorenanalyse bei einem $n = 322$ bestätigen. Die internen Konsistenzen der Skalen erreichen bei Eicherts Datensatz Werte zwischen .82 und .40.

Tabelle 9: Skalen, Itemanzahl und interne Konsistenz der Skalen des KFZA

			Interne Konsistenz	
Aspekt	**Skala**	**Items**	*	**
Arbeitsinhalte	Vielseitigkeit	3	.73	.76
	Ganzheitlichkeit	2	.51	.61
Ressourcen	Handlungsspielraum	3	.70	.63
	Soziale Rückendeckung	3	.76	.75
	Zusammenarbeit	3	.64	.64
Stressoren	Qualitative Arbeitsbelastung	2	.40	.60
	Quantitative Arbeitsbelastung	2	.70	.82
	Arbeitsunterbrechungen	2	.44	.40
	Umgebungsbelastungen	2	.60	.63
Organisationsklima	Information und Mitsprache	2	.70	.74
	Betriebliche Leistungen	2	.61	.65

Anmerkungen: * Interne Konsistenz bei Skalen mit zwei Items als bivariate Korrelation, sonst als Cronbachs α; n zwischen 182 und 194 (Prümper et al., 1995). ** Cronbachs α; $n = 322$ (Eichert, 2008).

6.4 Realisierung der Evaluation

6.4.1 Realisiertes Evaluationsdesign

Das Untersuchungsdesign konnte in der konzipierten Form eines Kontrollgruppendesigns mit Prä- und Postmessung realisiert werden (vgl. Tabelle 7, S. 170). Der Untersuchungszeitraum zwischen t_1 (Mitte September bis Mitte Oktober 2003) und t_2 (Dezember 2004) beträgt rechnerisch rund 15 Monate.

Um Mitglieder für die Kontrollgruppe zu rekrutieren, warben Mitarbeiter der FKE-Abteilung des Unternehmens in einem eigenen Anschreiben um Beteiligung an einer Evaluation zum Thema Personalentwicklung und versendeten es im Herbst 2003 als PDF-Datei per E-Mail gemeinsam mit den Evaluationsunterlagen zum Erhebungszeitpunkt t_1. Der Personenkreis, der einen Fragebogen bearbeitete und zurücksendete, bildete die Kontrollgruppe zu t_1.

6.4.2 Realisierte Datengewinnung

Die Evaluationsunterlagen wurden in der konzipierten, in Abschnitt 6.3.2 beschriebenen, Form verfasst, gestaltet und zusammengestellt. Sie enthielten Anschreiben für die Interventionsgruppe (Dokument 3, S. 266) und die Kontrollgruppe (Dokument 5, S. 270) sowie die Erhebungsinstrumente (Dokument 6, S. 272). Alle Instrumente und Texte wurden von Muttersprachlern ins Französische übersetzt und rückübersetzt (Dokument 4, S. 268 und Dokument 8, S. 276). Der Fragebogen zum Erhebungszeitpunkt t_1 enthielt die Frage, ob ein individueller ‚Kompetenz-Check' gewünscht werde, was alle Antwortenden bejahten. Alle Untersuchungsteilnehmer, die den Bogen zum Erhebungszeitpunkt t_2 eingesandt hatten, erhielten im Frühjahr 2005 ein entsprechendes Textdokument.

Zum Erhebungszeitpunkt t_1 kamen insgesamt 96 Fragebogen ausgefüllt zurück, davon 45 aus der Interventionsgruppe (von insgesamt 57 Personen) und 51 aus der Kontrollgruppe, was damit definitionsgemäß den Umfang der Kontrollgruppe beschreibt[47]. Diese 96 Personen erhielten den Fragebogen zum Erhebungszeitpunkt t_2 per E-Mail (Dokument 7, S. 274 und Dokument 9,

47 Bezogen auf die 57 Personen, die sich ursprünglich dafür angemeldet hatten, an der Intervention teilzunehmen, errechnet sich eine Antwortquote von 79%. Eine Antwortquote für die Kontrollgruppe konnte nicht ermittelt werden, weil unbekannt ist, wie viele Personen zu t_1 angesprochen worden waren, sich an der Untersuchung zu beteiligen.

S. 278). Hier kamen insgesamt 64 Bogen zurück (Quote: 67%), davon sechs als eingescannte PDF-Dokumente per E-Mail. Aus der Interventionsgruppe gingen zu t_2 21 Bogen ein (45%), aus der Kontrollgruppe 43 (84%). Von den 21 Datensätzen der Interventionsgruppe stammen drei von französischsprachigen Teilnehmern. Die Mitglieder der Kontrollgruppe sandten ausnahmslos deutschsprachige Fragebogen zurück. Ein Datensatz aus der Kontrollgruppe wurde ausgeschlossen[48]. In die Auswertung der Daten konnten somit Datensätze von 63 Personen aufgenommen werden, davon 21 aus der Interventionsgruppe und 42 aus der Kontrollgruppe.

6.5 Statistische Verfahren

Die gewonnenen Datensätze zu beruflichen Handlungskompetenzen und beruflichen Beanspruchungen aus einer Interventionsgruppe und einer äquivalenten Kontrollgruppe ohne Intervention erlauben eine Überprüfung der statistischen Hypothesen (vgl. Abschnitt 6.1) mittels multivariater zweifaktorieller Varianzanalyse mit Messwiederholungsfaktor.

Zur Überprüfung der Verteilung der nominalskalierten Kontrollvariablen von Interventions- und Kontrollgruppe wurden χ^2-Tests durchgeführt. Für den Vergleich der intervallskalierten Kontrollvariablen von Interventions- und Kontrollgruppe wurden *t*-Tests für unabhängige Stichproben gerechnet. Die Äquivalenz beider Untersuchungsgruppen bezogen auf beanspruchungsrelevante Merkmale der Arbeitstätigkeit zu t_1 wurde mit einer multivariaten Varianzanalyse berechnet, die Vergleichbarkeit von Veränderungen in ebendiesen Merkmalen zwischen t_1 und t_2 mittels einer multivariaten Varianzanalyse mit Messwiederholungsfaktor. Das α-Niveau wurde einheitlich auf $p < .05$ festgelegt. Die statistischen Berechnungen der Faktorenanalysen, der Varianzanalysen, der *t*-Tests, der χ^2-Tests sowie von Cronbachs α erfolgten mit Hilfe von Routinen des Softwarepakets *Statistical Package for the Social Sciences* (SPSS for Mac OS X, Version 13.0, 2006).

48 Die Fragebogen für t_1 und t_2 wiesen zwar dieselbe Absender- und E-Mailadresse auf, die Codes auf beiden Bogen stimmten jedoch nicht überein. Rückfragen zur Klärung dieser Unstimmigkeit per E-Mail führten nicht zu einer befriedigenden Aufklärung.

6.6 Datenanalyse

Aus den Untersuchungsgruppen liegen für beide Erhebungszeitpunkte jeweils 63 Datensätze vor, davon 21 aus der Interventionsgruppe und 42 aus der Kontrollgruppe. Sie enthalten Daten aus zwei thematischen Bereichen in insgesamt 23 Skalen: *berufliche Handlungskompetenzen* (19 Skalen) und *berufliche Beanspruchungen* (4 Skalen). Hinzu kommen die Daten, mit denen die Äquivalenz der Untersuchungsgruppen überprüft wird.

Die Analyse der abhängigen Variablen kann mit Hilfe einer Varianzanalyse mit Messwiederholungsfaktor durchgeführt werden, wobei der Faktor ‚Gruppe' zwei Stufen umfasst (Interventionsgruppe und Kontrollgruppe) und der Faktor ‚Messwiederholungsfaktor' die beiden Erhebungszeitpunkte (vor und nach der Intervention) widerspiegelt. Der Interaktionseffekt wird an der Differenz der Mittelwerte zwischen den Untersuchungsgruppen geprüft.

6.6.1 Die Problematik von α-Fehler und β-Fehler für diese Evaluation

Die parallele Testung einer hohen Anzahl an abhängigen Variablen resultiert bei einer multivariaten varianzanalytischen Hypothesenprüfung in einem kumulierten α-Fehler, dem üblicherweise mit einer α-Niveau-Korrektur zu begegnen ist (Nachtigall & Wirtz, 2006). In der vorliegenden Studie führt die Anwendung der Korrekturformel nach Bonferroni ($\alpha' = \alpha/k$; k = Anzahl der abhängigen Variablen) zu einer erheblichen Senkung des α-Niveaus von $\alpha' = .0022$ bei 23 abhängigen Variablen. Damit wird die Wahrscheinlichkeit erheblich reduziert, Differenzen fälschlicherweise als signifikant zu bezeichnen. Dieses Verfahren erhöht gleichzeitig die Wahrscheinlichkeit eines β-Fehlers, bei dem die Nullhypothese trotz vorhandener Effekte fälschlicherweise beibehalten wird. Die Entscheidung für eine erhebliche Reduzierung des α-Fehler-Niveaus geht also mit dem Risiko einher, vorhandene Effekte als solche nicht zu akzeptieren. Dieses Dilemma wird im Folgenden aus inhaltlichem Blickwinkel diskutiert.

Bezogen auf die vorliegende Studie würde der α-Fehler in der irrtümlich bestätigten Annahme bestehen, dass die Intervention zur kollegialen Beratung berufliche Handlungskompetenzen signifikant steigert bzw. berufliche Beanspruchungen signifikant vermindert. Möglicherweise führt eine irrtümlich bestätigte Annahme dazu, dass kollegiale Beratung in der Erwartung der genannten Effekte vermehrt praktiziert wird, obwohl die postulierte Wirksamkeit empirisch nicht ausreichend belegt ist. Die Auswirkung dieses Irrtums läge in der Enttäuschung der Erwartung. Dass ein Nutzen ausbleibt, ist jedoch angesichts der zahlreich beschriebenen Resonanzen und qualitativ ermittelten Auswirkungen von kollegialer Beratung als wenig wahrscheinlich einzuschätzen (vgl. Abschnitte 2.5.3 und 2.6.4). Schäden durch kollegiale Beratung sind bisher nicht beschrieben worden. Die erhöhte β-Fehler-Wahrscheinlichkeit hingegen hätte zur Konsequenz, dass der Beleg für eine Wirksamkeit der Methodik als empirisch nicht erbracht gilt, obwohl kollegiale Beratung wirksam ist. Die Folge wäre, dass eine in vielfältiger Hinsicht als wirksam wahrgenommene Methode ungenutzt bleibt, weil mit der α-Fehler-Adjustierung die Hürde für einen Beleg des Nutzens erheblich erhöht wurde. In Hinblick auf die Konsequenzen von β-Fehler und α-Fehler ist es als bedeutend gravierender einzuschätzen, den β-Fehler zu riskieren als den α-Fehler.

Zudem muss berücksichtigt werden, dass sowohl Intervention als auch Evaluation nicht unter gut kontrollierbaren experimentellen Bedingungen durchgeführt wurden. Empirische organisationspsychologische Forschung im Feld ist zahlreichen Einflüssen ausgesetzt, welche ohnehin die Wahrscheinlichkeit herabsetzen, reine quantitative empirische Indizien für die Auswirkungen der Intervention zu ermitteln. Vor diesem Hintergrund erscheint es für die vorliegende Studie nicht empfehlenswert, einer α-Fehler-Kumulierung mit einem Verfahren zur Absenkung des α-Niveaus zu begegnen, bei dem gleichzeitig die Wahrscheinlichkeit für den β-Fehler gesteigert wird.

Mit Blick auf ein angemessenes Verhältnis zwischen α- und β-Fehler-Risiko in dieser Studie besteht eine Alternative zur drastischen Korrektur des α-Niveaus darin, die Zahl der abhängigen Variablen in geeigneter Weise zu reduzieren (Kaluza & Schulze, 2000). Es besteht die Möglichkeit, Summenscores oder Mittelwerte zu bilden, was jedoch für die verwendeten Skalen aus zwei Gründen ausscheidet: zum einen, weil die Beziehungen der KRI-Skalen zueinander bisher unklar sind, nachdem Summenscores oder Mittelwerte der Kompetenzfacetten ausscheiden (vgl. Abschnitt 6.3.4), zum anderen, weil die Instrumente Irritation und OLBI zwei verschiedene Grade an beruflicher Beanspruchung erheben. Eine andere Möglichkeit, die Anzahl der abhängigen Variablen sinnvoll zu reduzieren, besteht darin, die Struktur und Dimensionalität aller abhängigen Variablen mittels einer Faktorenanalyse zu explorieren und anschließend repräsentative Skalen (faktorenanalytische Markiervariablen) für die Dimensionen zu ermitteln. Dieser Weg wird in der vorliegenden Studie beschritten.

6.6.2 *Interkorrelationen der abhängigen Variablen*

Um die grundsätzliche Struktur der erhobenen Daten zu prüfen und um die Beziehungen zwischen den abhängigen Variablen zu beleuchten, wurde zunächst eine Korrelationsmatrix der Skalenmittelwerte erstellt. Für eine ausreichend große Datenbasis sind in die Berechnung sämtliche 95 Datensätze des ersten Erhebungszeitpunkts eingeflossen, davon 45 aus der Interventionsgruppe und 50 aus der Kontrollgruppe. Die Matrix der bivariaten Korrelationen der abhängigen Variablen (Tabelle 16, Anhang S. 248) zeigt die folgenden Auffälligkeiten:

- Hochsignifikante mittlere Interkorrelationen der KRI-Skalen finden sich sowohl facettenintern als auch facettenübergreifend, was die Annahme begründet, dass die interne Struktur des KRI verwobener ist als von der Autorin angegeben (vgl. Kauffeld, 2003b).
- Einige KRI-Skalen weisen durchgängig hohe und hochsignifikante Korrelationen mit anderen KRI- oder Beanspruchungsskalen auf, andere durchgängig niedrige. Dies weist darauf hin, dass sich unter den abhängigen Variablen besonders stark vernetzte und besonders schwach vernetzte befinden.
- Insgesamt ergibt sich, vor allem bezogen auf die 19 KRI-Skalen, ein uneinheitliches Bild der Interkorrelationen der eingesetzten 23 abhängigen Variablen.

6.6.3 *Explorative Faktorenanalyse der abhängigen Variablen*

Die interne Struktur der abhängigen Variablen und ihr Vernetzungsgrad wurden mit einer Faktorenanalyse näher beleuchtet. Um systematische Unterschiede zwischen den Untersuchungsgruppen ausschließen zu können, wurden zunächst die Muster in den Korrelationsmatrizen beider Gruppen miteinander verglichen (vgl. Tabelle 17, Anhang S. 249 und Tabelle 18, Anhang S. 250). Die Muster sind einander ähnlich zu bewerten, was dazu berechtigt, eine Faktorenanalyse über den gesamten Datensatz zu rechnen.

Um die Struktur und die Dimensionalität der 23 abhängigen Variablen zu explorieren, wurde mit den Daten der Gesamtstichprobe ($n = 95$) zu t_1 eine

Faktorenanalyse auf Skalenebene[49] gerechnet. In der Faktorenanalyse der Skalen mit anschließender Varimax-Rotation finden sich sechs Faktoren mit einem Eigenwert von $\lambda > 1$ (Abbruchkriterium für die Extraktion von Faktoren). Diese sechs Faktoren klären insgesamt 66% der Gesamtvarianz auf. In der Ladungsmatrix der unrotierten Faktoren (vgl. Tabelle 20, Anhang S. 252) sind auf zwei Faktoren (Faktoren 5 und 6) keine bedeutsamen Ladungen von Variablen zu finden ($a_i > |.50|$). Dies legt den Schluss nahe, dass es sich bei diesen zwei Faktoren um Artefakte der Extraktionsmethode handelt. Im Folgenden liegt der Fokus daher auf der Interpretation einer 4-Faktoren-Lösung von vier wohlgeformten Faktoren (vgl. Tabelle 21, Anhang S. 253).

Erster Faktor: Problemlösen

Auf den ersten Faktor mit einem Eigenwert von $\lambda = 3.33$ laden vier Kompetenzskalen mit bedeutenden Faktorladungen von $a_i > |.50|$ (vgl. Tabelle 21, S. 253): *Entwicklung von Lösungen* ($a_i = .88$), *Problemerkennung* ($a_i = .82$), *Konzeptionelles Denken* ($a_i = .79$) und *Interesse an Veränderungen* ($a_i = .65$). Mit Blick auf die Skalenbezeichnungen liegt der inhaltliche Schwerpunkt des ersten Faktors darin, Probleme zu bewältigen, weshalb er als *Problemlösen* interpretiert wird[50].

Dieser Faktor weist unmittelbare inhaltliche Relevanz zur Kernaktivität von kollegialer Beratung auf: Dort geht es darum, berufliche Probleme zu erkennen und zu benennen, sie von verschiedenen Seiten zu betrachten, und anschließend Lösungen zu entwickeln und Veränderungen einzuleiten (vgl. Abschnitt 3.1.2). Die Interventionsteilnehmer praktizieren und üben, Probleme zu erkennen, zu benennen und Lösungen zu entwickeln. Diese Bezüge führen zu der Annahme, dass sich die Intervention auf Ausprägungen in diesem Faktor bedeutend wirksam zeigt.

---

49 Eine Analyse auf Itemebene wäre bedeutend aufschlussreicher, kam jedoch wegen der dafür nicht ausreichend großen Stichprobengröße von $n = 95$ nicht in Betracht.

50 Bereits Henschels (2005) Hauptkomponentenanalyse aller Items der Facette ‚Fachkompetenz' erbrachte bei einer Stichprobe von $n = 349$ lediglich eine 2-Faktorenlösung, weshalb sie vorschlägt, die drei ersten Skalen als Teile einer Dimension *innovatives Prozessdenken* zu interpretieren.

Zweiter Faktor: Menschen bewegen und sich vernetzen

Auf den zweiten Faktor (Eigenwert $\lambda = 3.02$) laden die vier Skalen *Motivation von Anderen* ($a_i = .82$), *Kontaktaufbau und -pflege* ($a_i = .79$), *Akzeptanz und Anerkennung* ($a_i = .67$) sowie *Positionierung des eigenen Standpunktes* ($a_i = .60$), die alle der ursprünglichen KRI-Kompetenzfacette ‚Sozialkompetenz' entstammen (vgl. Tabelle 21, S. 253). Die Skala *Positionierung des eigenen Standpunktes* weist zudem eine nicht unerhebliche Nebenladung ($a_i = .48$) auf dem ersten Faktor auf. Um möglichst trennscharfe Interpretationen für die Faktoren zu gewährleisten, wird diese Skala bei der inhaltlichen Interpretation des Faktors nicht berücksichtigt. Die drei übrigen Skalen betonen gemeinsam die soziale Vernetzung und die aktive Kooperation mit Anderen, weshalb der Faktor als *Menschen bewegen und sich vernetzen* interpretiert wird.

Wirkungsbezüge zwischen kollegialer Beratung und diesem Faktor lassen sich mittelbar herstellen, wenn in der Peergruppe in bedeutsamer Anzahl solche Fälle beraten werden, in denen die Kooperationsbeziehungen zwischen Beratenen und Anderen bezogen auf ein Ziel wirksamer gestaltet werden sollen (*Motivation von Anderen*). Darüber hinaus ist denkbar, dass die Zugehörigkeit zur Peergruppe selber Auswirkungen auf berufliche Kontakte zeitigt und die soziale Interaktion in der Peergruppe dazu führt, dass deren Mitglieder sich stärker akzeptiert und anerkannt erleben (*Kontaktaufbau und -pflege*). Insgesamt sind jedoch eher geringe bis mäßige Effekte durch die Intervention zu erwarten.

Dritter Faktor: berufliche Beanspruchung

Auf den dritten Faktor (Eigenwert $\lambda = 2.98$) laden alle vier Beanspruchungsskalen negativ (vgl. Tabelle 21, S. 253): *Kognitive Irritation* ($a_i = -.80$), *OLBI Erschöpfung* ($a_i = -.76$), *Emotionale Irritation* ($a_i = -.69$) und *OLBI Distanzierung* ($a_i = -.61$). Dieser Faktor wird daher als *berufliche Beanspruchung* interpretiert.

Die Beziehung zwischen erfolgreicher kollegialer Beratung und einer Verminderung beruflicher Beanspruchung wurde in Abschnitt 4.2.2 ausführlicher dargelegt. Kollegiale Beratung kann demnach dazu beitragen, Faktoren zu vermindern, die zum Stresserleben und zur Entwicklung längerfristiger Stressfolgen beitragen, indem belastende berufliche Situationen (instrumentelles Coping) bzw. der Umgang mit ihnen (palliatives bzw. emotionales Coping) verändert werden. Dabei können die Gruppe, ein durch sie erlebter Rückhalt und die Erfahrungen der Gruppenmitglieder als Ressourcen im Sinne des transaktionalen Stressmodells eingeschätzt werden.

Bezogen auf das Konstrukt ‚Irritation' wurde schon in Abschnitt 4.2.2 die Annahme formuliert, dass kollegiale Beratung stärker darin wirksam sein kann, *kognitive Irritation* zu reduzieren als *emotionale Irritation*. Hinsichtlich der beiden Skalen des OLBI lässt sich vermuten, dass kollegiale Beratung stärker dazu beitragen kann, *Erschöpfung* zu vermindern als *Distanzierung*. Demerouti (1999) zufolge gehen höhere Ausprägungen an Erschöpfung stärker mit dem Erleben von z. B. Zeitdruck und Rollenkonflikten einher, während höhere Ausprägungen bei Distanzierung in Zusammenhang mit fehlenden motivationalen Anreizen durch Inhalte und Rahmenbedingungen der Tätigkeit stehen. Berufliche Probleme, die mit Faktoren wie Zeitdruck oder Rollenkonflikten in Verbindung stehen, sind als Fallthemen eher geeignet (und werden erfahrungsgemäß bevorzugt ausgewählt) als Fragen zu motivationalen Anreizen durch Inhalte und Rahmenbedingungen der Arbeitstätigkeit.

Vierter Faktor: systematisches und reflektiertes Handeln

Auf den vierten Faktor (Eigenwert $\lambda = 2.55$) laden die fünf Skalen *Planung* ($a_i = .82$), *Reflexion* ($a_i = .72$), *Kenntnis der Organisation und Abläufe* ($a_i = .62$), *Mitwirkung* ($a_i = .59$) sowie *Moderation und Präsentation* ($a_i = .51$) (vgl. Tabelle 21, S. 253). Die Skalen *Kenntnis der Organisation und Abläufe* und *Moderation und Präsentation* werden wegen ihrer nicht unerheblichen Nebenladungen auf anderen Faktoren bei der inhaltlichen Interpretation nachrangig berücksichtigt. In Hinblick auf die Items der beiden Skalen mit den höchsten Ladungswerten ist dieser Faktor als *systematisches und reflektiertes Handeln* zu interpretieren.

Auch zwischen kollegialer Beratung und einer Entwicklung der Selbsteinschätzung systematischen und reflektierten Handelns sind plausible Verbindungslinien herstellbar – dies kann vor allem für den Bereich der Reflexion vermutet werden, der dem Planen voraus geht. Kollegiale Beratung als Format ergebnisorientierter Selbstreflexion bietet einen Rahmen für einen systematischen Reflexionsprozess der Beratenen über berufliche Themen; durch stellvertretendes Lernen können entsprechende Reflexionsprozesse bei Beratenden angestoßen werden. Erwartet werden kann auch, dass sich im Zuge der Fallberatungen und durch Fachgespräche zwischen den Peergruppenmitgliedern das Wissen über die Organisation und über Abläufe erhöht.

6.6.4 Resümee zu den Ergebnissen der Datenanalyse

Nach Prüfung der Dimensionalität der abhängigen Variablen und den Komponentenanalysen kann die Zahl der abhängigen Variablen sinnvoll reduziert werden. Es verbleiben vier inhaltlich klar interpretierbare und statistisch konsistente Faktoren (vgl. Tabelle 22, Anhang S. 254):

1. Problemlösen
2. Menschen bewegen und sich vernetzen
3. berufliche Beanspruchung
4. systematisches und reflektiertes Handeln

Die interpretierte Vier-Faktoren-Lösung unterscheidet drei Kompetenzfaktoren und einen Beanspruchungsfaktor. Darin spiegelt sich wider, dass berufliche Kompetenzen und berufliche Beanspruchungen als Konstrukte hohe Unabhängigkeit voneinander aufweisen.

Alle vier Faktoren lassen sich in plausible inhaltliche Zusammenhänge zu Prozessen und möglichen Folgen kollegialer Beratung bringen. Die abhängigen Variablen jedes Faktors mit den jeweils höchsten Ladungen können als Markiervariablen betrachtet und zu einer empirischen Überprüfung der nunmehr präzisierbaren Hypothesen zu den personenbezogenen Wirkungen von kollegialer Beratung herangezogen werden. Wegen des zumeist geringen Ladungsunterschieds der beiden ersten abhängigen Variablen jedes Faktors werden jeweils zwei abhängige Variablen zur Hypothesenprüfung verwendet.

Die vier faktorenanalytisch gewonnenen Konstrukte werden im weiteren Verlauf dieser Arbeit als *Komposita* bezeichnet, weil es sich um eine statistisch komponierte und inhaltlich interpretierte Lösung handelt. Dies geschieht mit der Absicht, sprachliche Irritationen im Zusammenhang mit den Faktoren der Varianzanalysen zu vermeiden.

7 Evaluationsergebnisse

In diesem Kapitel werden die Ergebnisse der Evaluation vorgestellt. Nach den Resultaten der Prüfung der Äquivalenz der Untersuchungsgruppen (7.1) werden die empirischen Ergebnisse zu den Hypothesen dargestellt (7.2), gefolgt von einer Zusammenfassung der empirischen Ergebnisse (7.3).

7.1 Ergebnisse zur Äquivalenz der Untersuchungsgruppen

Beide Untersuchungsgruppen wurden hinsichtlich relevanter Merkmale auf Ähnlichkeit bzw. Unterschiedlichkeit geprüft (vgl. Abschnitt 6.3.5). Von einer standardmäßigen Korrektur des α-Niveaus wurde aus den in Abschnitt 6.6.1 dargestellten Gründen auch bei diesen Variablen abgesehen. Mittelwerte, Standardabweichungen sowie χ^2- bzw. t-Werte finden sich im Anhang in Tabelle 24 auf S. 255 (nominalskalierte Variablen), Tabelle 25 auf S. 255 (intervallskalierte Variablen) sowie Tabelle 26 auf S. 256 (KFZA). Mittelwerte und Standardabweichungen für die abhängigen Variablen sind Tabelle 14 auf S. 202 zu entnehmen.

Organisationszugehörigkeit

Alle Untersuchungsteilnehmer gehörten derselben Organisation an, was mögliche Unterschiede bezogen auf die Unternehmenskultur gegenüber Teilnehmern aus unterschiedlichen Unternehmen oder Branchen minimiert.

Geschlechterverteilung, Alter und Berufserfahrung

Hinsichtlich der Geschlechterverteilung, des Alters und der Dauer der Berufserfahrung ergeben sich keine statistisch signifikanten Unterschiede zwischen Interventions- und Kontrollgruppe.

Führungstätigkeit, Führungsspanne und Führungserfahrung

Erhoben wurden (1) der Anteil an Führungskräften in Interventions- und Kontrollgruppe zu beiden Messzeitpunkten, (2) die Führungsspanne der Führungskräfte zu beiden Messzeitpunkten sowie (3) der zeitliche Umfang der Führungserfahrung der Führungskräfte zu $t_{2.}$ In keiner dieser drei Variablen unterscheiden sich die Untersuchungsgruppen signifikant.

Teilnahme an Personalentwicklungsmaßnahmen im Untersuchungszeitraum

Die Untersuchungsteilnehmer waren im Fragebogen zu t_2 gefragt worden: „Haben Sie zwischen Herbst 2003 und dem Jahresende 2004 an Personalentwicklungsmaßnahmen teilgenommen? (z. B. Schulungen / Seminare / Trainings / Coaching)" – Antwortmöglichkeiten: Ja/Nein – „Wenn ja, in welchem Umfang zu welchem Thema?" – hier folgte eine leere zweispaltige Tabelle (siehe Dokument 10, S. 280 und Dokument 11, S. 282 im Anhang).

Bezogen auf den Anteil an Mitgliedern in Interventions- und Kontrollgruppe, die im Untersuchungszeitraum an (weiteren) Maßnahmen zur Personalentwicklung teilgenommen hatten sowie hinsichtlich des zeitlichen Umfangs der Teilnahme ergeben sich keine statistisch signifikanten Unterschiede. Im fraglichen Zeitraum nahmen Mitglieder aus beiden Untersuchungsgruppen an PE-Maßnahmen teil, aus der Interventionsgruppe ein Anteil von 43% mit durchschnittlich 8.7 Tagen (zusätzlich zu kollegialer Beratung) und aus der Kontrollgruppe ein Anteil von 60% mit durchschnittlich 6.2 Tagen.

Als Themen der im Untersuchungszeitraum besuchten zusätzlichen Weiterbildungen gaben die Teilnehmer der Interventionsgruppe an:

> Advanced Management Program, Speedreading, HR-Management, Management Summer School, fachliche Schulungen, mentales Training, Selbstmanagement, Konfliktmanagement, Fit im Verkauf, individuelles Coaching, Konzernstrategie, Führen im Verkauf.

Die PE-Teilnehmer der Kontrollgruppe benannten als Maßnahmen:

> Advanced Management Program, Moderation, internationales HR-Management, Projektleitung, Projektmanagement, Kommunikation im Führungsalltag, Konflikt-Management, Arbeit und Zeitmanagement, Management im multikulturellen Umfeld, Grundlagen der Führung, Informatik, Java-Software, Security-Informatik, professionelle Softwareentwicklung, fachbezogene Seminare, Rhetorikkurs, Coaching, Französisch-Kurs, Management Summer School, Marketing und Selektion, Konfliktlösen im Team, Sozialversicherungs-/Arbeitsrecht, Führen im Verkauf.

In beiden Gruppen wird auf inhaltlicher Ebene eine Mischung aus fachbezogenen und überfachlichen Weiterbildungsthemen ersichtlich, wobei überfachliche Personalentwicklungs-Themen jeweils deutlich überwiegen. Die Themenschwerpunkte in beiden Untersuchungsgruppen können als vergleichbar angesehen werden.

Merkmale der Arbeitstätigkeit und der Arbeitsbedingungen

Im Fragebogen zu t_2 wurden die Untersuchungsteilnehmer gefragt: „Haben sich zwischen Herbst 2003 und dem Jahresende 2004 Veränderungen in Ihrer Arbeitsaufgabe oder Arbeitstätigkeit ergeben (z. B. Änderung des Aufgabenbereichs, Wechsel des Arbeitsplatzes)?" – Antwortmöglichkeiten: Ja/Nein – „Wenn ja, welche?" – hier folgte eine leere zweispaltige Tabelle.

Beide Gruppen unterscheiden sich nicht signifikant im Anteil an Mitgliedern, die im Lauf des Untersuchungszeitraums Veränderungen in ihrer Arbeitsaufgabe bzw. -tätigkeit erfahren hatten. Im Vergleich der angegebenen Veränderungen zeigen sich keine auffälligen Entwicklungen in einer der beiden Gruppen.

Auf inhaltlicher Ebene wurden von den Mitgliedern der Interventionsgruppe folgende Veränderungen angegeben:

> Übernahme von neuen oder zusätzlichen Führungsaufgaben, der Wechsel in eine neue Abteilung, mehr Projektarbeit, weniger Projektarbeit oder die Übernahme neuer thematischer Verantwortungsbereiche.

Die Mitglieder der Kontrollgruppe gaben diese Veränderungen an:

> Übernahme von Projektleitungsaufgaben, Stellenwechsel innerhalb des Unternehmens, die Übernahme neuer Führungsaufgaben und -rollen, den Wechsel des eigenen Vorgesetzten, Umstrukturierungen, Entlastung durch Assistenten.

Im Vergleich der Gruppen hinsichtlich der Ausprägung beanspruchungsrelevanter Arbeitsmerkmale zu Beginn der Untersuchung (t_1) zeigen sich in 10 von 11 Skalen des KFZA keine signifikanten Unterschiede[51]. In der Skala *Ganzheitlichkeit* wurde ein signifikanter Effekt der Gruppenzugehörigkeit errechnet, wonach die Mitglieder der Interventionsgruppe ihre Tätigkeit weniger ganz-

51 Die internen Konsistenzen der Skalen des KFZA zu beiden Messzeitpunkten können Tabelle 27 im Anhang auf S. 256 entnommen werden.

heitlich erlebten. Die geringe interne Konsistenz der Skala weist jedoch darauf hin, dass das Konstrukt offenbar aus verschiedenen Facetten besteht. Inwieweit der signifikante Effekt auf einen Unterschied der Gruppen bezüglich des Gesamtkonstrukts hinweist, ist daher fraglich.

Bezogen auf Veränderungen in den Ausprägungen der erhobenen Merkmale zwischen t_1 und t_2 ergeben sich in neun von elf Skalen des KFZA keine signifikanten Interaktionseffekte (vgl. Tabelle 28 auf S. 257). In der Skala *Zusammenarbeit* verminderte sich der Mittelwert der Interventionsgruppe, während er bei der Kontrollgruppe stieg. In der Skala *Quantitative Arbeitsbelastungen* sank der Mittelwert der Interventionsgruppe, während er in der Kontrollgruppe anstieg.

Prätestgruppendifferenzen der abhängigen Variablen

Zwischen Interventions- und Kontrollgruppe zeigen sich bezogen auf die Ausprägungen der abhängigen Variablen keine signifikanten Prätestgruppendifferenzen (Levene-Test).

Zusammenfassende Bewertung der Äquivalenz der Untersuchungsgruppen

Bezogen auf die weitaus meisten der erhobenen Variablen bestehen keine statistisch signifikanten Unterschiede zwischen Interventions- und Kontrollgruppe. Vor diesem Hintergrund erscheint es insgesamt gerechtfertigt, von einer Äquivalenz der Untersuchungsgruppen auszugehen. Dies stärkt zusätzlich die Voraussetzungen für die Varianzanalyse.

Der Anteil von PE-Teilnehmern beider Untersuchungsgruppen, das Volumen ihrer Teilnahme sowie die thematischen Schwerpunkte der Maßnahmen sind für die vorliegende Untersuchung hochgradig bedeutsam. Der jeweilige Anteil der PE-Teilnehmer und der von ihnen angegebene Teilnahmeumfang sind als erheblich zu bewerten. Allein letzterer liegt deutlich über dem Zeitrahmen, der für die Teilnahme an der Intervention veranschlagt war und tatsächlich realisiert wurde. Dabei bilden die Angaben der Untersuchungsteilnehmer vermutlich eine konservative Schätzung für den tatsächlichen Umfang erfahrener PE-Maßnahmen in beiden Gruppen. Der Sinn aller Personalentwicklungs-Maßnahmen besteht darin, Facetten beruflicher Handlungskompetenzen zu fördern. Deshalb ist davon auszugehen, dass sich die umfangreiche

Teilnahme an einschlägigen, kompetenzrelevanten Weiterbildungen vor allem auf die kompetenzbezogenen abhängigen Variablen deutlich auswirkt und diese Einflüsse mit den Effekten der Intervention zur kollegialen Beratung konfundieren.

7.2 Ergebnisse zu den Effekten der Intervention

Um Dimensionalität und Variablenstruktur zu erkunden, wurde eine Faktorenanalyse über alle 23 abhängigen Variablen gerechnet. Nach einer Rotation ergaben sich vier inhaltlich interpretierbare und statistisch konsistente Faktoren mit Eigenwerten von $\lambda > 1$ (vgl. Abschnitt 6.6.3). Jeder dieser vier Faktoren wird im Folgenden als Kompositum durch zwei Markiervariablen (Skalen) repräsentiert.

Für die Hypothesenprüfung wurden zweifaktorielle Varianzanalysen mit Messwiederholungsfaktor über die Markiervariablen der Komposita gerechnet. Zuvor wurde der Datensatz auf grundlegende Voraussetzungen für Varianzanalysen geprüft (vgl. Nachtigall & Wirtz, 2006): Normalverteilung, Varianzhomogenität (Levene-Test) und Vergleichbarkeit der Mittelwerte der Untersuchungsgruppen (vgl. Abschnitt 7.1). Die internen Konsistenzen (Cronbachs α) der Skalen zu beiden Erhebungszeitpunkten in dieser Studie nehmen mit einer Ausnahme Werte von $\alpha = .79$ bis $\alpha = .93$ an und können als gut bis sehr gut bewertet werden (vgl. Tabelle 23, S. 254). Die Reihenfolge, in der die Ergebnisse der Varianzanalysen über die Markiervariablen der Komposita dargestellt werden, orientiert sich an der Höhe der Eigenwerte der Faktoren (λ), die gleichzeitig mit deren relativer Bedeutung korrespondieren. Mittelwerte und Standardabweichungen können der Tabelle 14 (S. 202) entnommen werden.

7.2.1 Interaktionseffekte und Haupteffekte

Zunächst liegt der Fokus auf den Interaktionseffekten zu den acht Skalen der abhängigen Variablen, da signifikante Interaktionseffekte der beiden Faktoren Zeitpunkt und Gruppenzugehörigkeit die gewichtigsten Argumente darstellen, um statistische Hypothesen anzunehmen. Eine Interaktion verweist auf die Wirkung einer Kombination von zwei Faktorstufen (Nachtigall & Wirtz, 2006).

Ergebnisse zum Kompositum Problemlösen

Das Kompositum *Problemlösen* ($\lambda = 3.33$) wird durch die KRI-Skalen *Entwicklung von Lösungen* ($a_i = .88$) und *Problemerkennung* ($a_i = .82$) als Markiervariablen repräsentiert.

- Für die Skala *Entwicklung von Lösungen* errechnet sich kein signifikanter Interaktionseffekt (vgl. Tabelle 10), jedoch ein signifikanter Haupteffekt ($F(1, 61) = 6.45, p < .05$) des Zeitfaktors.
- Bei der Skala *Problemerkennung* ergibt die zweifaktorielle Varianzanalyse mit Messwiederholungsfaktor einen signifikanten Interaktionseffekt ($F(1, 61) = 4.13$, $p < .05$) mit einer mittleren Effektstärke[52] von $\eta^2 = .06$ (vgl. Tabelle 10). Zusätzlich resultiert ein sehr signifikanter Haupteffekt des Zeitfaktors ($F(1, 61) = 13.04, p < .01$).

Tabelle 10: Zweifaktorielle Varianzanalysen mit Messwiederholungsfaktor zu den Markiervariablen des Kompositums *Problemlösen*

Quelle der Varianz	*df*	*F*	*p*	η^2	*1-β*
Entwicklung von Lösungen (Zeit)	1	6.45	.01	.10	.71
Entwicklung von Lösungen * Gruppe	1	.51	.48	.01	.11
Fehler (Entwicklung von Lösungen)	61				
Problemerkennung (Zeit)	1	13.04	.00	.18	.94
Problemerkennung * Gruppe	1	4.13	.047	.06	.52
Fehler (Problemerkennung)	61				

Anmerkung: $F_{krit}(1, 61, \alpha = .05) = 3.99$.

Ergebnisse zum Kompositum Menschen bewegen und sich vernetzen

Das Kompositum *Menschen bewegen und sich vernetzen* ($\lambda = 3.02$) wird durch die KRI-Skalen *Motivation von Anderen* ($a_i = .82$) und *Kontaktaufbau und -pflege* ($a_i = .79$) als Markiervariablen repräsentiert.

52 Die Effektstärke η^2 (Eta^2) gibt bei Varianzanalysen den durch einen Faktor erklärten Varianzanteil einer abhängigen Variablen an der Gesamtvarianz wieder. η^2 bezeichnet damit die Stärke des Einflusses eines Faktors (vgl. Nachtigall & Wirtz, 2006), wobei $\eta^2 = .01$ als kleiner Effekt, $\eta^2 = .06$ als mittlerer Effekt und $\eta^2 = .14$ als großer Effekt interpretiert wird.

- Für die Skala *Motivation von Anderen* ergeben sich weder ein signifikanter Interaktionseffekt noch ein signifikanter Haupteffekt des Zeitfaktors (vgl. Tabelle 11).
- Für die Skala *Kontaktaufbau und -pflege* ergibt sich kein signifikanter Interaktionseffekt, jedoch ein signifikanter Haupteffekt beim Zeitfaktor ($F(1, 61) = 8.34, p < .05$) (vgl. Tabelle 11).

Tabelle 11: Zweifaktorielle Varianzanalysen mit Messwiederholungsfaktor zu den Markiervariablen des Kompositums *Menschen bewegen und sich vernetzen*

Quelle der Varianz	*df*	*F*	*p*	η^2	*1-β*
Motivation von Anderen (Zeit)	1	3.55	.06	.06	.46
Motivation von Anderen * Gruppe	1	1.73	.19	.03	.25
Fehler (Motivation von Anderen)	61				
Kontaktaufbau und -pflege (Zeit)	1	8.34	.01	.12	.81
Kontaktaufbau und -pflege * Gruppe	1	.18	.67	.00	.07
Fehler (Kontaktaufbau und -pflege)	61				

Anmerkung: $F_{krit}(1, 61, \alpha = .05) = 3.99$.

Ergebnisse zum Kompositum berufliche Beanspruchung

Das Kompositum *berufliche Beanspruchung* ($\lambda = 2.98$) wird durch die Skala *kognitive Irritation* ($a_i = -.80$) der Irritationsskala und durch die Skala *Erschöpfung* ($a_i = -.76$) des OLBI als Markiervariablen repräsentiert.

- Für die Skala *kognitive Irritation* ergibt sich ein signifikanter Interaktionseffekt ($F(1, 61) = 6.16$, $p < .05$) mit einer mittleren Effektstärke von $\eta^2 = .09$ und kein Haupteffekt des Zeitfaktors (vgl. Tabelle 12 auf S. 198).
- Für die Skala *Erschöpfung* resultiert ein signifikanter Interaktionseffekt ($F(1, 61) = 5.27$, $p < .05$) bei einer mittleren Effektstärke von $\eta^2 = .08$. Ein signifikanter Haupteffekt des Zeitfaktors findet sich nicht (vgl. Tabelle 12 auf S. 198).

Tabelle 12: Zweifaktorielle Varianzanalysen mit Messwiederholungsfaktor zu den Markiervariablen des Kompositums *berufliche Beanspruchung*

Quelle der Varianz	*df*	*F*	*p*	η^2	*1-β*
kognitive Irritation (Zeit)	1	.53	.47	.01	.11
kognitive Irritation * Gruppe	1	6.16	.016	.09	.69
Fehler (kognitive Irritation)	61				
Erschöpfung (Zeit)	1	2.37	.13	.04	.33
Erschöpfung * Gruppe	1	5.27	.025	.08	.62
Fehler (Erschöpfung)	61				

Anmerkung: $F_{krit}(1, 61, \alpha = .05) = 3.99$.

Ergebnisse zum Kompositum systematisches und reflektiertes Handeln

Das Kompositum *systematisches und reflektiertes Handeln* ($\lambda = 2.55$) wird durch die KRI-Skalen *Planung* ($a_i = .82$) und *Reflexion* ($a_i = .72$) als Markiervariablen repräsentiert.

- Zur Skala *Planung* zeigt sich kein signifikanter Interaktionseffekt, aber ein sehr signifikanter Haupteffekt des Faktors Zeit ($F(1, 61) = 15.23$, $p < .01$) (vgl. Tabelle 13).
- Für die Skala *Reflexion* resultiert kein signifikanter Interaktionseffekt, hingegen ein sehr signifikanter Haupteffekt des Zeitfaktors ($F(1, 61) = 15.35, p < .01$) (vgl. Tabelle 13).

Tabelle 13: Zweifaktorielle Varianzanalysen mit Messwiederholungsfaktor zu den Markiervariablen des Kompositums *systematisches und reflektiertes Handeln*

Quelle der Varianz	*df*	*F*	*p*	η^2	*1-β*
Planung (Zeit)	1	15.23	.00	.20	.97
Planung * Gruppe	1	2.03	.16	.03	.29
Fehler (Planung)	61				
Reflexion (Zeit)	1	15.35	.00	.20	.97
Reflexion * Gruppe	1	2.79	.10	.04	.38
Fehler (Reflexion)	61				

Anmerkung: $F_{krit}(1, 61, \alpha = .05) = 3.99$.

7.2.2 Resümee zu den Interaktionseffekten

Die Ergebnisse der Varianzanalysen legen nahe, dass die Intervention zur kollegialen Beratung klar effektiv war bezogen auf das Kompositum *berufliche Beanspruchung* und teilweise effektiv bezogen auf das Kompositum *Problemlösen*. Die Effektivität der Intervention hinsichtlich der beiden Komposita *Menschen bewegen und sich vernetzen* sowie *systematisches und reflektiertes Handeln* wird hingegen von den Ergebnissen der Varianzanalysen nicht gestützt.

Mit Blick auf die signifikanten Interaktionseffekte kann die Hypothese $H_{1,2}$, derzufolge sich relevante berufliche Beanspruchungen infolge einer Intervention zur kollegialen Beratung vermindern, bezogen auf die untersuchte Stichprobe eindeutig angenommen werden. Hypothese $H_{1,1}$, derzufolge sich die Selbsteinschätzung relevanter beruflicher Handlungskompetenzen infolge einer Intervention zur kollegiale Beratung steigert, kann an dieser Stelle lediglich partiell angenommen werden hinsichtlich eines Zuwachses beim Kompositum *Problemlösen*. Für die Annahme der Hypothese $H_{1,1}$ in Hinblick die Komposita *Menschen bewegen und sich vernetzen* sowie *systematisches und reflektiertes Handeln* liefern diese empirischen Befunde keine Unterstützung.

7.2.3 Diskussion der Haupteffekte

In fünf von sechs KRI-Skalen wurden signifikante oder sehr signifikante Haupteffekte des Faktors Zeit mit hohen Effektstärken von $\eta^2 = .10$ bis $\eta^2 = .20$ errechnet. Darin spiegelt sich wider, dass die Mittelwerte sowohl der Interventions- als auch der Kontrollgruppe von t_1 zu t_2 signifikante gleichgerichtete Zuwächse verzeichneten. In beiden Gruppen haben demnach bedeutende kompetenzsteigernde Einflüsse gewirkt.

Eine plausible Erklärung für den Einfluss zusätzlicher Variablen besteht darin, dass im Untersuchungszeitraum ein hoher Anteil an Mitgliedern beider Gruppen in umfangreichem Ausmaß an (weiteren) PE-Maßnahmen teilgenommen hatte (vgl. Abschnitt 7.1). Eine andere Erklärung wäre, dass diese Effekte Ausdruck systematischer Antworttendenzen sind. Dies erscheint jedoch unwahrscheinlich, weil sich das Antwortverhalten der Untersuchungsteilnehmer bei den Skalen des KRI von dem bei den Skalen des KFZA klar unterscheidet. Bei Letzterem verhielten sich die Merkmalsausprägungen in beiden Gruppen über den Zeitraum der Untersuchung hinweg weitgehend stabil (vgl. Abschnitt 7.1). Es besteht keine hinreichend plausible Erklärung dafür, warum sich systematische Antworttendenzen in einem Erhebungsinstrument abzeichnen sollten, im anderen, das zeitgleich bearbeitet wurde, jedoch nicht.

In den beiden Skalen zur beruflichen Beanspruchung (kognitive Irritation und Erschöpfung) zeigen sich neben den signifikanten Interaktionseffekten keine Haupteffekte (vgl. Tabelle 12). Mit diesem Befund geht einher, dass sich in den Angaben aus beiden Untersuchungsgruppen zu (weiteren) PE-Maßnahmen keine Maßnahme findet, die explizit darauf ausgerichtet gewesen wäre, berufliche Beanspruchung zu vermindern. Daraus ergeben sich Anhaltspunkte für die Annahme, dass die positive Entwicklung der Selbsteinschätzung beruflicher Kompetenzen nicht generell einhergeht mit einer Verminderung beruflicher Beanspruchung. Überdies stützt dieser Befund die Ergebnisse der Faktorenanalyse (vgl. Abschnitt 6.6.3), dass es sich bei beruflichen Kompetenzen und beruflichen Beanspruchungen um zwei voneinander unabhängige Konstrukte handelt.

7.2.4 Mittelwertdifferenzen

Eine weitere Perspektive auf die empirisch erhobenen Daten eröffnet sich, wenn die Mittelwerte von Interventions- und Kontrollgruppe zu beiden Erhebungszeitpunkten und daraus berechneten Mittelwertdifferenzen jenseits von Signifikanzen betrachtet werden. Um den Differenzen der Mittelwertdifferenzen beider Untersuchungsgruppen höhere Aussagekraft zu verleihen, werden sie standardisiert. Hierfür wird das Effektstärkemaß d_{korr} berechnet[53], das sich auf Cohens d beziehen lässt (vgl. Bauer, Fußangel, Kemna, Preußler & Schulz-Zander, 2005; Glaser, 2004). Die korrigierte Effektstärke d_{korr} eignet sich zur Darstellung von Interaktionseffekten von Varianzanalysen unabhängig von Signifikanzen.

Cohens d stellt ein Maß für die relative Effektstärke dar. Es gibt in der Metrik von Standardabweichungen an, in welchem Maße sich die Werteverteilungen zweier Gruppen unterscheiden. Konventionell werden Effektstärken von $d = .2$ als schwach, von $d = .5$ als mittel und von $d = .8$ als stark klassifiziert (vgl. Bortz & Döring, 2006). Diese Werte bieten zwar Anhaltspunkte für eine Einschätzung der praktischen Bedeutsamkeit von Effekten, sie können

53 Das Maß d_{korr} fand bereits bei der Evaluation von Interventionen mit ähnlichen Designs (2 Gruppen, 2 Messzeitpunkte) Verwendung (vgl. Bauer, Fußangel, Kemna, Preußler & Schulz-Zander, 2005; Dargel, 2005; Glaser, 2004; Hartmann, 2002; Walter, 2005).

jedoch nicht unabhängig von Untersuchungsdesign und -inhalten interpretiert werden.

Berechnung von d_{korr}

Für die Interaktionseffekte der Varianzanalysen wird die korrigierte Effektstärke d_{korr} nach Gleichung 1 berechnet (Klauer, 1993; zitiert nach Jacobs, 1999, o. S.), um etwaige Prätestdifferenzen zwischen den Gruppen zu berücksichtigen:

$$d_{\text{korr}} = d_{\text{Nachtest}} - d_{\text{Vortest}} \tag{1}$$

Das *d* aus Vortest und Nachtest wird gemäß Gleichung 2 berechnet:

$$d = \frac{\mu_1 - \mu_2}{\sigma} \text{ für die Population bzw. } d = \frac{\bar{x}_{IG} - \bar{x}_{KG}}{s_p} \text{ für die Stichprobe} \tag{2}$$

Als Streuung dient die gepoolte Streuung s_p aus beiden Gruppen nach Gleichung 3:

$$s_p = \sqrt{\frac{(N_{IG} - 1) \cdot s_{IG}^2 + (N_{KG} - 1) \cdot s_{KG}^2}{N_{IG} + N_{KG} - 2}} \tag{3}$$

Die so berechnete Effektstärke d_{korr} bezieht sich nicht allein auf den Effekt in der Interventionsgruppe, sondern sie wird um den Effektstärkewert der Kontrollgruppe korrigiert. Die korrigierte Effektstärke liefert somit ein Maß für den Effekt, der auf die Intervention zurückzuführen ist und bildet mit ihrem Vorzeichen auch mögliche Effektrichtungen ab.

Die beiden Effektstärkemaße η^2 und d_{korr} können für Varianzanalysen vermutlich als Äquivalente betrachtet werden, da ihre Klassifizierungsempfehlungen bei den empirisch gefundenen Werten dieser Untersuchung zu weitgehend korrespondierenden Interpretationen führen. η^2 bezieht sich dabei auf den Varianzanteil, der durch einen Faktor erklärt werden kann (vgl. Nachtigall

& Wirtz, 2006), d_{korr} gibt die standardisierte Mittelwertdifferenz wieder. Abweichungen können daraus resultieren, dass in η^2 heterogene Entwicklungen innerhalb der Untersuchungsgruppen einfließen, während sie bei d_{korr} unberücksichtigt bleiben müssen, da das Maß aus den Mittelwerten und Standardabweichungen zu beiden Untersuchungszeitpunkten berechnet wird.

Berechnete d_{korr}-Werte und Auffälligkeiten

Tabelle 14: Mittelwerte, Standardabweichungen und Effektstärken d_{korr} der abhängigen Variablen von Interventions- und Kontrollgruppe zu t_1 und t_2

			Interventionsgruppe				**Kontrollgruppe**				
			IG t_1		IG t_2		KG t_1		KG t_2		
	Skala	**Items**	*AM*	*SD*	*AM*	*SD*	*AM*	*SD*	*AM*	*SD*	d_{korr}
1	Entwicklung von Lösungen	3	73.49	14.85	77.30	13.61	78.25	11.02	80.40	10.18	.11
	Problemerkennung	3	70.63	14.93	78.57	11.86	77.06	12.69	79.28	10.19	**.41**
2	Motivation von Anderen	5	69.24	14.84	75.14	10.89	67.50	16.81	68.55	18.84	**.29**
	Kontaktaufbau und -pflege	4	73.81	17.69	78.69	12.14	70.24	18.07	73.87	17.09	.11
3	Kognitive Irritation*	3	3.84	1.57	3.38	1.23	3.43	1.37	3.68	1.37	**-.51**
	Erschöpfung	8	2.17	.53	1.99	.48	1.94	.46	1.97	.48	**-.43**
4	Planung	4	71.07	18.38	79.76	11.78	71.01	12.26	75.06	13.68	**.35**
	Reflexion	4	67.14	14.52	76.31	13.41	69.94	14.29	73.63	11.65	**.41**

Anmerkungen: n (IG) = 21; n (KG) = 42; Fett: $d_{korr} > |.2|$; * ein fehlender Wert zu t_2 wurde durch den Mittelwert ersetzt.

Die berechneten Effektstärken d_{korr} für jede der acht Skalen sind der rechten Spalte von Tabelle 14 zu entnehmen. Folgende allgemeinen Befunde werden dabei augenfällig:

- Sämtliche d_{korr}-Werte weisen konsistent in die hypothetisch erwartete Richtung zugunsten der Interventionsgruppe; für die sechs kompetenzbezogenen Skalen mit positivem Vorzeichen als Zeichen für einen Zuwachs, für beide Skalen des Kompositums *berufliche Beanspruchung* mit negativem Vorzeichen als Ausdruck einer Verminderung.

- Die positiven Mittelwertdifferenzen der Interventionsgruppe liegen auch bei allen nichtsignifikanten Kompetenz-Skalen über denen der Kontrollgruppe. Bei vier der sechs KRI-Skalen zeigen sich bedeutendere Effekte, die zwischen $d_{korr} = .29$ und $d_{korr} = .41$ liegen.

Bezogen auf die vier Komposita lassen sich die folgenden spezifischen Aussagen formulieren:

- Für das Kompositum *Problemlösen* bestätigt sich die partielle Wirksamkeit der Intervention mit Betonung auf der Skala *Problemerkennung*, bei der ein tendenziell mittlerer Effekt von $d_{korr} = .41$ resultiert. Dieser basiert offenbar wesentlich auf dem stärkeren Anstieg des Mittelwerts der Interventionsgruppe ($\Delta\, AM_{t2}/AM_{t1} = 7.94$) gegenüber dem der Kontrollgruppe ($\Delta\, AM_{t2}/AM_{t1} = 2.22$).
- Das Kompositum *Menschen bewegen und sich vernetzen* verzeichnet durchschnittlich die geringsten Effekte. Bei der Skala *Motivation von Anderen* schlägt sich der gegenüber der Kontrollgruppe ($\Delta\, AM_{t2}/AM_{t1} = 1.05$) deutlicher angestiegene Mittelwert der Interventionsgruppe ($\Delta\, AM_{t2}/AM_{t1} = 5.90$) in einem kleinen bis mittleren Effekt in Höhe von $d_{korr} = .29$ nieder.
- Die mittleren Effekte d_{korr} der beiden Skalen des Kompositums *berufliche Beanspruchung* korrespondieren mit den signifikanten mittleren Interaktionseffekten, die zu den Varianzanalysen berechnet wurden. Die Minderung des Mittelwerts der Interventionsgruppe gegenüber der Kontrollgruppe auf der Skala *kognitive Irritation* beträgt eine halbe Standardabweichung ($d_{korr} = -.51$), die auf der OLBI-Skala *Erschöpfung* fällt mit $d_{korr} = -.43$ etwas geringer aus.
- Bei Betrachtung der Effektstärken und der diesen zugrunde liegenden Mittelwertdifferenzen für die beiden Skalen des Kompositums *systematisches und reflektiertes Handeln* werden schwache bis mittlere Effekte deutlich. Dabei erreicht die Skala *Reflexion* einen tendenziell mittleren Effektwert von $d_{korr} = .41$ auf der Grundlage einer höheren Mittelwertdifferenz von $\Delta\, AM_{t2}/AM_{t1} = 9.17$ für die Interventionsgruppe gegenüber $\Delta\, AM_{t2}/AM_{t1} = 3.69$ für die Kontrollgruppe. Die Skala *Planung* erhält immerhin einen Wert von $d_{korr} = .35$, der zwischen niedrig und mittel eingestuft werden kann. Auch hier ist der Zuwachs der Interventionsgruppe ($\Delta\, AM_{t2}/AM_{t1} = 8.69$) deutlich höher als derjenige der Kontrollgruppe ($\Delta\, AM_{t2}/AM_{t1} = 4.05$).

7.3 Zusammenfassung der Ergebnisse zu den Effekten der Intervention

Auf Basis der Vergleichbarkeit von Interventions- und Kontrollgruppe ergab die varianzanalytische Prüfung der Hypothesen:

- Die Hypothese $H_{1,1}$, derzufolge die Intervention zur kollegialen Beratung zu einer statistisch signifikanten Steigerung der Selbsteinschätzung beruflicher Handlungskompetenzen führt, kann lediglich bezogen auf das Kompositum *Problemlösen* partiell als bestätigt gesehen werden. Bezogen auf die beiden Komposita *Menschen bewegen und sich vernetzen* sowie *systematisches und reflektiertes Handeln* kann diese Hypothese nicht bestätigt werden.
- Die Hypothese $H_{1,2}$, derzufolge die Intervention zur kollegialen Beratung effektiv auf eine Verminderung beruflicher Beanspruchung wirkt, kann eindeutig bestätigt werden.

Substanzielle Haupteffekte in fünf von sechs Skalen zur Selbsteinschätzung der beruflichen Handlungskompetenz sind plausibel dadurch erklärbar, dass ein bedeutender Anteil an Mitgliedern beider Untersuchungsgruppen im Untersuchungszeitraum in bedeutendem Umfang an kompetenzrelevanten Personalentwicklungs-Maßnahmen teilnahm.

Mit Blick auf die standardisierten Mittelwertdifferenzen jenseits des Signifikanzraums zeichnen sich Muster ab, die nahelegen, dass die Intervention zur kollegialen Beratung in der Mehrzahl der kompetenzbezogenen Skalen in der hypothetisch angenommenen Richtung nicht unbedeutend wirksam war. Insbesondere bezogen auf das Kompositum *systematisches und reflektiertes Handeln* verdichten sich die Hinweise auf eine Effektivität der Intervention zur kollegialen Beratung, was sich jedoch nicht als signifikanter Effekt nachweisen ließ.

Die Effekte zur Steigerung der Selbsteinschätzung von relevanten beruflichen Handlungskompetenzen durch die Intervention zur kollegialen Beratung zeichnen sich vor allem durch ihre Konsistenz sowie durch ihre Muster aus, die sich aus der Betrachtung unterschiedlicher Kennzahlen und Maße ergeben.

8 Diskussion

Kollegiale Beratung ist ein personenorientiertes Beratungsformat zur ergebnisorientierten Reflexion der beruflichen Praxis. Damit ist sie Gegenstand arbeitswissenschaftlicher Forschung. Charakteristisch für kollegiale Beratung ist, dass sie im Gruppenmodus praktiziert wird, dass berufliche Fälle der Teilnehmenden reflektiert werden, dass der Beratungsprozess sich an einem Ablaufschema orientiert und dass sämtliche Beratungsrollen prinzipiell reversibel sind. Die spezifische Kombination dieser Merkmale macht kollegiale Beratung zu einem eigenen Format und grenzt den Beratungsansatz von anderen Interventionen wie beispielsweise Supervision, Coaching oder Zirkelarbeit ab.

In den vergangenen Jahren hat kollegiale Beratung an Publizität und Verbreitung gewonnen. Sie wird nicht mehr nur in psychosozialen Berufsfeldern praktiziert, sondern auch von Angehörigen pädagogischer Berufe und schließlich in Wirtschaftsorganisationen. Berichte in zahlreichen Publikationen (z. B. de Haan, 2005; Nold, 1998; Rotering-Steinberg, 2001c) weisen darauf hin, dass kollegiale Beratung bei den Teilnehmern ein überaus positives Echo hervorruft. Dem gegenüber erscheint der bisherige Forschungsstand zu den Wirkfaktoren durch empirische Studien unzureichend. In der Arbeits- und Organisationspsychologie ist kollegiale Beratung ein neues Forschungsfeld.

Im Fokus der vorliegenden Arbeit stehen die Wirkprozesse im Zusammenhang mit den Merkmalen von kollegialer Beratung und die personenbezogenen Wirkungen, die mit einer längerfristigen Teilnahme einhergehen. Eine Literaturanalyse zu Zielen und Wirkungen von ergebnisorientierter Reflexion im Rahmen von kollegialer Beratung ergab drei wesentliche Wirkbereiche: (1) die Problemlösung von beruflichen Praxisfällen, (2) der Zuwachs an relevanten beruflichen Handlungskompetenzen und (3) die Verminderung beruflicher Beanspruchung.

Das Ziel dieser Evaluation besteht in einer Analyse personenbezogener Wirkungen von kollegialer Beratung. Mittels quantitativer Methodik wurde evaluiert, welche Auswirkungen mit einer Teilnahme an einer Intervention zur kollegialen Beratung (im statistischen Sinn die unabhängige Variable) auf *berufliche Handlungskompetenzen* und *berufliche Beanspruchung* (im statistischen Sinn die abhängigen Variablen) einhergehen. Hierfür wurde ein quasiexperimentelles Prä-/Post-Design mit Interventions- und Kontrollgruppe konzipiert, im Unternehmensalltag eines Konzerns realisiert und evaluiert. Die Intervention richtete sich im Rahmen eines Führungskräfteentwicklungs-Programms an Führungskräfte und Nachwuchsführungskräfte eines Finanzdienstleistungsunternehmens in der Schweiz. Die Intervention bestand aus einem zweitägigen Einführungsseminar zur kollegialen Beratung, einem aufbauenden Workshops für ausgewählte Personen aus den Peergruppen sowie zwischen drei bis sechs Peergruppentreffen, an denen kollegiale Beratung formatgemäß praktiziert wurde. Der Gesamtzeitraum für alle Interventionselemente umfasste 15 Monate.

Die Diskussion dieser Forschungsarbeit ist in vier wesentliche Abschnitte gegliedert. Zunächst werden die Evaluationsergebnisse diskutiert und kritisch gewürdigt (8.1). Es folgen die Erörterung methodischer Aspekte und Limitationen (8.2) sowie die Meta-Evaluation der Evaluation (8.3). Den Schluss bilden die Einordnung der Arbeit und weiterführende Forschungsfragen (8.4).

8.1 Diskussion und kritische Würdigung der Evaluationsergebnisse

Bezogen auf die vier Wirkungsaspekte nach Kirkpatrick (vgl. Abschnitt 6.1) lag der Interessenschwerpunkt dieser Evaluation auf den Ebenen des Lernens und der Verhaltensänderungen, die mit der Intervention zu kollegialer Beratung einhergehen. Als abhängige Variablen in der Operationalisierung der Konstrukte wurden mittels Fragebogen zur Selbstauskunft berufliche Handlungskompetenzen und berufliche Beanspruchungen erfasst. Die relevanten beruflichen Handlungskompetenzen ließen sich als *Problemlösen*, *Menschen bewegen und sich vernetzen* sowie *systematisches und reflektiertes Handeln* präzisieren.

8.1.1 Der Einfluss von kollegialer Beratung auf berufliche Handlungskompetenzen

Die empirische Überprüfung der Hypothese, dass kollegiale Beratung auf einen Zuwachs hinsichtlich beruflicher Handlungskompetenzen wirkt ($H_{1,1}$; vgl. Abschnitt 6.2), wurde in dieser Studie maßgeblich von Drittvariableneinflüssen durchkreuzt, namentlich dadurch, dass im Interventionszeitraum ein bedeutender Anteil an Mitgliedern aus beiden Untersuchungsgruppen zahlreiche überfachliche und fachliche Personalentwicklungs-Maßnahmen absolviert hatte. Die Interpretation der Daten verlangt Behutsamkeit, weil bei fünf von sechs Markiervariablen für die präzisierten Konstrukte (Komposita aus der faktoriellen Struktur) Haupteffekte des Messwiederholungsfaktors den Blick auf Interaktionseffekte ohne Drittvariableneinflüsse verstellen. Die Muster, die trotz der unvorhersehbaren und für die Evaluation unerwünschten Einflussgrößen außerhalb des Signifikanzraums beschrieben werden können, erweisen sich jedoch bei näherem Hinsehen als konsistent und sinnvoll. Auch wenn diese Muster überwiegend keine statistische Signifikanz ausweisen, so bieten sie doch inhaltlich plausible Verweise auf Wirkprozesse. In diesem Sinne sollen die folgenden Ausführungen verstanden werden.

Die Intervention zur kollegialen Beratung hat sich hinsichtlich des Kompositums *Problemlösen* in einer von zwei Markiervariablen einem Zeiteffekt zum Trotz erwartungskonform als effektiv erwiesen – in der Skala *Problemerkennung*. Diese erhebt die Einschätzung der Befragten, inwieweit sie Probleme und Veränderungsbedarf bei der Arbeit identifizieren und bestehende Abläufe und Prozesse kritisch hinterfragen. Dieses Resultat kann als Indiz dafür interpretiert werden, dass ein Teil des kollegialen Beratungsprozesses, der darin besteht, berufliche Probleme wahrzunehmen und zu benennen, über das engere Beratungsgeschehen hinaus strahlt und berufsbezogen im Sinne gesteigerter Sensibilität generalisiert wird.

Wider Erwarten zeigt sich die Intervention nicht effektiv bei der zweiten Markiervariable des Kompositums *Problemlösen*. Die Skala *Entwicklung von Lösungen* zeigt an, in welchem Ausmaß eine Person sich stark darin wahrnimmt, neue Ideen zur Verbesserung der Arbeit zu entwickeln. Dass ein Effekt sowohl innerhalb als auch jenseits des Signifikanzraums ausbleibt, könnte mit der folgenden Beobachtung zusammenhängen: Betrachtet man den Prozess in kollegialer Beratung, auf den sich eine Wirkannahme stützt, so fällt auf, dass die postulierte Anzahl und inhaltliche Vielfalt an Lösungsbeiträgen auf einer *kollektiven* Leistung im unmittelbaren Austausch mit anderen beruht. Daraus ergibt sich noch keine Erwartung an den Einzelnen, *individuelle* Anstrengungen zu erhöhen – er kann auf die Leistung der Gruppe vertrauen. Eine solche Betrachtung legt nahe, dass die Teilnahme an kollegialer Beratung weniger die Kompetenz fördert, außerhalb des Beratungsumfelds selbständig und auf sich selbst angewiesen Lösungen zu generieren. Dieser Befund korrespondiert mit einem Ergebnis der Evaluation von Nold (1998), derzufolge sich Interventions- und Kontrollgruppe nach drei Monaten nicht in der Selbsteinschätzung der Problemlösekompetenz unterschieden.

Hinsichtlich des Kompositums *Menschen bewegen und sich vernetzen* finden sich bei der Markiervariablen *Motivation von Anderen* Hinweise auf schwache Effekte, die jedoch keinen Niederschlag im statistischen Signifikanzraum gefunden haben. Die Annahme besteht darin, dass kollegiale Beratung bezogen auf diese Skala dann mittelbar effektiv sein kann, wenn in den Peergruppen Fälle mit dem Schwerpunkt auf soziale Interaktionen thematisiert werden, in welchen Beratene ihre Mitarbeiter, Kollegen oder Vorgesetzten wirksamer als bisher zu etwas bewegen möchten. Blickt man auf die punktuell erhobenen Fallskizzen aus den Peergruppen, wird ersichtlich, dass sich eine Reihe der Fälle auf solche Situationen bezieht, was den aufgetretenen Effekt erklären könnte. Bei diesem Kompositum, das auch die Skala *Kontaktaufbau und -pflege* umfasst, wurden insgesamt nur geringe Effekte erwartet, weil sich für beide Skalen plausible theoretische Bezüge allenfalls mittelbar herstellen lassen. Dieser Befund ist jedoch in Hinsicht auf diejenigen Wirkannahmen bemerkenswert, welche hervorheben, dass kollegiale Beratung bedeutend auf soziale Kompetenzen einwirkt. Um diese Diskrepanz zu relativieren, lassen sich mehrere Erklärungen formulieren: Zum einen beziehen sich das Kompositum und die beiden Markiervariablen – *Motivation von Anderen* sowie *Kontaktaufbau und -pflege* – nur auf eine Parzelle im weiten Feld der sozialen Kompetenzen. Dass hier bisher kaum Effekte nachweisbar sind, lässt Schlussfolgerungen für andere Gebiete von sozialen Kompetenzen nicht zu. Zum anderen wird, wenn die einzelnen Aussagen im Fragebogen betrachtet werden, deutlich, dass der Fokus beider Skalen vornehmlich auf der Ebene des Verhaltens liegt. Die Skala *Motivation von Anderen* bezieht sich auf die Kompetenz, Kollegen, Mitarbeiter, Kunden, Geschäftspartner etc. für eine Idee zu begeistern, anzuspornen und zu hervorragenden Leistungen zu bringen; bei der Skala *Kontaktaufbau und -pflege* steht im Fokus, auf andere Personen zuzugehen und neue Arbeitskontakte zu knüpfen. Um sich darin gesteigert einschätzen zu können, sind eine Reihe von Variablen zu verändern, von denen überdies ein Teil von geeigneten Umfeldbedingungen bestimmt wird.

Bezogen auf das Kompositum *systematisches und reflektiertes Handeln* finden sich gleichfalls schwache bis mittlere Effekte, ohne dass sich diese im statistischen Signifikanzraum niederschlagen. Gemäß den Hypothesen wurden größere Effekte erwartet, vor allem bei der Skala *Reflexion*, welche beinhaltet, über gemachte Erfahrungen bei der Arbeit nachzudenken und zu überlegen, wie Schwierigkeiten zukünftig besser zu lösen sind. Dass mit der Teilnahme an kollegialer Beratung hier ein tendenziell mittlerer Effekt einhergeht, könnte als Hinweis dafür gewertet werden, dass es bei den Teilnehmern Spuren hinterlässt, in der Peergruppe wiederkehrend berufliche Situationen zu reflektieren und Lösungen dafür zu entwickeln. Die gemeinsame Reflexion innerhalb der Peergruppe könnte den Anstoß dafür geben, die eigenen Tätigkeiten auch im Berufsalltag stärker zu reflektieren. Als Begründung für den schwachen bis mittleren Effekt bei der Skala *Planung*, welche sich auf die Einschätzung bezieht, die eigenen Arbeitsabläufe zielgerichtet und strukturiert zu planen sowie die erforderlichen Arbeitsschritte in geeigneter Weise zu koordinieren, lässt sich vermuten, dass die erlernte und praktizierte Systematik zu kollegialer Beratung Einsichten in die Nützlichkeit strukturierten Vorgehens vermittelt hat.

In einer Metaanalyse ermittelten Arthur, Bennet, Edens und Bell (2003) die durchschnittlichen Effektstärken von Trainingsmaßnahmen in Organisationen (Datenbasis: 397 d-Werte aus 162 Untersuchungen), orientiert an den vier Wirkungsebenen nach Kirkpatrick. Der Mittelwert lag für Lernkriterien bei $d = .63$ und für Verhaltenskriterien bei $d = .62$. Verglichen damit sind einige der Effektstärken, die in dieser Untersuchung resultieren, zwar als unterdurchschnittlich, jedoch nicht als unbedeutend einzuordnen.

8.1.2 Der Einfluss von kollegialer Beratung auf berufliche Beanspruchung

Die Intervention zur kollegialen Beratung hat sich effektiv darin gezeigt, berufliche Beanspruchung zu vermindern. Die mittleren Effektstärken, die sich numerisch in Werten von $d_{korr} = -.43$ bis $-.51$ widerspiegeln, sind vergleichbar mit den Effekten, welche individuumsbezogene Stressmanagementtrainings Metaanalysen zufolge im Mittel erzielen (vgl. Bamberg & Busch, 2006). Bemerkenswert daran ist, dass kollegiale Beratung bisher kaum explizit als Maßnahme verstanden wird, welche eine Minderung von Stress unterstützt. Weiters werden in kollegialer Beratung keine wissenschaftlich gesicherten Bewältigungsstrategien oder Entspannungstechniken vermittelt, noch werden explizit oder systematisch Verarbeitungsmuster, Ressourcen oder Copingstrategien vor dem Hintergrund des transaktionalen Stressmodells thematisiert. Dennoch gehen mit kollegialer Beratung signifikante mittlere Effekte in den beiden Skalen *kognitive Irritation* und *Erschöpfung* einher.

Dieser Befund weist darauf hin, dass kollegiale Beratung offenbar Merkmale aufweist, die beanspruchungsmindernde kognitive und emotionale Prozesse fördern. Plausible Erklärungen bilden dabei die Annahmen, dass Beratene mithilfe von kollegialer Beratung instrumentelle und emotionale Copingstrategien zu beanspruchenden beruflichen Situationen entwickeln können, dass sie Ruminationstendenzen in gezielte Reflexion überführen können und dass die Beteiligten die Gruppenzugehörigkeit als soziale Ressource erleben.

8.1.3 Die Beziehung zwischen Handlungskompetenzen und Beanspruchungen

Die Struktur der Faktorenanalyse legt nahe, dass es sich bei beruflichen Handlungskompetenzen und beruflichen Beanspruchungen um unterschiedliche, voneinander unabhängige Dimensionen handelt. Die beobachteten parallelen Veränderungen der Merkmalsausprägungen in der Interventionsgruppe sind demzufolge nicht aus der Interaktion dieser Komponenten hervorgegangen. Daraus lässt sich ableiten, dass es effektrelevante andere Größen gegeben haben muss. Als Einflussfaktoren kommen plausiblerweise die Intervention zur kollegialen Beratung und, vor allem bei den beruflichen Handlungskompetenzen nahe liegend, besuchte weitere Personalentwicklungs-Maßnahmen in Betracht. Auf Grundlage der vorliegenden Daten ist jedoch nicht genauer zu differenzieren, welche Anteile auf kollegiale Beratung zurückzuführen sind, welche Anteile anderen Einflüssen geschuldet sind und welche Rolle Interaktionen zwischen kollegialer Beratung und anderen Faktoren eingenommen haben. Dazu wären weitere Evaluationsstudien erforderlich, die Aufmerksamkeit auf die Frage richten, welche Effekte kollegiale Beratung alleine und welche sie in Varianten des Zusammenspiels (zeitgleich oder als Transfermaßnahme) mit anderen Personalentwicklungs-Maßnahmen bewirken kann.

8.1.4 Resümee zur Diskussion der Evaluationsergebnisse

Wenngleich sich die Effektivität kollegialer Beratung bezogen auf eine Minderung beruflicher Beanspruchung zeigt und sich hinsichtlich einer Steigerung der Selbsteinschätzung beruflicher Handlungskompetenzen andeutet, werden die theoretischen Annahmen darüber, welche Prozesse hierbei wirksam sein können, durch diese Studie nicht erforscht. Diesem Zweck sollten zukünftige empirische Studienprojekte dienen, welche quantitative und qualitative Ansätze miteinander verbinden. Denkbar ist ein Design, bei dem die kurzfristigen Auswirkungen der kollegialen Beratungen jedes Peergruppentreffens erhoben und mit qualitativen Aussagen der Teilnehmer zu Wirkungen und ihren subjektiven Erklärungen in Beziehung gesetzt werden.

Die Intensität der konzipierten und realisierten Intervention zur kollegialen Beratung kann mit einem Einführungsseminar, einem Workshop (für ausgewählte Teilnehmer) und 3 bis 5 zumeist halbtägigen Peergruppentreffen binnen 15 Monaten als eher gering eingeschätzt werden. Angesichts dessen erstaunen die vorliegenden Ergebnisse und Muster, die sich in der Erhebung abzeichnen. Vergegenwärtigt man sich die Vielzahl, Komplexität und Vernetzung wahrscheinlicher und möglicher Faktoren und Prozesse, die im Lauf von über 15 Monaten innerhalb und außerhalb des Arbeitskontextes von Untersuchungsteilnehmern wirken, dann erhalten die beobachteten Effekte eine hohe praktische Bedeutsamkeit. Generell können bei Untersuchungen im Feld geringere Effekte erwartet werden als bei Studien in stärker formalisierten Umgebungen, bei denen unerwünschte Einflüsse besser beobachtet oder reduziert werden können. Es zeigt sich, dass sich die Praxisrelevanz von Evaluationsergebnissen nicht allein an Signifikanzen und hohen Effektstärken bemisst, sondern kontextabhängig betrachtet werden muss.

8.2 Methodische Diskussion und Limitationen der Evaluation

Das gewählte quasiexperimentelle Evaluationsdesign eignet sich grundsätzlich, um kausale Schlussfolgerungen über Wirkprozesse zu überprüfen. Dabei ist es vergleichsweise ökonomisch und beugt bestimmten Einschränkungen der internen Validität vor, die sich z. B. durch Selektion ergeben können. Eine longitudinal angelegte Untersuchung im Feld wie die vorliegende ist gleichwohl zahlreichen Gefährdungen ausgesetzt (vgl. Bungard et al., 1996). Im Folgenden werden deshalb Aspekte der Validität dieser Evaluation zur kollegialen Beratung diskutiert und, wo möglich und sinnvoll, Empfehlungen für zukünftige Forschungsarbeiten formuliert.

8.2.1 Randomisierung

Aus der experimentellen Methodologie leitet sich der Anspruch an die quasiexperimentelle Forschung ab, die Untersuchungsteilnehmer den Untersuchungsgruppen randomisiert zuzuordnen. Damit sollen hypothetisch systematische Effekte durch andere Variablen eliminiert und alternative Erklärungen für beobachtete Effekte ausgeschlossen werden. In dieser Untersuchung wurden Interventions- und Kontrollgruppe nicht randomisiert gebildet. Um zu überprüfen, dass beide Gruppen zum Erhebungszeitpunkt t_1 vergleichbar waren, wurden alle Daten herangezogen, die über den gesetzten Fokus der vorliegenden Arbeit hinaus verfügbar waren. Berücksichtigt wurden dabei auch Größen, die relevanten Einfluss auf die abhängigen Variablen nehmen können, wie z. B. Rahmenbedingungen der Arbeit, Veränderungen der Arbeitssituation und absolvierte Personalentwicklungs-Maßnahmen. Auf Grundlage dieser differenzierten Datenbasis kann man davon ausgehen, dass die Merkmale gleichverteilt waren und sich die Untersuchungsgruppen zum Erhebungszeitpunkt t_1 nicht substanziell unterschieden. Der Funktion einer Randomisierung wurde durch ein sorgfältiges Vorgehen Genüge getan. Damit war eine Voraussetzung dafür erfüllt, unabhängige und abhängige Variablen mit einem varianzanalytischen Ansatz auszuwerten.

Als sinnvoll hat sich in dieser Untersuchung erwiesen, ein umfangreicheres Spektrum an Daten zu erheben, als im engeren Sinne ausreichend gewesen wäre, um die Hypothesen zu überprüfen und die Fragestellungen diskutieren zu können. Wenn Wirkprozesse, Zusammenhänge und Wechselwirkungen eines Forschungsgegenstands wie kollegiale Beratung noch weitgehend unerschlossen sind, ist es sinnvoll, über den eigentlichen Forschungsfokus hinaus Daten zu erheben, die Aufschluss über potenziell bedeutsame Einflüsse aus dem weiteren Kontext der Intervention und der Untersuchungsteilnehmer liefern und die herangezogen werden können, um unerwartete Phänomene zu erklären. Insbesondere für zukünftige organisationspsychologische Forschungsvorhaben, bei denen Interventionen mit einem longitudinalen Design evaluiert werden sollen, sollten zusätzliche Kontextinformationen zu Arbeits- und Rahmenbedingungen sowie Veränderungen im Umfeld des Forschungsgegenstands, welche auf die Intervention und die abhängigen Variablen einwirken können, aufmerksam registriert werden.

8.2.2 Selbsteinschätzungen

Die Ausprägungen der kompetenz- und beanspruchungsbezogenen abhängigen Variablen wurden in dieser Untersuchung mittels Fragebogen erhoben – vorwiegend aus inhaltlichen und konstruktbezogenen Gründen. Da psychische Beanspruchung als Größe definiert wird, deren individuelles Niveau nur durch subjektive Aussagen über das eigene Befinden ermittelt werden kann, wird eine Selbsteinschätzung dem Konstrukt gerecht.

Zur Messung der Ausprägungen von beruflichen Handlungskompetenzen kann alternativ auch der Weg über Instrumente mit Fremdeinschätzungen eingeschlagen werden (vgl. Erpenbeck & von Rosenstiel, 2007). Daher ist bei der Rezeption, Bewertung und Interpretation der vorliegenden Evaluationsergebnisse zu berücksichtigen, dass die gewonnenen kompetenzbezogenen Daten ausschließlich auf Selbstauskünften der Untersuchungsteilnehmer beruhen und nicht (zusätzlich) durch Fremdeinschätzungen gestützt werden, welche die Datengüte möglicherweise erhöht hätten.

Insofern beziehen sich Aussagen über Wirkungen grundsätzlich auf Effekte hinsichtlich der Selbsteinschätzungen der Befragten zu den abhängigen Variablen.

8.2.3 Drittvariableneinflüsse

In den meisten der kompetenzbezogenen abhängigen Variablen zeigten sich in dieser Evaluationsstudie signifikante Haupteffekte des Messwiederholungs- bzw. Zeitfaktors. Dies ist indiziert durch einen substanziellen Anstieg der Mittelwerte von Interventions- *und* Kontrollgruppe von t_1 zu t_2, der plausibel damit in Verbindung gebracht werden kann, dass viele Mitglieder beider Gruppen in erheblichem Umfang weitere PE-Maßnahmen besucht hatten. Ein analoger Effekt bei den Skalen zur beruflichen Beanspruchung wäre vermutlich eingetreten, wenn in relevantem Umfang Veranstaltungen zum Stress- oder Zeitmanagement besucht worden wären. Ob und inwieweit diese Haupteffekte auch anderen Einflüssen zurechenbar sind, konnte mit dem vorliegenden Datensatz nicht ergründet werden.

Sollten die umfangreiche Teilnahme eines Großteils beider Untersuchungsgruppen an unterschiedlichen PE-Maßnahmen und die berechneten Haupteffekte bei den Kompetenzskalen miteinander in kausaler Beziehung stehen, so würde sich darin zunächst im Nachhinein spiegeln, wovon im Vorfeld der Intervention ausgegangen wurde (vgl. Abschnitt 5.1.2): Das Unternehmen ist affin für Personalentwicklung und ermöglicht seinen Mitarbeitern, an fachlichen und überfachlichen Weiterbildungen teilzunehmen. Gleichzeitig entsteht hier ein grundsätzliches Dilemma für longitudinal angelegte Untersuchungen im Feld, bei denen die Wirkung von Personalentwicklungs-Interventionen anhand von Kriterien ermittelt und evaluiert werden soll. In PE-unfreundlichen Organisationen werden für eine Implementierung hohe Hürden zu überwinden sein, in PE-freundlichen Organisationen sind bedeutsame Einflüsse durch Drittvariablen und somit eine Gefährdung der internen Validität von Evaluationsuntersuchungen wahrscheinlich.

Aus forschungsethischer Sicht indes erscheint es nicht vertretbar, Mitgliedern von Untersuchungsgruppen über einen längeren Zeitraum zu verwehren, an weiteren Veranstaltungen parallel zur Intervention teilzunehmen oder die Organisation anzuweisen, eine Teilnahme vorzuenthalten. Dies läge sicher auch nicht im Interesse der Organisation. Der aus experimentell-methodischer Perspektive formulierte Anspruch, externe Einflüsse zu minimieren, stößt hier an die Grenzen der quasiexperimentellen Forschungspraxis im Feld, in dem sich solche Einflüsse nicht künstlich unterbinden lassen – und lassen sollten. Als Kompensation für diesen Nachteil bieten Felduntersuchungen eine bedeutend höhere ökologische Validität. Im vorliegenden Fall können Einflüsse durch PE-Teilnahmen sogar als eine vermutlich nicht seltene, sondern vielmehr repräsentative Rahmenbedingung gewertet werden.

Eine andere Möglichkeit, dem genannten Dilemma zu begegnen, besteht darin, diese Drittvariable zu kontrollieren, indem sie als weiterer Faktor im varianzanalytischen Design ausgewiesen wird. Im einfachsten Fall würde – bei ausreichend großer Stichprobengröße – in jeder Zelle des varianzanalytischen Designs um den Faktor PE-Teilnahme/Nichtteilnahme erweitert, was mit einer Aufspaltung der bestehenden Fehlervarianz einhergeht und eine zusätzliche Unterscheidung in faktorbezogene Varianz und Fehlervarianz ermöglicht. So ließe sich auch überprüfen, ob und in welcher Weise die Effekte der Teilnahme an kollegialer Beratung mit den Effekten anderer Maßnahmen interagieren. Ob eine binäre Codierung in Form der Unterscheidung PE-Teilnahme/Nichtteilnahme ausreicht, um auf diesem Weg qualifizierte Erkenntnisse zu gewinnen, muss jedoch bezweifelt werden. Die bloße Information darüber, PE-Maßnahmen absolviert zu haben oder nicht, erscheint zu unspezifisch, um einen inhaltlich substanzhaltigen Faktor zu formen. Für eine aussagekräftigere Datengrundlage einer solchen Analyse müssten sowohl Art als auch Umfang der besuchten PE-Maßnahmen weiter differenziert werden. Hinsichtlich der *Art* der PE-Maßnahmen wären z. B. der kollegialen Beratung thematisch nähere Titel wie ‚Konfliktmanagement‘ oder ‚Coaching‘ von thematisch ferneren Sprach- oder EDV-Kursen zu unterscheiden. Bezogen auf den *Umfang* der PE-Maßnahmen wäre zu entscheiden, welche Spannbreite an PE-Teilnahme-Tagen einer Auswertungsgruppe zugeordnet werden sollen, weil es problematisch erscheint, PE-Teilnehmer mit einem Tag Seminarbesuch von PE-Nichtteilnehmern zu unterscheiden und gleichzeitig in einer Gruppe mit solchen Personen zusammenzufassen, die insgesamt 20 Tage mit PE-Maßnahmen verbrachten. Und schließlich müssten zu jeder PE-Maßnahme außer dem Titel weitere, deutlich qualifiziertere Informationen vorliegen, z. B. ihre Ziele, ihr Ablauf, ihre Didaktik und ihre thematischen Schwerpunkte. Da im vorliegenden Datensatz kaum mehr als Titel und zeitlicher Umfang der besuchten PE-Maßnahmen vorliegen, wurde in der vorliegenden Arbeit von einer statistischen Kontrolle der Variable PE-Teilnahme/Nichtteilnahme abgesehen.

8.2.4 Analyse des Personalentwicklungsbedarfs

Ein Manko des realisierten Evaluationsprojekts bezogen gleichermaßen auf Intervention und Evaluation besteht in einer unvollständigen Analyse des Personalentwicklungsbedarfs im Vorfeld. Eine vollständige PE-Bedarfsanalyse umfasst eine Organisationsanalyse, eine Aufgabenanalyse und eine Personenanalyse (Klug, 2008). Die Wirksamkeit einer Intervention steht auch in einem Zusammenhang mit dem ermittelten Bedarf (Arthur et al., 2003). Die internen Dokumente des Unternehmens zur Strategie des Personalmanagements und die Konzeption des Führungskräfteentwicklungs-Programms, das der Intervention zur kollegialen Beratung voraus ging, enthielten Aspekte einer Organisationsanalyse und ansatzweise einer Aufgabenanalyse für (Nachwuchs-) Führungskräfte in Form von Zielen. Ob mit dem regen Interesse, an der Intervention freiwillig teilzunehmen, auch gleichzeitig erhöhter individueller Bedarf der Teilnehmenden an kollegialer Beratung ausgedrückt wurde, bleibt hingegen offen.

Allerdings bedarf es zur Teilnahme an kollegialer Beratung (wie bei Gruppen-Supervision/Coaching, jedoch anders als bei Einzel-Coaching/Supervision) keiner sehr spezifischen Indikation. Es reicht aus, dass die Teilnehmenden sich einer Gruppe zurechnen, deren Mitglieder mit einer gewissen Wahrscheinlichkeit wiederkehrend Situationen erleben, die sie vor subjektiv schwierig lösbare Probleme stellt. Die spezifische Bedarfsanalyse erfolgt individuell, wenn Beratene entscheiden, einen Fall zu reflektieren und sich beraten zu lassen. Damit wird eine Kombination aus individueller Aufgaben- und Personenanalyse verwirklicht. Dieses Prinzip kann in gewisser Weise als Äquivalent zu einem „needs and risk assessment“ gesehen werden, bei dem kritische Ereignisse erhoben werden, welche als Situationen definiert werden, in denen effektives oder ineffektives Verhalten zum Erfolg oder Misserfolg eines Funktionsträgers beiträgt (vgl. Busch & Steinmetz, 2002).

8.2.5 *Forschungshandeln als Eingriff*

Die Forschung zu kollegialer Beratung steht vor der Herausforderung, den besonderen Charakteristiken des Formats Rechnung zu tragen. Es gilt in besonderem Maß zu berücksichtigen, dass jede Beobachtung bzw. Messung unerwünschten Einfluss auf Gruppen-, Beratungs- oder Reflexionsprozesse nehmen kann. Durch das Prinzip der reziproken Beratung in einer sich selbst steuernden Gruppe ohne formalen Leiter und dem Merkmal der Vertraulichkeit von Fallinhalten sind der Datenerhebung Grenzen gesetzt, will man die Einflüsse des Forschungsinteresses auf die Intervention minimal halten. Schließlich sind Beobachtung oder Dokumentation von Beratungsprozessen aus guten Gründen in keinem Konzept zu kollegialer Beratung vorgesehen.

Aus Perspektive der Forschung indes kann es beispielsweise als Einschränkung der internen Validität betrachtet werden, dass die Qualität der kollegialen Beratungen in den Peergruppen lediglich anhand von Indizien abgeschätzt wurde. Eine Alternative hätte darin bestanden, die kollegialen Beratungsprozesse durch Experten beurteilen zu lassen – sei es anhand von Ton- oder Videomitschnitten oder mittels schriftlicher Aufzeichnungen. Jede dieser Strategien wirft zum einen die Frage auf, wie die Datenerhebung forschungsökonomisch organisiert wird, zum anderen und vor allem, welche Auswirkungen auf die Intervention zu erwarten wären und was die Beforschten davon halten[54]. Das Wissen, beobachtet zu werden, verändert die Beobachteten sowie das Beobachtete, und diese Prozesse wiederum können verschiedene Validitätsaspekte gefährden. So wäre eine obligatorische schriftliche Dokumentation der kollegialen Beratung durch Beratene für deren Reflexionsprozess wahrscheinlich nicht folgenfrei, weil sie diesen vermutlich intensivieren würde. Dies hätte bedeutet, die Konstruktvalidität einzuschränken.

Hier wird ein Forschungsdilemma deutlich: Jede Strategie, die dazu dienen soll, gewisse Validitätsaspekte systematisch zu sichern, geht vermutlich zu Lasten anderer Validitätsaspekte. Bei der Forschung zu kollegialer Beratung gilt es besonders, je nach Forschungsinteresse die Strategie der Datenerhebung so zu wählen, dass die Beantwortung der vordergründigen Forschungsfragen im Fokus steht und Auswirkungen auf die Intervention minimiert werden. Will man beispielsweise die Qualität und Effektivität der Problemlösungen überprüfen, die mit kollegialer Beratung erzielt werden, sind andere Beobachtungs- und Messstrategien erforderlich als zur Beantwortung der Frage, welche Aus-

---

54 Die Interventionsteilnehmer von Akhurst und Kelly (2006) z. B. lehnten Videoaufzeichnungen ab, akzeptierten jedoch Audioaufnahmen ihrer Treffen.

wirkungen Methodenseminare auf die Qualität der kollegialen Beratungsprozesse haben (vgl. Fiege, 1999). Dabei sind wohlüberlegte Kompromisse nötig, die beinhalten können, sich bei untergeordneten Aspekten auf Indizien zu stützen. Im Fokus der vorliegenden Evaluation standen personenbezogene Wirkungen von ‚natürlicher' kollegialer Beratung im Feld, weswegen der Konstruktvalidität Vorrang vor potenziell invasiven Forschungsstrategien eingeräumt wurde.

8.2.6 *Präzisierung der Konstrukte und Wirkhypothesen*

Auf Basis der empirischen Daten aus beiden Untersuchungsgruppen zum Erhebungszeitpunkt t_1 wurde die Anzahl der abhängigen Variablen reduziert. Die erfassten Skalen wurden in dieser Stichprobe ($n = 95$) faktorenanalytisch in vier Dimensionen – den Komposita – gebündelt. In der inhaltlichen Interpretation ließen sich für jedes Kompositum plausible theoretische Zusammenhänge zu Faktoren und Prozessen in kollegialer Beratung herstellen. Innerhalb jedes Kompositums kommt insbesondere den Markiervariablen gegenüber den übrigen Skalen ein relativ höheres Gewicht zu. Sowohl die Konstrukte als auch die Wirkhypothesen konnten in der Auseinandersetzung mit der Struktur und dem Variablengeflecht präzisiert werden.

Die drei kompetenzbezogenen Komposita haben sich in der vorliegenden Untersuchung als relevantere Konstrukte gezeigt als die drei Kompetenzfacetten des KRI, denen sie im Schwerpunkt zugeordnet werden können. Überdies sind sie inhaltlich deutlich spezifischer gefasst und eignen sich dafür, entsprechende Fragestellungen zu überprüfen. In quantitativer Hinsicht konnte die Anzahl der Items des KRI von 80 auf 54 reduziert werden, was der Forschungsökonomie zugute kommt. Es könnte bedenkenswert sein, auf Grundlage einer weitaus größeren Stichprobe eine Faktorenanalyse des KRI auf Skalenebene und auf Itemebene vorzunehmen. Sollte diese Analyse die hier ermittelte Struktur replizieren, dann würden die drei kompetenzbezogenen Komposita – über diese Untersuchung hinaus – relevante Größen im Arbeitskontext beschreiben.

8.2.7 Stabilität der Effekte

Die Ausprägungen in den abhängigen Variablen wurden in dieser Untersuchung zu zwei Zeitpunkten – vor und unmittelbar nach der Intervention – erhoben, sodass sich ein Zeitintervall der Messungen von etwa 15 Monaten ergibt. Allerdings können keine Aussagen darüber getroffen werden, wie stabil sich die beobachteten Veränderungen in den Merkmalsausprägungen im Anschluss an den Interventionszeitraum verhielten. Die interne Validität der Befunde ließe sich durch weitere Datenerhebungszeitpunkte steigern – etwa zur Halbzeit einer einjährigen Intervention und einige Monate nach Abschluss der Intervention.

8.2.8 Homogenität der Stichprobe

Die vorliegenden Untersuchungsergebnisse zur Wirksamkeit von kollegialer Beratung wurden an einer Stichprobe ermittelt, die aus Führungskräften, Nachwuchsführungskräften, Projektleitern und Managementaspiranten eines Schweizer Unternehmens der Finanzdienstleistungsbranche zusammengesetzt war. Diese Stichprobe ist durch eine gewisse Merkmalshomogenität gekennzeichnet. Zu diesen gemeinsamen Merkmalen können die Beschäftigung in einer Wirtschaftsorganisation einer bestimmten Branche, ein kaufmännischer Ausbildungshintergrund, Personalführungsaufgaben und ein Überwiegen männlicher Teilnehmer gerechnet werden. Inwieweit solche Merkmale Einfluss auf eine Intervention zur kollegialen Beratung nehmen oder in Zusammenhang mit Veränderungen in den abhängigen Variablen stehen, ist bisher nicht bekannt. Hinsichtlich der Ausprägungen von kompetenzbezogenen Selbsteinschätzungen ermittelte Henschel (2005), dass sich Führungskräfte in den meisten Skalen höher einschätzen als Nicht-Führungskräfte. Es ist deshalb anzunehmen, dass die Merkmale bei der Frage der Generalisierbarkeit der Evaluationsergebnisse bzw. der Übertragbarkeit auf Populationen mit heterogeneren Merkmalsausprägungen beachtet werden müssen.

8.3 Meta-Evaluation

Um die Güte der vorliegenden Evaluation selber zu diskutieren, werden Design und Vorgehen in Bezug auf die Evaluationsstandards nach Sanders (2006) kritisch reflektiert. Die 30 Evaluationsstandards, in denen sich vier wichtige Eigenschaften von Evaluationen – Nützlichkeit, Durchführbarkeit, Korrektheit und Genauigkeit – widerspiegeln, beschreiben Empfehlungen für Evaluatoren.

Insgesamt werden die meisten Standards nach Einschätzung des Autors als berücksichtigt bewertet. Es ergeben sich nur wenige Einschränkungen, die zudem überwiegend keine nachteiligen Auswirkungen auf die Aussagekraft der Evaluation befürchten lassen. Im Folgenden sollen diskussionswürdige Fragen zur vorliegenden Evaluation gestellt und in Beziehung zu den entsprechenden Standards diskutiert werden.

Ein bedeutender Aspekt betrifft den *Korrektheitsstandard K7* zur Deklaration von Interessenkonflikten und den *Genauigkeitsstandard G11* zur unparteilichen Berichterstattung (Sanders, 2006). Als Autor der vorliegenden Evaluation war ich zugleich in der Rolle des Evaluators, in der Rolle desjenigen, der die Einführungsseminare konzipierte und (mit Ausnahme des französischsprachigen Seminars) durchführte, in der Rolle eines Autors eines Leitfadens zur kollegialen Beratung (Tietze, 2003) und in der Rolle eines Anbieters für Programme und Seminare zur kollegialen Beratung. Aus dieser Melange an Rollen könnten ein Eigeninteresse an positiven Ergebnissen vermutet sowie die Unparteilichkeit der Berichterstattung eingeschränkt gesehen werden. S. Kühl (2008b) spricht hier vom Dilemma zwischen Legitimation und Lernen. Möglichen Bedenken, aus diesen Interessenlagen heraus die Evaluationsergebnisse und deren Darstellung positiv zu beeinflussen, habe ich zum einen durch eine Interessenklärung im Vorfeld Rechnung getragen. Diese Klärung mündete in dem Ergebnis, dass ich die Evaluation durchführen werde mit der klaren Entscheidung für das Bemühen um wissenschaftlichen Erkenntnisgewinn (Lernen) und ohne Rücksicht auf Folgen für wirtschaftliche Interessen (Legitimation). Zum anderen habe ich bei der Durchführung der Evaluation und bei Auswertung und Darstellung der Ergebnisse auf bestmögliche Einhaltung der übrigen Standards für wissenschaftliche Evaluation Wert gelegt. Dennoch kann ich nicht-intentionale Einschränkungen in Bezug auf diese beiden Standards nicht völlig ausschließen.

Das evaluierte Programm wurde gemäß dem *Genauigkeitsstandard G1* zur Programmdokumentation (Sanders, 2006) umfassend und detailliert dokumentiert. Eine Einschränkung in Bezug auf diesen Standard betrifft das Geschehen in den Peergruppen selbst. Die Fragen, wie viele Fälle genau und welcher Fall mit welchem Beratungsergebnis und welchen Folgen für die Berufspraxis der Beratenen kollegial beraten wurde, blieben deshalb unbeantwortet (vgl. Abschnitt 8.2.5). Undokumentiert und daher ungeklärt ist auch, welche

Auswirkungen die Einführungsseminare auf die Gestaltung der Peergruppentreffen in der Praxis hatten und inwieweit sich die Peergruppen bei ihren Treffen an die in den Einführungsseminaren vermittelte Methodik der kollegialen Beratung orientiert hatten. Eine einzig aus Evaluationsinteresse heraus motivierte Dokumentation der genannten Aspekte hätte jedoch wahrscheinlich nachteiligen Einfluss auf den *Durchführungsstandard D1* genommen, nach dem praktische Verfahren erwartet werden. Organisatorischer Aufwand und zeitliche Investition zur Erhebung dieser Daten hätten mit dem Image der kollegialen Beratung interferiert, welches tendenziell einfache und unkomplizierte Unterstützung für berufliche Praxisfragen verspricht.

Eine Intervention im Feld und eine dazugehörige Evaluation mit einem Longitudinaldesign über insgesamt 15 Monate sind vielfältigen, unterschiedlichen Einflüssen ausgesetzt. Diese zu beschreiben, zu beachten und – wenn möglich – zu kontrollieren, um die Auswirkungen des Programms auf die in der Evaluation interessierenden abhängigen Variablen überhaupt überprüfen zu können, ist Anliegen des *Genauigkeitsstandards G2* zur Kontextanalyse (Sanders, 2006). Im Rahmen der Untersuchung wurde mit diesen Absichten eine Reihe zusätzlicher Daten erhoben und überprüft (vgl. Abschnitt 6.3.5). Dass damit alle relevanten Kontexteinflüsse abgedeckt waren, ist unwahrscheinlich. Es wurde nicht geklärt, welchen weiteren relevanten Einflüssen die Mitglieder von Teilnehmer- oder Kontrollgruppe im Untersuchungszeitraum ausgesetzt waren wie z. B. unterschiedlichen oder auch gemeinsamen Betroffenheiten durch übergreifende Veränderungen im Unternehmen.

8.4 Einordnung der Evaluation und weiterführende Forschungsfragen

Die Ergebnisse dieser Forschungsarbeit tragen dazu bei, kollegiale Beratung hinsichtlich ihrer Wirkprozesse und ihrer personenbezogenen Wirkungen besser zu verstehen. Die Aufarbeitung der deutsch- und englischsprachigen Literatur zum Forschungsgegenstand im Rahmen der theoretischen Kapitel 2 und 3 ermöglicht einen Überblick über die komplex vernetzten psychosozialen Prozesse im Wirkgefüge von kollegialer Beratung. Dabei wurden bisherige theoretische und empirische Erkenntnisse zusammengeführt und um weitere psychologische Modelle und Überlegungen angereichert. Insgesamt resultiert ein erweitertes theoretisches Verständnis von kollegialer Beratung, das eine Basis für zukünftige Forschungsstudien bildet.

Die Evaluationsstudie erbrachte empirische Erkenntnisse zur Frage, inwieweit sich die längerfristige Teilnahme an kollegialer Beratung auf die Selbsteinschätzung beruflicher Handlungskompetenzen sowie auf berufliche Beanspruchungen auswirkt. Bereits eine vergleichsweise niedrige Frequenz von kollegialen Beratungen führt offenbar zu den Effekten, dass Teilnehmer ihre beruflichen Beanspruchungen vermindert und relevante berufliche Handlungskompetenzen in eine positive Richtung entwickelt erleben. Den zahlreichen in Forschungs-, Fach- und anderer Literatur getroffenen Annahmen über Wirkungen stehen gleichwohl bisher nur wenige empirische Nachweise gegenüber. Angesichts der Verbreitung von kollegialer Beratung in vielen Berufsfeldern sind weitere Evaluationsstudien bei unterschiedlichen Zielgruppen und mit verschiedenen Interventionsdesigns empfehlenswert.

Die vorliegende Studie mit einem quasiexperimentellen Design stellt, nach der Arbeit von Nold (1998), im deutschsprachigen Raum die zweite summative Evaluation dieser Art zum Gegenstand kollegiale Beratung dar. Zum verwandten und traditionsreicheren Format Fallsupervision in Gruppen fehlen bisher analoge Forschungsarbeiten mit vergleichbarem Fokus. So finden sich im jüngsten Verzeichnis wissenschaftlicher Arbeiten der Deutschen Gesellschaft für Supervision (DGSv; vgl. Hausinger, 2008) keine Hinweise auf entsprechende empirische Untersuchungen zur Supervision[55]. Möglicherweise ist kollegiale Beratung, was die empirische Forschung betrifft, hinsichtlich eines bedeutenden Merkmals, das beispielsweise in der Wirkungsforschung von Psychotherapie eine wichtige Rolle spielt, gegenüber der Supervision bisher im Vorteil. Mit dem in jedem Leitfaden ausgedrückten Bekenntnis zu einem schematisierten Ablauf liegen die Prinzipien zur Gestaltung des Beratungsprozesses für kollegiale Beratung in gewissem Sinne manualisiert vor. Ein Manual, in dem Verfahrensrichtlinien und Entscheidungsvorgaben für Therapie- bzw. Beratungsprozesse niedergelegt sind, dient dazu, ein Interventionskonzept bestmöglich zu standardisieren. Dies dient dem Zweck, die Varianz der unabhängigen Variablen zu begrenzen, um spezifische Aussagen über die Wirksamkeit eines Konzepts gewinnen zu können. Leitfäden, die den Ablauf eines kollegialen Beratungsprozesses zu schematisieren versuchen, können somit als Äquivalente zu Manualen aufgefasst werden. Wenngleich hinsichtlich kollegialer Beratung Verfahrensvarianten existieren und der Detailgrad der Vorgaben

55 Allerdings fehlen auch sämtliche wissenschaftlichen Arbeiten zu kollegialer Beratung, was vermuten lässt, dass die DGSv kollegiale Beratung bzw. kollegiale Supervision entweder als eigenständiges Interventionsformat betrachtet oder sie bisher nicht als Supervisionsvariante anerkennt.

variiert, so bietet das Ablaufschema einen bedeutenden Orientierungspunkt dafür, um zu beurteilen, inwieweit Beratungsprozesse charakteristisch und damit formatgemäß verlaufen.

Um die empirische Basis zu verbreitern, sind zum einen Einzelfallstudien über Peergruppen zu kollegialer Beratung wünschenswert, die sich qualitativer Forschungsmethodik bedienen. Von Interesse sind systematische Beobachtungen und Aufarbeitungen von Aspekten auf Gruppen-, Beratungs- und individueller Reflexionsebene. Zum anderen sollte der Weg der quantitativen Prüfung von Hypothesen weiter beschritten werden, indem korrelative und kausale Zusammenhänge zwischen Merkmalsausprägungen und Wirkvariablen untersucht werden, um daraus Schlussfolgerungen für eine wirkungsvollere Gestaltung von Interventionen zur kollegialen Beratung abzuleiten. Als relevant sind dabei auch die Fragen zu betrachten, inwieweit die personenbezogenen Effekte von kollegialer Beratung bei gleichem Interventionsdesign in unterschiedlichen Zielgruppen vergleichbar sind und welche Merkmalsausprägungen (z. B. vorab vorhandene Beratungskompetenzen) aufseiten der Zielgruppen gegebenenfalls ermittelte Unterschiede plausibel erklären können.

Darüber hinaus sind Evaluationsansätze denkbar, bei denen neben personenbezogenen Wirkungen auch zielgruppenspezifische Variablen erhoben und beide Bereiche miteinander in Beziehung gesetzt werden. Eine Evaluationsstudie zu einer Intervention zur kollegialen Beratung für Führungskräfte könnte z. B. der Frage nachgehen, inwieweit sich im Zuge der Teilnahme an kollegialer Beratung Führungsverhalten und Führungshaltungen verändern.

Für den Bereich von kollegialer Beratung im Rahmen von Weiterbildungscurricula für (psychologische und ärztliche) Psychotherapeuten stellt sich die Frage, welche Beiträge kollegiale Beratung bei der Förderung allgemeiner und spezifischer beruflicher Handlungskompetenzen von Psychotherapeuten leisten kann und welcher Umfang dafür hilfreich und notwendig ist – auch im Verhältnis zur obligatorischen Ausbildungssupervision. Hierfür wären im deutschsprachigen Raum zunächst einmal deskriptive und später auch empirische Studien mit qualitativer und quantitativer Methodik erforderlich.

Auf Basis des heutigen Wissensstands und der Ergebnisse der vorliegenden Evaluation fordern zusätzlich zu den bisher entwickelten Vorschlägen die folgenden Fragen zu einer vertieften wissenschaftlichen Auseinandersetzung mit den Wirkprozessen und den personenbezogenen Wirkungen kollegialer Beratung heraus:

Welche Wirkungen hat kollegiale Beratung hinsichtlich der Lösung beruflicher Fälle?

Empirisch gesicherte Antworten auf diese Frage stehen bisher aus. Dabei wäre der Blick gleichermaßen auf instrumentelle wie auf palliative Problemlösungsstrategien zu richten. Auf qualitativem Weg könnten die individuellen Prozesse zwischen dem Gewahrwerden eines Falls, der kollegialen Beratung dieses Falls und der praktischen Bewältigung des Falls beschrieben und analysiert werden. Anhand einer ausreichend großen Stichprobe könnten die kurz- und mittelfristigen Effekte von Beratungsprozessen in kollegialer Beratung quantitativ untersucht werden.

Welche Wirkungen haben verschiedene Dosierungen von kollegialer Beratung?

Gleichsam offen verbleibt die Frage, ob und inwieweit sich die Effekte einer höher dosierten Intervention zur kollegialen Beratung mit z. B. einer monatlichen Frequenz der Peergruppentreffen verglichen mit den Effekten einer geringeren Dosierung, z. B. im zweimonatlichen Turnus, unterscheiden. So konnten Marks & Hixon (1986) bereits Unterschiede registrieren zwischen Peergruppen, die sich zweiwöchentlich treffen, gegenüber Peergruppen, die sich im wöchentlichen Turnus kollegial beraten.

Welche Auswirkungen haben verschiedene Ablaufschemata auf Beratungs- und Reflexionsprozesse und in der Folge auf personenbezogene Wirkungen kollegialer Beratung?

Zu Ablaufsystematik und Rollenstruktur in kollegialer Beratung existieren unterschiedliche Konzepte (z. B. adaptive und invariante Modelle), deren Prozesse und Wirkungen anhand von mehreren Peergruppen parallel untersucht und miteinander verglichen werden könnten. Mit einer Erweiterung dieses Designs um Gruppen, die ohne vorgegebene Ablaufstruktur Fälle diskutieren, könnte auch das Leistungspotenzial von Ablaufschemata grundlegender überprüft werden.

Welche Wirkungen entfaltet (leiterlose) kollegiale Beratung verglichen mit (angeleiteter) Fallsupervision in Gruppen?

Vergleichende Wirkungsforschung von kollegialer Beratung und Fallsupervision in Gruppen könnte gesicherte Erkenntnisse darüber erbringen, welche spezifischen Auswirkungen das Merkmal der Leiterlosigkeit bei kollegialer Beratung und seine Folgen haben und inwieweit die personenbezogenen Wirkungen von kollegialer Beratung mit denen von Fallsupervision in Gruppen vergleichbar sind.

9 Literaturverzeichnis

Abdel-Al, T. (2005). „Guter Rat von nebenan" – Kollegiales Coaching für Führungskräfte. *Blickpunkt Personal – Zeitschrift des Personalamts des Senats der Freien und Hansestadt Hamburg, 9* (2), 26-28.

Agnew, D. T. (1998). *An evaluation of the Getz' Roanoke County School division's school counselor peer group clinical supervision program.* Dissertation, Virginia Polytechnic Institute and State University.

Agnew, D. T., Vaught, C. C., Getz, H. & Fortune, J. (2000). Peer group clinical supervision program fosters confidence and professionalism. *Professional School Counseling, 4* (1), 6-12.

Akhurst, J. & Kelly, K. (2006). Peer group supervision as an adjunct to individual supervision: optimising learning processes during psychologists' training. *Psychology Teaching Review, 12* (1), 3-15.

Ambühl, H. (1994). Internationale Studie zur Entwicklung der Psychotherapeuten und Psychotherapeutinnen. Ein Forschungsprojekt des „Collaborative Research Network" (CRN). *Psychotherapeut, 39* (5), 336-338.

Ambühl, H., Orlinsky, D., Cierpka, M, Buchheim, P., Meyerberg, J. & Willutzki, U. (1995). Zur Entwicklung der theoretischen Orientierung von PsychotherapeutInnen. *Psychotherapie, Psychosomatik, medizinische Psychologie, 45,* 109-120.

Andersen, T. (1990). *Das Reflektierende Team. Dialoge und Dialoge über die Dialoge.* Dortmund: Verlag Modernes Lernen.

Appleby, J., Berkman, V., Blazejack, R. & Gorter, V. (1970). Praxisberatung durch die Kollegengruppe (Peer Group Supervision). In D. v. Caemmerer (Hrsg.), *Praxisberatung (Supervision)* (S. 265-273). Freiburg: Lambertus. *Original:* Appleby, J., Berkman, V., Blazejack, R. & Gorter, V. (1958). A group method of supervision. *Social Work, 3,* 18-22.

Arnold, E. (1997). Das ist ja hier der reinste Luxus! Kollegiale Supervision als Praxisbegleitung in der Hochschullehre. In E. Arnold, W. Bos, M. Koch, H. Koller, & S. Leutner-Ramme (Hrsg.), *Lehren lernen. Ergebnisse aus einem Projekt zur hochschuldidaktischen Qualifizierung des akademischen Mittelbaus* (S. 93-127). Münster, New York, München, Berlin: Waxmann.

Arnold, E. (2001). Kollegiale Supervision – ein Instrument der Qualitätsentwicklung für die Hochschullehre? *Gruppendynamik und Organisationsberatung, 32* (4), 403-418.

Arthur, W., Bennett, W., Edens, P. S. & Bell, S. T. (2003). Effectiveness of training in organizations. A meta-analysis of design and evaluation features. *Journal of Applied Psychology, 88,* 234-245.

Auckenthaler, A. (1995). *Supervision psychotherapeutischer Praxis. Organisation – Standards – Wirklichkeit.* Stuttgart, Berlin, Köln: Kohlhammer.

Auckenthaler, A. (1999). Supervision von Psychotherapie. Behauptungen – Fakten – Trends. *Psychotherapeut, 44,* 139-152.

Bamberg, E. & Busch, C. (2006). Stressbezogene Interventionen in der Arbeitswelt. *Zeitschrift für Arbeits- und Organisationspsychologie, 50* (4), 215-226.

Bamberg, E., Ducki, A. & Busch, C. (2003). *Stress- und Ressourcenmanagement. Strategien und Methoden für die neue Arbeitswelt.* Bern: Huber.

Bamberg, E. & Fahlbruch, B. (2007). Gesundheit und Sicherheit. In H. Schuler (Hrsg.), *Organisationspsychologie* (4. Auflage) (S. 617-639). Bern: Huber.

Bandura, A. (1979). *Sozial-kognitive Lerntheorie.* Stuttgart: Klett.

Bannister, D. & Fransella, F. (1981). *Der Mensch als Forscher (Inquiring Man). Die Psychologie der persönlichen Konstrukte.* Münster: Aschendorff.

Bauer, K. O., Fußangel, K., Kemna, P., Preußler, A. & Schulz-Zander, R. (2005). *Evaluation des Projekts „workshop zukunft".* Dortmund: Institut für Schulentwicklungsforschung (unveröffentlichter Projektbericht).

Bauhofer, W. & Schmidt, T. (2005). Kollegiale Beratung als praxisorientierte Fortbildung für die Schulleitung. *Pädagogische Führung, 16,* 132-135.

Belardi, N. (1992). *Supervision. Von der Praxisberatung zur Organisationsentwicklung.* Paderborn: Junfermann.

Belardi, N. (2001). *Supervision, Organisationsentwicklung, Evaluation: Innovationen für Non-Profit-Einrichtungen.* Hamburg: Dr. Kovac.

Belardi, N. (2005). *Supervision. Grundlagen, Techniken, Perspektiven* (2. Auflage). München: Beck.

Benshoff, J. & Paisley, P. (1996). The structured peer consultation model for school counselors. *Journal of Counseling & Development, 74* (3), 314-318.

Benshoff, J. (1992). *Peer consultation for Professional Counselors.* Ann Arbor, MI: ERIC/CAPS.

Benshoff, J. (1994). *Peer consultation as a form of supervision.* Ann Arbor, MI: ERIC/CAPS.

Bergel, S. (2004). Kollegiale Beratung. Coaching durch Kollegen. *ManagerSeminare, 81,* 38-46.

Berger, C. (1996). *Co-Counseln: Die Therapie ohne Therapeut. Anleitungen und Übungen.* Reinbek: Rowohlt.

Berker, P. (1995). Kollegiale Supervisionsgruppen – kompetent, vertrauensvoll, entlastend. *Supervision, 27,* 70-75.

Berker, P. & Buer, F. (1998) (Hrsg.). *Praxisnahe Supervisionsforschung. Felder – Designs – Ergebnisse.* Münster: Votum.

Berna-Simons, L., Schneider, H.-R. & Widmer-Perrenoud, M. (1996). Blick hinter die Bühnen: Werkstattbericht aus einer Intervisionsgruppe von psychoanalytischen SupervisorInnen. *Forum Supervision, 8,* 58-81.

Bernard, J. M. & Goodyear, R. K. (2009). *Fundamentals of Clinical Supervision* (4th edition). New Jersey: Pearson Merrill.

Bessler, G. (1999). Clarification of religious issues in treatment through peer supervision. *Journal of Psychology and Judaism, 23* (4), 169-177.

Bierhoff, H. W., Müller, G. F. & Küpper, B. (2000). Prosoziales Arbeitsverhalten: Entwicklung und Überprüfung eines Messinstruments zur Erfassung des freiwilligen Arbeitsengagements. *Gruppendynamik, 31* (2), 141-153.

Billing, B. (2003). Kollegiale Fallberatung als didaktisches Verfahren in Seminaren für Führungskräfte und Manager. In H. W. Franz & R. Kopp (Hrsg.), *Kollegiale Fallberatung. State of the Art und organisationale Praxis* (S. 131-142). Köln: EHP.

Billow, R. M. & Mendelsohn, R. (1987). The peer supervisory group for psychoanalytic therapists. *Group, 11* (1), 35-46.

Bligh, M. C., Pearce, C. L. & Kohles, J. C. (2006). The importance of self- and shared leadership in team based knowledge work. *Journal of managerial psychology, 21* (4), 296-318.

Blomen, J., Dusch, Y. & Stark, M. (2000). Praxisnahe Qualifizierung von Projektleiter-Nachwuchs im IT-Bereich einer Universalbank sowie daraus entstandene Ansätze zur Veränderung in der internen PE. In M. Schmitz-Buhl (Hrsg.), *Wirtschaftspsychologie: Unternehmen verändern. Beiträge zur Wirtschaftspsychologie 2000* (S. 28). Lengerich: Pabst Science Publishers.

Borders, D. (1991). A systematic approach to peer group supervision. *Journal of Counseling & Development, 69* (3), 248-252.

Bortz, J. & Döring, N. (2006). *Forschungsmethoden und Evaluation: für Human- und Sozialwissenschaftler* (4. Auflage). Berlin u.a.: Springer.

Bosco, A. (2000). Caring for the Care-Giver: The Benefit of a Peer Supervision Group. *Journal of Genetic Counseling, 9* (5), 425-430.

Brauchle, P. E. & Wright, D. W. (1993). Training work teams. *Training & Development, 47* (3), 65-68.

Braun, E. (2008). Kollegiale Beratung als Instrument der Führungskräfteentwicklung. Modelle und Beispiele aus dem Bereich des mittelständischen Handels. *Der Betriebswirt, 49* (1), 27-31.

Brinkmann, R. (2002). *Intervision. Ein Trainings- und Methodenhandbuch für die kollegiale Beratung.* Heidelberg: Sauer.

Broekmans, T. (1994). De juiste man op de juiste plaats. Intervisie bij RABO-managers [Der geeignete Mann auf der geeigneten Stelle. Intervision bei Rabo-Managern]. *Elan*, Juni 1994, 64-67.

Bryskin, L. (1999). Chicken Soup Group: Peer Group Supervision for Therapists Treating Orthodox Jews. *Journal of Psychology and Judaism, 23* (4), 197-204.

Buchinger, K. (1997). *Supervision in Organisationen. Den Wandel begleiten.* Heidelberg: Carl-Auer-Systeme.

Buchinger, K. (1999). *Die Zukunft der Supervision. Aspekte eines „neuen" Berufs.* Heidelberg: Carl-Auer-Systeme.

Buer, F. (1988). Praxisberatung psychosozialer Arbeit im Wandel – Von der psychoanalytischen Supervision zur psychodramatischen Intervision. *Gruppendynamik, 19* (3), 311-327.

Buer, F. (2002): Führen – eine professionelle Dienstleistung. Oder: Wozu Führungskräfte Supervision benötigen. *Supervision, 3*, 43-54.

Buer, F. (2007). Zehn Jahre Format und Verfahren in der Beziehungsarbeit. Zur Rezeption einer bedeutsamen Unterscheidung. *Organisationsberatung – Supervision – Coaching: OSC, 14* (3), 283-300.

Bungard, W. (2007). Organisationspsychologische Forschung im Anwendungsfeld. In H. Schuler (Hrsg.), *Organisationspsychologie* (4. Auflage) (S. 121-141). Bern: Huber.

Bungard, W. & Antoni, C. (2007). Gruppenorientierte Interventionstechniken. In H. Schuler (Hrsg.), *Organisationspsychologie* (4. Auflage) (S. 439-473). Bern: Huber.

Bungard, W., Holling, H. & Schultz-Gambard, J. (1996). *Methoden der Arbeits- und Organisationspsychologie.* Weinheim: Psychologie Verlags Union.

Bürgisser, H. (2006). Intervision: Eine innovative Form selbstorganisierten Lernens. In C. Steinebach (Hrsg.), *Handbuch psychologischer Beratung* (S. 565-573). Stuttgart: Klett-Cotta.

Burisch, M. (2005). *Das Burnout-Syndrom: Theorie der inneren Erschöpfung.* Berlin: Springer.

Bürstenbinder, N. (2000). *„Allein geht man ein…". Kollegiale Supervision – auch für Teams geeignet? Ein qualitatives Forschungsprojekt in Hamburg.* Unveröffentlichte Diplomarbeit, Fachhochschule Hamburg.

Busch, C. & Steinmetz, B. (2002). Stressmanagement und Führungskräfte. *Gruppendynamik und Organisationsberatung, 33* (4), 385-401.

Butler, S. K. & Constantine, M. G. (2006). Web-based peer supervision, collective self-esteem, and case conceptualization ability in school counselor trainees. *Professional School Counseling, 10* (2), 146-152.

Butzko, H. G. (2000). Supervision in Wirtschaftsunternehmen. In H. Pühl (Hrsg.), *Handbuch der Supervision* 2 (2. Auflage) (S. 245-261). Berlin: Ed. Marhold.

Christensen, T. & Kline, W. (2001). The qualitative exploration of process-sensitive peer group supervision. *Journal for Specialists in Group Work, 26* (1), 81-99.

Çoban, A. E. & Demır, A. (2007). The Effect of Structured Peer Consultation Program on School Counselor Burnout in Turkey. *Journal of Applied Sciences, 7* (23), 3774-3779.

Combe, A. (1987). Berufliche Identität und Beratung: Die Arbeit des Lehrers an seiner Persönlichkeit. In W. Boettcher & A. Bremerich-Vos (Hrsg.), *„Kollegiale Beratung" in Schule, Schulaufsicht und Referendarausbildung* (S. 37-42). Frankfurt, Bern, New York: Lang.

Conrads, S. (1997). *Supervision in der Führungskräfteentwicklung: eine qualitative Untersuchung in einer Versicherung.* München, Mering: Hampp.

Cordery, J. L. (1996). Autonomous work groups and quality circles. In M. A. West (Ed.), *Handbook of work group psychology* (pp. 225-246). Chichester: Wiley.

Counselman, E. F. (1991). Leadership in a long term leaderless women's group. *Small group research, 22* (2), 240-257.

Counselman, E. F. & Gumpert, P. (1993). Psychotherapy supervision in small leader-led groups. *Group, 17* (1), 25-32.

Counselman, E. F. & Weber, R.L. (2004). Organizing and maintaining peer supervision groups. *International Journal of Group Psychotherapy, 54* (2), 125-143.

Crutchfield, L. & Borders, D. (1997). Impact of two clinical peer supervision models on practicing school counselors. *Journal of Counseling & Development, 75* (3), 219-230.

Dargel, A. (2005). *Zielbindung und Zielplanung: Entwicklung und Überprüfung eines Interventionsprogramms zur Steigerung der Zieleffektivität.* Dissertation, Universität Potsdam.

de Haan, E. (2005). *Learning with colleagues. An action guide for peer consultation.* Houndsmills, New York: Palgrave Macmillan.

de Haan, E. & de Ridder, I. (2006). Action Learning in Practice: How Do Participants Learn? *Consulting Psychology Journal: Practice and Research, 58* (4), 216-231.

Deitering, F. (1995). *Selbstgesteuertes Lernen.* Göttingen: Verlag für Angewandte Psychologie.

Demerouti, E. (1999). *Burnout: eine Folge konkreter Arbeitsbedingungen bei Dienstleistungs- und Produktionstätigkeiten.* Frankfurt, Bern, New York: Lang.

Demerouti, E. & Nachreiner, F. (1998). Zur Spezifität von Burnout für Dienstleistungsberufe: Fakt oder Artefakt. *Zeitschrift für Arbeitswissenschaft, 52* (2), 82-88.

Demerouti, E., Bakker, A., Nachreiner, F. & Ebbinghaus, M. (2002). From mental strain to burnout. *European Journal of Work and Organizational Psychology, 4*, 423-441.

Demerouti, E., Bakker, A., Vardakou, I. & Kantas, A. (2003). The Convergent Validity of Two Burnout Instruments: A multitrait-multimethod analysis. *European Journal of Psychological Assessment, 19*, 12-23.

Denner, L. (2000). *Gruppenberatung für Lehrer und Lehrerinnen. Eine empirische Untersuchung zur Wirkung schulinterner Supervision und Fallbesprechung.* Bad Heilbrunn: Klinkhardt.

Derboven, W., Dick, M. & Wehner, T. (1999). Erfahrungsorientierte Partizipation und Wissensentwicklung. Die Anwendung von Zirkeln im Rahmen von Wissensmanagementkonzepten. In C. Kumbruck & M. Dick, *Harburger Beiträge zur Psychologie und Soziologie der Arbeit*, Nr. 18. Zugriff am 12.04.2009 von http://www.uni-magdeburg.de/mpeb/dick/hb/dateien/hb18.pdf.

Derboven, W., Dick, M. & Wehner, T. (2002). Die Transformation von Erfahrung und Wissen in Zirkeln. In: M. Fischer & F. Rauner (Hrsg.), *Lernfeld: Arbeitsprozess. Ein Studienbuch zur Kompetenzentwicklung von Fachkräften in gewerblich-technischen Aufgabenbereichen* (S. 369-391). Baden-Baden: Nomos.

Deters, J., Bauer-Sternberg, D. & Richter, G. (2008). Konstruktives vom Kollegen. *Personal*, (10), 34-36.

Duden (2007). *Das Fremdwörterbuch* (Duden Bd. 5) (9., aktualisierte Auflage). Mannheim, Leipzig, Wien, Zürich: Dudenverlag.

Ehinger, W. & Hennig, C. (1994). *Praxis der Lehrersupervision. Leitfaden für Lehrergruppen mit und ohne Supervisor.* Weinheim, Basel: Beltz.

Eichert, H.-C. (2008). *Supervision und Ressourcenentwicklung. Eine Untersuchung zur Supervision in der stationären Psychiatrie.* Dissertation, Universität zu Köln.

Erpenbeck, J. & von Rosenstiel, L. (2005). Kompetenz: Methodische Worthülse oder innovatives Konzept? *Wirtschaftspsychologie aktuell, Heft 3*, 39-42.

Erpenbeck, J. & von Rosenstiel, L. (2007) (Hrsg.). *Handbuch Kompetenzmessung.* Stuttgart: Schäffer-Poeschel.

Fallner, H. (1990). Grundlagen und Wirkungen. In H. Fallner & H. M. Gräßlin, *Kollegiale Beratung. Eine Systematik zur Reflexion des beruflichen Alltags* (S. 9-55). Hille: Ursel Busch Fachverlag.

Fallner, H. & Gräßlin, H. M. (1990). *Kollegiale Beratung. Eine Systematik zur Reflexion des beruflichen Alltags.* Hille: Ursel Busch Fachverlag.

Fatzer, G. (Hrsg.) (2003). *Supervision und Beratung. Ein Handbuch* (11. Auflage). Köln: EHP.

Faul, F., Erdfelder, E., Lang, A.-G. & Buchner, A. (2007). G*Power 3: A flexible statistical power analysis program for the social, behavioral, and biomedical sciences. *Behavior Research Methods, 39*, 175-191.

Fengler, J. (1986). Supervision, Intervision und Selbsthilfe. *Gruppendynamik, 17* (1), 59-64.

Fengler, J. (1987). Entwicklungen, Kontroversen und Herausforderungen in der Praxis der Supervision. In Gesamthochschule Kassel (Hrsg.), *Beiträge zur Supervision*, Bd. 6, 9-16.

Fengler, J. (1996). Themen und Ebenen in der Supervision. In J. Schlee & W. Mutzeck (Hrsg.), *Kollegiale Supervision. Modelle zur Selbsthilfe für Lehrerinnen und Lehrer* (S. 23-55). Heidelberg: Winter.

Fengler, J., Sauer, S. & Stawicki, C. (2000). Peer-Group-Supervision. In H. Pühl (Hrsg.), *Handbuch der Supervision* 2 (2. Auflage) (S. 172-183). Berlin: Ed. Marhold.

Feurle, G., Lenk, K. & Wäcken, M. (2003). Kollegiale Supervision. Methode, Erfahrungen in der Praxis und ein Fortbildungskonzept. *Die Deutsche Schule, 95* (1), 99-115.

Fiege, B. (1999). *Einführung Kollegialer Beratung in der Schule. Eine Evaluationsstudie.* Dissertation, Universität Bielefeld.

Fiege, B. & Dollase, R. (1998). Evaluation Kollegialer Beratung in Gruppen von Lehrern und Lehrerinnen. *Zeitschrift für Pädagogik, 44* (3), 379-395.

Fischer, M., Schigl, B. & Fürnkranz, W. (2001). *Wirkfaktoren und Qualitätskriterien von Supervision. Endbericht zum Projekt „Evaluation des Veränderungspotenzials von Supervision in unterschiedlichen professionellen Feldern" gefördert durch den Jubiläumsfonds der Österreichischen Nationalbank.* Zugriff am 19.04.2009 von http://www.dgsv.de/pdf/Fischer.pdf.

Fizdale, R. (1958). Peer-Group Supervision. *Social Casework, 39*, 443-450.

Flick, U. (1995) (Hrsg.). *Psychologie des Sozialen. Repräsentationen in Wissen und Sprache.* Reinbek: Rowohlt.

Flick, U. (2008). *Triangulation. Eine Einführung* (2. Auflage). Wiesbaden: Verlag für Sozialwissenschaften.

Foole, H., Kamphorst, J. & Zier, H. (1974). Gegenseitige Praxisberatung. In F. Siegers (Hrsg.), *Praxisberatung in der Diskussion* (S. 181-202). Freiburg: Lambertus.

Franz, H. W. & Kopp, R. (2003) (Hrsg.). *Kollegiale Fallberatung. State of the Art und organisationale Praxis.* Köln: Edition Humanistische Psychologie.

Franz, M. (2005). Kollegiale Beratung. Effizientes Netzwerk für die Führungspraxis. *Verwaltung und Management, 11* (3), 165-167.

Friedrich, G. (1997). Kollegiale Beratung. *Sportunterricht, 46* (6), 237-246.

Fuchs, U. (2005). *Medienunterstützte Kommunikation in Counselling Prozessen.* Unveröffentlichte Abschlussarbeit, Georg-Simon-Ohm-Fachhochschule Nürnberg.

Galler, K. (2003). Kollegiale Fallberatung als Instrument des organisationalen Lernens in einer Beraterorganisation. In H. W. Franz & R. Kopp (Hrsg.), *Kollegiale Fallberatung. State of the Art und organisationale Praxis* (S. 143-150). Köln: EHP.

Galler, K., Kopp, R. & Vonesch, L. (2001). Kollegiale Fallberatung in der organisationellen Praxis. *Personal, 2*, 90-96.

Glaner, F. & Hinz, A. (2007). *Supervision und Coaching in der Prozessberatung.* Saarbrücken: VDM.

Glaser, C. (2004). *Förderung der Schreibkompetenz bei Grundschülern: Effekte einer integrierten Vermittlung kognitiver Schreibstrategien und selbstregulatorischer Fertigkeiten.* Dissertation Universität, Potsdam.

Gilliam, L. & Crutchfield, L. (2001). Collaborative group supervision of practicum students and interns. *Clinical Supervisor, 20* (1), 49-60.

Gomersall, J. (1997). Peer group supervision. In G. Shipton (Ed.), *Supervision of psychotherapy and counselling: Making a place to think* (pp. 107-118). Buckingham: The Open University.

Gräßlin, H. M. (1990). Wege. Erfahrungen und Ergebnisse oder: der Tod des Mose. In H. Fallner & H. M. Gräßlin, *Kollegiale Beratung. Eine Systematik zur Reflexion des beruflichen Alltags* (S. 56-92). Hille: Ursel Busch Fachverlag.

Grawe, K., Donati, R. & Bernauer, F. (2001). *Psychotherapie im Wandel – von der Konfession zur Profession.* Göttingen: Hogrefe.

Greenburg, S., Lewis, G. & Johnson, M. (1985). Peer consultation groups for private practitioners. *Professional Psychology: Research and Practice, 16* (3), 437-447.

Greif, S. (1996). Aufgaben, Regeln und Selbstreflektionen. In S. Greif & H. Kurtz (Hrsg.), *Handbuch selbstorganisiertes Lernen* (S. 69-76). Göttingen: Verlag für Angewandte Psychologie.

Greif, S. (2008). *Coaching und ergebnisorientierte Selbstreflexion.* Göttingen: Hogrefe.

Groeben, N., Wahl, D., Schlee, J. & Scheele, B. (1988). *Das Forschungsprogramm Subjektive Theorien. Eine Einführung in die Theorie des reflexiven Subjekts.* Tübingen: Francke.

Grote, S., Kauffeld, S., Denison, K. & Frieling, E. (2006b). Kompetenzen und deren Management: ein Überblick. In S. Grote, S. Kauffeld & E. Frieling (Hrsg.), *Kompetenzmanagement* (S. 15-32). Stuttgart: Schäffer-Poeschel.

Grote, S., Kauffeld, S. & Frieling, E. (2006a) (Hrsg.). *Kompetenzmanagement.* Stuttgart: Schäffer-Poeschel.

Guastello, S. J., Craven, J., Zygowicz, K. M & Bock, B. R. (2005). A rugged landscape model for self-organization and emergent leadership in creative problem solving and production groups. *Nonlinear Dynamics, Psychology, and Life Sciences, 9* (3), 297-333.

Gudjons, H. (1977). Fallbesprechungen in Lehrergruppen. Ein Leitfaden für gegenseitige Supervision und Beratung in der praxisnahen Lehrerfortbildung. *Westermanns Pädagogische Beiträge,* 29 (9), 373-379.

Gudjons, H. (1983). Berufsbezogene Selbsterfahrung durch Fallbesprechungen in Lehrergruppen – mit einem Leitfaden. In W. Mutzeck & W. Pallasch (Hrsg.), *Handbuch zum Lehrertraining. Konzepte und Erfahrungen* (S. 258-266). Weinheim, Basel: Beltz.

Guggenbühl-Bonetti, J. (2008). Das Kollegiale Team Coaching (KTC) als ökonomisches Organisations- und Personalentwicklungsinstrument in Veränderungsprozessen – Ergebnisse einer qualitativen Studie beim Migros-Genossenschafts-Bund. In J. Rowold & G. Rowold (Hrsg.), *Das Kollegiale Team Coaching* (S. 171-191). Köln: Kölner Studien Verlag.

Haack-Wegner, R. (2000). Die Intervisionsmethode in der Hochschullehre – ein Weg zur Erkenntnisgewinnung. *Journal für Psychologie, 8* (1), 14-28.

Hamlin, E. R. II., & Timberlake, E. M. (1982). Peer Group Supervision for Supervisors. *Social Casework, 63* (2), 82-87.

Hämmer, V. (2006). *Kollegiale Beratung als unterstützende Maßnahme bei der Führungskräfteentwicklung. Möglichkeiten und Grenzen.* Zugriff am 12.04.2009 von http://www.bib-bvb.de/bib_schule/haemmer-Kollegiale.pdf.

Hanekamp, H. J. W. (1994). Intervizija [Intervision]. *Socialno delo 33* (6), 503-505.

Harbert, S. (2006). Rollen und Aufgaben von Coaching im Veränderungsmanagement bei McKinsey. *Organisationsberatung, Supervision, Coaching: OSC, 13* (3), 211-217.

Hardcastle, D. (1991). Toward a model for supervision: A peer supervision pilot project. *Clinical Supervisor, 9* (2), 63-76.

Hare, R. & Frankena, S. (1972). Peer group supervision. *American Journal of Orthopsychiatry, 42,* 527-529.

Harnik, M. L & Lauterburg, C. (1994). Team-Coaching – Führungsentwicklung an der Basis. *Organisationsentwicklung, 13 (1),* 42-51.

Hartmann, E. (2002). *Möglichkeiten und Grenzen einer präventiven Intervention zur phonologischen Bewusstheit von lautsprachgestörten Kindergartenkindern.* Fribourg/CH: Sprachimpuls.

Hauser, B. (2006). *Action Learning im Management Development.* München, Mering: Hampp.

Hausinger, B. (2008). *Der Nutzen von Supervision. Verzeichnis wissenschaftlicher Arbeiten.* Köln: DGSv.

Heigl-Evers, A. & Ott, J. (1997). Die Bedeutung der psychoanalytisch-interaktionellen Grundeinstellungen für die Gruppentherapie. *Gruppenpsychotherapie und Gruppendynamik, 33,* 55-73.

Heinold-Krug, E. (2003). Kollegiale Fallberatung zur Unterstützung der Einführung von Qualitätsmanagementsystemen. In H. W. Franz & R. Kopp (Hrsg.), *Kollegiale Fallberatung. State of the Art und organisationale Praxis* (S. 119-130). Köln: EHP.

Hendriksen, J. (2000). *Intervision. Kollegiale Beratung in Sozialer Arbeit und Schule.* Weinheim, Basel: Beltz.

Henschel, A. (2005). *Das Kompetenz-Reflexions-Inventar. Entwicklung und erste psychometrische Überprüfung.* Unveröffentlichte Diplomarbeit, Universität Göttingen.

Herwig-Lempp, J. (2004). *Ressourcenorientierte Teamarbeit. Systemische Praxis der kollegialen Beratung.* Göttingen: Vandenhoeck&Ruprecht.

Heyse, V. & Erpenbeck, J. (2004). *Kompetenztraining.* Stuttgart: Schäffer-Poeschel.

Hiller, E. & Rosenfield, J. (2000). The experience of leader-led peer supervision: Genetic counselors' perspectives. *Journal of Genetic Counseling, 9* (5), 399-410.

Hillerbrand, E. (1989). Cognitive differences between experts and novices: Implications for group supervision. *Journal of Counseling and Development, 67,* 293-296.

Hinz, O. (2008). Diesseits von Coaching und Mentoring: Kollegiale Praxisberatung. *Organisationsberatung, Supervision, Coaching: OSC, 15* (1), 70-79.

Höfle, K. (1994). *Beratung/Supervision als Modernisierungsstrategie und Modernisierungseffekt. Eine Untersuchung zur internen betrieblichen Weiterbildung am Beispiel eines Finanz-Dienstleistungsunternehmens.* Unveröffentlichte Dissertation, Universität der Bundeswehr München.

Holling, H. & Liepmann, D. (2007). Personalentwicklung. In H. Schuler (Hrsg.), *Organisationspsychologie* (4. Auflage) (S. 345-383). Bern: Huber.

Holloway, E. L. & Hosford, R. E. (1983). Towards developing a prescriptive technology of counselor supervision. *The Counseling Psychologist, 11* (1), 73-77.

Huber, A. A. (2001). Koping-Gruppen und Praxistandems als Elemente kollegialer Supervision. *Gruppendynamik und Organisationsberatung, 32* (4), 419-432.

Huber, A. A. & Müller, G. F. (1998). Die Gruppe als Vermittlerin individueller Lernprozesse. In E. Ardelt-Gattinger, H. Lecher & W. Schlögl (Hrsg.), *Gruppendynamik. Anspruch und Wirklichkeit der Arbeit in Gruppen* (S. 218-233). Göttingen: Verlag für Angewandte Psychologie.

Humphreys, K. & Rappaport, J. (1994). Researching self-help/mutual aid groups and organizations: Many roads, one journey. *Applied & Preventive Psychology, 3* (4), 217-231.

Hunt, W. & Issacharoff, A. (1975). A leaderless group of professional therapists: Case history and analysis. *American Journal of Psychiatry, 132* (11), 1164-1167.

Hürter, O. (1996). Kollegialität – viel erfahren, wenig untersucht. *Forum Supervision* (Sonderheft 1), 8-17.

Hyrkas, K., Koivula, M., Lehti, K. & Pauonen-Ilmonen, M. (2003). Nurse managers' conceptions of quality management as promoted by peer supervision. *Journal of Nursing Management, 11* (1), 48-58.

Inhelder, O. (2006). Coaching ohne Coach. *Swiss Engineering, 5,* 30-31.

Inskipp, F. (1996). New directions in supervision. In R. Bayne, I. Horton & J. Bimrose, *New directions in counselling* (pp. 268-280). London: Routledge.

Issacharoff, A. & Hunt, W. (1977). Observations on group processes in a leaderless group of professional therapists. *Group, 1* (3), 162-171.

Iwers-Stelljes, T. (2003). Entwicklung eines Programms zur kollegialen Introvisions-Supervision (KIS) für inner- und außerschulische Handlungsfelder. *Gruppendynamik und Organisationsberatung, 34* (4), 387-404.

Jacobs, B. (1999). *Effektstärke mit der Korrektur von Vortestunterschieden.* Zugriff am 12.04.2009 von http://www.phil.uni-sb.de/~jakobs/seminar/vpl/bedeutung/es-korr.htm.

Johnson, S. D & Bechler, C. (1998). Examining the relationship between listening effectiveness and leadership emergence: Perceptions, behaviors, and recall. *Small Group Research, 29* (4), 452-471.

Joiko, K., Schmauder, M. & Wolff, G. (2008). *Psychische Belastung und Beanspruchung im Berufsleben – erkennen, gestalten* (Hrsg.: Bundesanstalt für Arbeitsschutz und Arbeitsmedizin). Dortmund: BAuA.

Jugert, G. (1998). *Zur Effektivität Pädagogischer Supervision. Eine Evaluationsstudie schulinterner Gruppen-Supervision mit Lehrern.* Frankfurt/Main: Peter Lang.

Kaluza, G. & Schulze, H.-H. (2000). Evaluation von Gesundheitsförderungsprogrammen – Methodische Stolpersteine und pragmatische Empfehlungen. *Zeitschrift für Gesundheitspsychologie, 8* (1), 18-24.

Kauffeld, S. (2003a). *Das Kompetenz-Reflexions-Inventar (KRI).* Unveröffentlichter Fragebogen, Universität Kassel.

Kauffeld, S. (2003b). *Entwicklung des Kompetenz-Reflexions-Inventars (KRI).* Unveröffentlichtes Manuskript, Universität Kassel.

Kauffeld, S., Grote, S. & Henschel, A. (2007). Das Kompetenz-Reflexions-Inventar (KRI). In J. Erpenbeck & L. v. Rosenstiel (Hrsg.), *Handbuch Kompetenzmessung,* (S. 337-347). Stuttgart: Schäffer-Poeschel.

Kaufhold, M. (2006). *Kompetenz und Kompetenzerfassung. Analyse und Beurteilung von Verfahren der Kompetenzmessung.* Wiesbaden: Verlag für Sozialwissenschaften.

Kees, N. (1999). Women together again: A phenomenological study of leaderless women's groups. *Journal for specialists in group work, 24* (3), 288-305.

Kennedy, A. (2000). Supervision for practicing genetic counselors: An overview of models. *Journal of Genetic Counseling, 9* (5), 379-390.

Kernen, H. (1999). *Burnout-Prophylaxe im Management: erfolgreiches individuelles und institutionelles Ressourcenmanagement.* Bern, Stuttgart, Wien: Haupt.

Kieserling, A. (1999). *Kommunikation unter Anwesenden. Studien über Interaktionssysteme.* Frankfurt a. M.: Suhrkamp.

Kießling-Sonntag, J. (2003). *Handbuch Trainings- und Seminarpraxis.* Berlin: Cornelsen.

Kirkpatrick, D. L. & Kirkpatrick, J. D. (2006). Evaluat*ing Training Programs: The Four Levels.* New York: McGraw-Hill Professional.

Klemme, B. & Siegmann, G. (2006). *Clinical Reasoning. Therapeutische Denkprozesse lernen.* Stuttgart: Thieme.

Klimek, A. (2004). Kollegiale Beratung. Im Gespräch mit Kollegen Führungskompetenz entwickeln. *Organisationsentwicklung, 25* (1), 76-83.

Klug, A. (2008). Analyse des Personalentwicklungsbedarfs. In J. Ryschka, M. Solga & A. Mattenklott (Hrsg.), *Praxishandbuch Personalentwicklung. Instrumente, Konzepte, Beispiele* (S. 35-90). Wiesbaden: Gabler.

Kluge, M. (2004). Kollegiale Beratung von Ausbildern: Wider den gewohnten Blick. *Berufsbildung, Band 58*, Heft 90, 22-24.

Klupsch-Sahlmann, R. (2005). „Dann gehen wir eben!" – Kollegiale Beratung in Krisensituationen. *Sportpädagogik, 29* (2), 10-12.

Koballa, T. R., Eidson, S. D., Finco-Kent, D., Grimes, S., Kight, C. R. & Sambs, H. (1992). Peer Coaching. Capitalizing on constructive criticism. *The Science Teacher, 59* (9), 42-45.

Kolb, D. (1984). *Experiential Learning.* Englewood Cliffs: Prentice-Hall.

König, O. & Schattenhofer, K. (2006). *Einführung in die Gruppendynamik.* Heidelberg: Carl Auer.

Kopp, R. & Vonesch, L. (2003). Die Methodik der Kollegialen Fallberatung. In H. W. Franz & R. Kopp (Hrsg.), *Kollegiale Fallberatung. State of the Art und organisationale Praxis* (S. 53-92). Köln: EHP.

Kühl, S. (2008a). *Coaching und Supervision. Zur personenorientierten Beratung in Organisationen.* Wiesbaden: Verlag für Sozialwissenschaften.

Kühl, S. (2008b). Die nur fast gelingende Schließung des Personalentwicklungszyklus. *Organisationsberatung, Supervision, Coaching: OSC, 15* (2), 137-155.

Kühl, S. (2008c). Dyaden, Gruppen und Teams: Die Rahmungen von Coachings und Supervisionen. *Gruppendynamik und Organisationsberatung, 39* (4), 477-498.

Kühl, S. (2006). Psychiatrisierung, Personifizierung und Personalisierung. Zur personenzentrierten Beratung in Organisationen. *Organisationsberatung, Supervision, Coaching: OSC, 13* (4), 391-405.

Kühl, W. (2007). Intervision: billig, aber auch gut? *Sozialmagazin, 32* (1), 38-47.

Künzli, H. (2009). Wirksamkeitsforschung im Führungskräfte-Coaching. *Organisationsberatung, Supervision, Coaching: OSC, 16* (1), 4-18.

Latzel, A. (2003). *Reflexion nach kritischer Erfahrung als Qualifizierungsmaßnahme – Messung, Potenzial und Training.* Dissertation, Technische Universität München.

Lauterburg, C. (2001). Gute Manager fallen nicht vom Himmel. *Organisationsentwicklung, 22* (2), 4-11.

Lazarus, R. & Launier, R. (1981). Streßbezogene Transaktionen zwischen Person und Umwelt. In R. Nitsch (Hrsg.), *Stress: Theorien, Untersuchungen, Maßnahmen* (S. 213-259). Bern: Huber.

Leitner, A., Petzold, H. G., Orth, S., Sieper, J. & Telsemeyer, P. (2004). *Mythos Supervision? Zur Notwendigkeit von „konzeptkritischen" Untersuchungen im Hell- und Dunkelfeld zu Wirkungen, Nebenwirkungen, Risiken und Rechtsverletzungen in der supervisorischen Praxis.* Zugriff am 12.04.2009 von http://www.donau-uni.ac.at /imperia/md/content/studium/umwelt_medizin/psymed/artikel/mythsu04.pdf.

Lewis, G., Greenburg, S. & Hatch, D. (1988). Peer consultation groups for psychologists in private practice: A National Survey. *Professional Psychology: Research and Practice, 19* (1), 81-86.

Likhite, M. (2000). The interface between countertransference and projective identification in a case presented to peer supervision. *Journal of Genetic Counseling, 9* (5), 417-424.

Lippmann, E. (2004). *Intervision. Kollegiales Coaching professionell gestalten.* Berlin, Heidelberg, New York: Springer.

Luhmann, N. (1994). *Soziale Systeme. Grundriss einer allgemeinen Theorie.* Frankfurt a. M.: Suhrkamp.

Mahnke, U. (1996). Stärkung von Problemlösekompetenz durch Intervision. Ein Strukturmodell kollegialer Beratung. *Pädagogik und Schulalltag, 51* (4), 539-552.

Manz, C. C. & Sims, H. P. (1982). The Potential for „Groupthink" in Autonomous Work Groups. *Human Relations, 35* (9), 773-784.

Marks, J. L., & Hixon, D. F. (1986). Training agency staff through peer group supervision. *The Journal of Contemporary Social Work, 67* (7), 418-423.

Markus, H. E., Gross, W. F., Halewski, P. G., Quallo, H., Smith, S., Sullivan, M. et al. (2003). Primary process and peer consultation: An experiential model to work through countertransference. *International Journal of Group Psychotherapy. 53* (1), 19-38.

Maslach, C., Jackson, S. & Leiter, M. (1996). *MBI. Maslach Burnout Inventory. Manual.* Palo Alto: Consulting Psychologist Press.

Matzat, J. (2004). *Wegweiser Selbsthilfegruppen.* Giessen: Psychosozial-Verlag.

Mayer, B. (2003a). Lernarchitekturen von Managementtrainings und ihre Wirkungen – eine vergleichende Evaluation. *Organisationsentwicklung, 24* (1), 44-55.

Mayer, B. (2003b). *Systemische Managementtrainings. Theorieansätze und Lernarchitekturen im Vergleich.* Heidelberg: Carl Auer.

McNamara, C. (1998). *Leaders' Circles: Guidebook for facilitators and members. Groups anyone can organize for networking, problem solving and support.* St. Paul: MAP for Nonprofits.

Meister, H. (1996). Fallarbeit mit Hilfe Themenzentrierter Interaktion. In J. Schlee & W. Mutzeck (Hrsg.), *Kollegiale Supervision. Modelle zur Selbsthilfe für Lehrerinnen und Lehrer* (S. 79-99). Heidelberg: Winter.

Mohr, G., Müller, A. & Rigotti, T. (2005). Normwerte der Skala Irritation: Zwei Dimensionen psychischer Beanspruchung. *Diagnostica, 51* (1), 12-20.

Mohr, G. & Rigotti, T. (2005). Irritation (Gereiztheit). In A. Glöckner-Rist (Hrsg.), *ZUMA-Informationssystem. Elektronisches Handbuch sozialwissenschaftlicher Erhebungsinstrumente. Version 9.00.* Mannheim: Zentrum für Umfragen, Methoden und Analysen.

Mohr, G., Rigotti, T. & Müller, A. (2005). Irritation – ein Instrument zur Erfassung psychischer Beanspruchung im Arbeitskontext. Skalen und Itemparameter aus 15 Studien. *Zeitschrift für Arbeits- und Organisationspsychologie, 49* (1), 44-48.

Möller, H. (1998). Schamerleben in Supervisionsgruppen. *Gruppendynamik, 29* (4), 403-419.

Moser, K. (2007). Planung und Durchführung organisationspsychologischer Untersuchungen. In H. Schuler (Hrsg.), *Organisationspsychologie* (4. Auflage) (S. 89-119). Bern: Huber.

Mosing, G. (2009). Kollegiale Fallberatung. In H. Buchen & H.-G. Rolff (Hrsg.), *Professionswissen Schulleitung* (2. Auflage) (S. 992-1029). Weinheim: Beltz.

Müller, A., Mohr, G. & Rigotti, T. (2004). Differenzielle Aspekte psychischer Beanspruchung aus Sicht der Zielorientierung. Die Faktorstruktur der Irritations-Skala. *Zeitschrift für Differentielle und Diagnostische Psychologie, 25* (4), 213-225.

Müller, T. (2008). Praxisbegleitung – ein Konzept für die Führungskräfteentwicklung. *Organisationsberatung, Supervision, Coaching: OSC, 15* (1), 27-39.

Mutzeck, W. (1992). Kooperative Beratung. Konzeption einer Zusatzqualifikation. In W. Pallasch, H. Reimers, & W. Mutzeck (Hrsg.), *Beratung – Training – Supervision. Eine Bestandsaufnahme über Konzepte zum Erwerb von Handlungskompetenz in pädagogischen Arbeitsfeldern* (S. 143-160). Weinheim, München: Juventa.

Mutzeck, W. (1996). Kooperative Beratung. In J. Schlee & W. Mutzeck (Hrsg.), *Kollegiale Supervision. Modelle zur Selbsthilfe für Lehrerinnen und Lehrer* (S. 56-78). Heidelberg: Winter.

Mutzeck, W. (1999). *Kooperative Beratung. Grundlagen und Methoden der Beratung und Supervision im Berufsalltag.* Weinheim, Basel: Beltz.

Mutzeck, W. (2008). Kollegiale Supervision. Eine Möglichkeit der beruflichen Unterstützung, Weiterentwicklung und Qualitätssicherung. In W. Mutzeck & J. Schlee (Hrsg.), *Kollegiale Unterstützungssysteme für Lehrer* (S. 48-70). Stuttgart: Kohlhammer.

Mutzeck, W. & Schlee, J. (Hrsg.) (2008). *Kollegiale Unterstützungssysteme für Lehrer.* Stuttgart: Kohlhammer.

Nachtigall, C. & Wirtz, M. (2006). *Wahrscheinlichkeitsrechnung und Inferenzstatistik. Statistische Methoden für Psychologen* (4. Auflage). Weinheim, München: Juventa.

Nerdinger, F. W. (2000). Extra-Rollenverhalten – Operationalisierung des Konstrukts und Überprüfung affektiver Antezedenzien. *Gruppendynamik, 31* (2), 155-167.

Neufeldt, S. A., Beutler, L. & Banchero, R. (1997). Research on Supervisor Variables in Psychotherapy Supervision. In E. Watkins (Ed.), *Handbook of psychotherapy supervision* (pp. 508-524). New York: Wiley.

Nobler, H. (1980). A peer group for therapists: Successful experience in sharing. *The international journal of group psychotherapy, 30* (1), 51-61.

Nold, B. (1998). *Kollegiale Praxisberatung in der Lehrerausbildung. Konzeptualisierung und Evaluierung eines Modells für den Vorbereitungsdienst.* Tübingen: MVK.

Ostbomk-Fischer, E. (1998). Kollegiale Supervision. Ein personzentriertes Konzept der Integration von Theorie und Praxis in Studium und Ausbildung. Teil 1: Theoretische und konzeptionelle Grundlagen. *Gesprächspsychotherapie und Personzentrierte Beratung, 29* (3), 183-188.

Ott-Nold, B. (1995). Kollegiale Praxisberatung auf der Basis der ‚Subjektiven Theorien' von LehramtsanwärterInnen. *Pädagogik und Schulalltag, 50* (1), 107-113.

Otto, U. & Vespermann, S. (2005). Personal- und Organisationsentwicklung im Schul-, Sozial- und Bildungssektor durch Formen dyadischer Intervision. *Gruppendynamik und Organisationsberatung, 36* (3), 257-269.

Packebusch, L. (2003). Psychische Belastung und Beanspruchung – Normung für die Praxis. *Wirtschaftspsychologie aktuell, 3*, 32-36.

Parncutt, R. (2009). *Kollegiale Leistungskultur an Universitäten.* Zugriff am 23.03.2009 von http://www-gewi.uni-graz.at/staff/parncutt/pv.html.

Paschen, E. (2008). *Wenn Berater sich beraten. Ein Plädoyer für die Intervision.* Unveröffentlichte Diplomarbeit, Hochschule für Angewandte Wissenschaften Hamburg.

Pearce, C. L. & Conger, J. A. (2003) (Eds.). *Shared leadership: Reframing the hows and whys of leadership.* Thousand Oaks: Sage.

Pearce, C. L., Conger, J. A. & Locke, E. A. (2007). Shared leadership theory. *The leadership quarterly, 18* (3), 281-288.

Pearce, C. L & Sims, H. P. (2000). Shared leadership: toward a multi-level theory of leadership. *Advances in interdisciplinary studies of work teams, 7,* 115-139.

Petzold, H. G. & Orth, I. (1998). Wege zu „fundierter Kollegialität" – innerer Ort und äußerer Raum der Solidarität. *Report Psychologie, 23* (3), 234-239.

Podsiadlowski, A. & Spieß, E. (2000). Teamarbeit und freiwilliges Arbeitsengagement. *Gruppendynamik, 31* (2), 197-212.

Powell, D. (1996). A peer consultation model for clinical supervision. *Clinical Supervisor, 14* (2), 163-169.

Priebe, B. (1991). Unterrichtsstörungen als gemeinsame Aufgabe. Kollegiale Beratung. *Pädagogik, 12,* 20-23.

Proctor, B. (2008). *Group Supervision. A Guide to Creative Practice* (2nd edition). London: Sage.

Prümper, J., Hartmannsgruber, K. & Frese, M. (1995). KFZA. Kurz-Fragebogen zur Arbeitsanalyse. *Zeitschrift für Arbeits- und Organisationspsychologie, 39* (3), 125-132.

Pühl, H. (Hrsg.) (2000a). *Handbuch der Supervision* 2 (2. Auflage). Berlin: Ed. Marhold.

Pühl, H. (2000b). Einzel-Supervision – Coaching – Leitungsberatung: Drei Begriffe für dieselbe Sache? In H. Pühl (Hrsg.), *Handbuch der Supervision* 2 (2. Auflage) (S. 100-111). Berlin: Ed. Marhold.

Rabi, J., Lehr, M. L. & Hayner, M. L. (1986). The peer consultation team: an alternative. *Journal of Strategic and Systemic Therapies, 3* (2), 66-71.

Rappe-Giesecke, K. (2003). *Supervision für Gruppen und Teams* (3. Auflage). Berlin, Heidelberg, New York: Springer.

Rauen, C. (2003). *Coaching.* Göttingen: Hogrefe.

Reinhardt, C. (2006). „Man bekommt immer wieder überraschende Einsichten." – Kollegiales Coaching von Führungskräften. In C. Reinhardt, R. Kerbst & M. Dorando (Hrsg.), *Coaching und Beratung an Hochschulen* (S. 20-31). Bielefeld: Webler.

Remley, T., Benshoff, J. & Mowbray, C. (1987). Postgraduate peer supervision. A proposed model for peer supervision. *Counselor Education & Supervision, 27* (1), 53-60.

Reuter, S. (2006). *Intervision als Post-Training-Transferstrategie. Am Beispiel der Siemens Schweiz AG.* Unveröffentlichte Diplomarbeit, Universität Trier.

Reuthner, S. (2003). Angeleitete kollegiale Supervision mit Schulpsychologen. In A. Schreyögg & H. Lehmann (Hrsg.), *Personalentwicklung in der Schule* (S. 138-153). Bonn: Deutscher Psychologen Verlag.

Richard, R. & Rodway, M. (1992). The peer consultation group: A problem-solving perspective. *Clinical Supervisor, 10* (1), 83-100.

Riedel, J. (2003). *Coaching für Führungskräfte. Erklärungsmodell und Fallstudien.* Wiesbaden: Deutscher Universitäts-Verlag.

Rimmasch, T. (2003). Kollegiale Fallberatung – Was ist das eigentlich? Grundlagen, Herkunft, Einsatzmöglichkeiten des Verfahrens. In H. W. Franz & R. Kopp (Hrsg.), *Kollegiale Fallberatung. State of the Art und organisationale Praxis* (S. 17-51). Köln: EHP.

Rosskogler, M. (2002). Das Reflektierende Team als Methode des „Peer-Coaching". *Organisationsberatung, Supervision, Coaching: OSC, 9* (3), 287-294.

Rotering-Steinberg, S. (1983). *Anleitungen zum Selbsttraining für Lehrergruppen. Entwicklung und Evaluation eines Programmes zur Kommunikation, Praxisberatung und Selbstkontrolle.* Weinheim, Basel: Beltz.

Rotering-Steinberg, S. (1990). Ein Modell kollegialer Supervision. In H. Pühl (Hrsg.), *Handbuch der Supervision* (S. 428-440). Berlin: Ed. Marhold.

Rotering-Steinberg, S. (1996). Kollegiale Supervision in informellen Gruppen für Pädagoginnen und Pädagogen. In J. Schlee & W. Mutzeck (Hrsg.), *Kollegiale Supervision. Modelle zur Selbsthilfe für Lehrerinnen und Lehrer* (S. 100-125). Heidelberg: Winter.

Rotering-Steinberg, S. (1998). Die „Führungs-Lernstatt" als kooperative Lern-Organisationsform. In K. Geissler (Hrsg.), *Handbuch Personalentwicklung. Beraten, Trainieren, Qualifizieren* (Kap. 7.9, o. S.). Köln: Dt. Wirtschaftsdienst.

Rotering-Steinberg, S. (1999). *Anleitungen zur Kollegialen Supervision. Ein professioneller und persönlicher Entwicklungs- und Wachstumsprozess zur Selbstevaluation und Qualitätssicherung.* Tübingen: dgvt-Verlag.

Rotering-Steinberg, S. (2001a). Editorial. *Gruppendynamik und Organisationsberatung, 32* (4), 377-378.

Rotering-Steinberg, S. (2001b). Kollegiale Supervision im Selbst-Training: Rückblick nach zwei Jahrzehnten und Vorausschau. *Gruppendynamik und Organisationsberatung, 32* (4), 379-392.

Rotering-Steinberg, S. (2001c). Erfahrungsbericht: Fünf Jahre Kollegiale Supervision für den Praxisbereich „Rehabilitation" einer Krankenversicherung. *Gruppendynamik und Organisationsberatung, 32* (4), 433-460.

Rotering-Steinberg, S. (2005). *Anleitungen zur Kollegialen Supervision und Qualitätszirkelarbeit sowie zum Kollegialen Coaching.* Tübingen: dgvt-Verlag.

Rotering-Steinberg, S. (2007). Evaluationsstudien zum Mentoring. *Gruppendynamik und Organisationsberatung, 36* (1), 25-42.

Rothe-Jokisch, L. (2008). Der Beitrag des Beratungsinstruments „Kollegiale Fallberatung" zur Praxisentwicklung von Kooperationskreisen Schule-Jugendhilfe. *Gruppendynamik und Organisationsberatung, 39* (4), 464-476.

Rowold, J. (2008). Zur Wirksamkeit des Kollegialen Team Coachings: Ergebnisse einer 2jährigen Längsschnittstudie. In J. Rowold & G. Rowold (Hrsg.), *Das Kollegiale Team Coaching* (S. 141-153). Köln: Kölner Studien Verlag.

Rowold, J. & Rowold, G. (2008). Grundlagen des KTCs. In J. Rowold & G. Rowold (Hrsg.), *Das Kollegiale Team Coaching* (S. 15-81). Köln: Kölner Studien Verlag.

Rowold, G. & Schley, W. (1998). Kollegiales Team Coaching (KTC). *SE – Schulentwicklung, 4*, 70-78.

Rüegg, M. (2001). *Intervision – kollegiale Unterstützung als Beitrag zur Qualitätsentwicklung und -sicherung.* Zürich: Verlag Pestalozzianum.

Rützler, D. (2002). *Kollegiale Beratung im Internet. Eine Fragebogenuntersuchung zur Akzeptanz internetgestützter Kollegialer Beratung.* Unveröffentlichte Diplomarbeit, Freie Universität Berlin.

Ryschka, J. & Tietze, K.-O. (2008). Beratungs- und betreuungsorientierte Personalentwicklungsansätze. In J. Ryschka, M. Solga & A. Mattenklott (Hrsg.), *Praxishandbuch Personalentwicklung. Instrumente, Konzepte, Beispiele* (2. Auflage) (S. 93-129). Wiesbaden: Gabler.

Sanders, J. R. (2006) (Hrsg.). *Handbuch der Evaluationsstandards. Die Standards des „Joint Committee on Standards for Educational Evaluation".* Wiesbaden: Verlag für Sozialwissenschaften.

Sanders, M. & Ratzke, K. (1999). Das ModeratorInnentraining – Kompetenzen für systemische Fallberatung. In M. Cierpka (Hrsg.), *Kinder mit aggressivem Verhalten. Ein Praxismanual für Schulen, Kindergärten und Beratungsstellen* (S. 249-356). Göttingen: Hogrefe.

Schattenhofer, K. (1997). Fallbesprechungen als Form kollegialer Beratung. *Supervision, 31*, 69-85.

Schattenhofer, K. & Götz, K. (2000). Achtung: Reflexive Zone. Auswertung einer Fortbildungsmaßnahme für Führungskräfte bei Daimler-Chrysler. *Forum Supervision, 15*, 79-93.

Scheer, H.-D. (1997). *Erfolgreiche Strategien für starke Teams. Gegenseitige Teamberatung im Betrieb.* München: Neuer Merkur.

Scheid, V. (2006). Die Kollegiale Beratung. *Praxis Schule 5-10: Zeitschrift für die Sekundarstufe 1 des Schulwesens, 5*, 35-40.

Schein, E. H. (1992): *Organizational culture and leadership.* San Francisco: Jossey-Bass.

Schlee, J. (1996). Veränderung subjektiver Theorien durch Kollegiale Beratung und Supervision (KoBeSu). In J. Schlee & W. Mutzeck (Hrsg.), *Kollegiale Supervision. Modelle zur Selbsthilfe für Lehrerinnen und Lehrer* (S. 149-167). Heidelberg: Winter.

Schlee, J. (2004). *Kollegiale Beratung und Supervision für pädagogische Berufe.* Stuttgart: Kohlhammer.

Schlee, J. (2007). Praxis der kollegialen Beratung. In R. Pfundtner (Hrsg.), *Grundwissen Schulleitung* (S. 668-674). Köln: Luchterhand.

Schlee, J. (2008). Regeln und Prinzipien für kollegiale Unterstützungsgruppen. In W. Mutzeck & J. Schlee (Hrsg.), *Kollegiale Unterstützungssysteme für Lehrer* (S. 19-24). Stuttgart: Kohlhammer.

Schlee, J. & Mutzeck, W. (1996a) (Hrsg.). *Kollegiale Supervision. Modelle zur Selbsthilfe für Lehrerinnen und Lehrer.* Heidelberg: Winter.

Schlee, J. & Mutzeck, W. (1996b). Supervision für Lehrerinnen und Lehrer. In J. Schlee & W. Mutzeck (Hrsg.), *Kollegiale Supervision. Modelle zur Selbsthilfe für Lehrerinnen und Lehrer* (S. 9-22). Heidelberg: Winter.

Schlüter, D. (1997). Kollegiale Beratung von Lehramtsanwärtern. Ein persönlicher Erfahrungsbericht eines Fachleiters. *Sportunterricht, 46* (6), 262-266.

Schmehl, T. (2007). Kollegiale Beratung im Rahmen von Kooperationsprojekten „Schule und Jugendhilfe". In A. Henschel, R. Krüger, C. Schmitt & W. Stange (Hrsg.), *Jugendhilfe und Schule: Handbuch für eine gelingende Kooperation* (S. 658-664). Wiesbaden: VS Verlag.

Schmelzer, D. (1997). *Verhaltenstherapeutische Supervision.* Göttingen: Hogrefe.

Schmidt, E.-M., & Wahl, D. (2008). Kommunikative Praxisbewältigung in Gruppen (KOPING). In W. Mutzeck & J. Schlee (Hrsg.), *Kollegiale Unterstützungssysteme für Lehrer* (S. 25-47). Stuttgart: Kohlhammer.

Schmidt, E.-M. & Wahl, D. (1999). Kooperatives Lehren lernen: Die Wirkung kommunikativer Praxisbewältigung in Gruppen (KOPING) auf den Lernprozess von ErwachsenenbildnerInnen. *Gruppendynamik, 30* (3), 281-293.

Schmidt, F. (2002). *Die Methode der ‚Kollegialen Beratung'. Die Aktivierung des Selbstlernens als Reflexion der pädagogischen Praxis.* Unveröffentlichte Magisterarbeit, Universität Bonn.

Schmidt, G. (2004). *Liebesaffären zwischen Problem und Lösung. Hypnosystemisches Arbeiten in schwierigen Kontexten.* Heidelberg: Carl Auer.

Schmidt, S. J. (1994) (Hrsg.). *Der Diskurs des radikalen Konstruktivismus* (6. Auflage). Frankfurt am Main: Suhrkamp.

Schreiber, P. & Frank, E. (1983). The Use of a Peer Supervision Group by Social Work Clinicians. *The Clinical Supervisor, 1* (1), 29-36.

Schreyögg, A. (2004). *Supervision: Ein integratives Modell. Lehrbuch zu Theorie und Praxis.* Wiesbaden: Verlag für Sozialwissenschaften.

Schulze, H. & Lohkamp, L. (2005). Kollegiale Beratung – Unterstützung von Führungskräften. *Zeitschrift für Transaktionsanalyse, 22* (4), 254-268.

Schwarzer, R. (1994). Optimistische Kompetenzerwartung: Zur Erfassung einer personellen Bewältigungsressource. *Diagnostica, 40,* 105-123.

Schyns, B. (2001). *Determinanten beruflicher Veränderungsbereitschaft bei Arbeitnehmern und Arbeitnehmerinnen unterer Hierarchiestufen.* Dissertation, Universität Leipzig.

Semmer, N. K & Udris, I. (2007). Bedeutung und Wirkung von Arbeit. In H. Schuler (Hrsg.), *Organisationspsychologie* (4. Auflage) (S. 157-195). Bern: Huber.

Shapiro, R. (1999). Orthodox peer supervision and orthodox group therapy: Two groups – one religion. *Journal of Psychology and Judaism, 23* (4), 211-220.

Sher, B. & Gottlieb, A. (1989). *Teamworks! Building support groups that guarantee success.* New York: Warner.

Showers, B. & Joyce, B. (1996). The Evolution of Peer Coaching. *Educational Leadership, 53* (6), 12-16.

Solga, M. (2008). Evaluation der Personalentwicklung. In J. Ryschka, M. Solga & A. Mattenklott (Hrsg.), *Praxishandbuch Personalentwicklung. Instrumente, Konzepte, Beispiele* (2. Auflage) (S. 333-363). Wiesbaden: Gabler.

Solga, M., Ryschka, J. & Mattenklott, A. (2008). Personalentwicklung: Gegenstand, Prozessmodell, Erfolgsfaktoren. In J. Ryschka, M. Solga & A. Mattenklott (Hrsg.),

Praxishandbuch Personalentwicklung. Instrumente, Konzepte, Beispiele (2. Auflage) (S. 19-33). Wiesbaden: Gabler.

Sonntag, K. & Schäfer-Rauser, U. (1993). Selbsteinschätzung beruflicher Kompetenzen bei der Evaluation von Bildungsmaßnahmen. *Zeitschrift für Arbeits- und Organisationspsychologie, 37* (4), 163-171.

Sorotzkin, B. (1999). The pursuit of perfection: Vice or virtue in judaism? *Journal of Psychology and Judaism, 23* (4), 179-195.

Spangler, G. (2005). *Kollegiale Beratung. Heilsbronner Modell zur kollegialen Beratung.* Nürnberg: Mabase.

Spieß, E. (2000). Berufliche Werte, Formen der Kooperation und Arbeitszufriedenheit. *Gruppendynamik und Organisationsberatung, 31* (2), 185-196.

Spiess, W. (1992). Entspannung, Metaphern, Imaginationen, ... Brainstorming: Das Freiburger (CH) Supervisionsmodell für Gruppen und Teams. In W. Pallasch, H. Reimers, & W. Mutzeck (Hrsg.), *Beratung – Training – Supervision. Eine Bestandsaufnahme über Konzepte zum Erwerb von Handlungskompetenz in pädagogischen Arbeitsfeldern* (S. 241-253). Weinheim, München: Juventa.

Stahl, E. (2007). *Dynamik in Gruppen. Handbuch der Gruppenleitung* (2., vollst. überarb. u. erw. Auflage). Weinheim, Basel: Beltz PVU.

Starling, P. & Baker, S. (2000). Structured peer group practicum supervision: Supervisees' perceptions of supervision theory. *Counselor Education and Supervision, 39,* 162-176.

Steffan, W. (2008). Intervision. In D. Kreft & I. Mielenz (Hrsg.), *Wörterbuch soziale Arbeit: Aufgaben, Praxisfelder, Begriffe und Methoden der Sozialarbeit und Sozialpädagogik* (S. 440-443). Weinheim: Juventa.

Steinmetz, B. (2006). Stress*management für Führungskräfte. Entwicklung und Evaluation einer Intervention.* Hamburg: Dr. Kovac.

Taffertshofer, A. (2009). Der Coaching-Boom. Eine Printmedien-Analyse. In K. Galdynski & S. Kühl (Hrsg.), *Black-Box Beratung? Empirische Studien zu Coaching und Supervision* (S. 29-45). Wiesbaden: Verlag für Sozialwissenschaften.

Tannenbaum, S. I., Salas. E. & Cannon-Bowers, J. A. (1996). Promoting Team Effectiveness. In M. A. West (Ed.), *Handbook of work group psychology* (pp. 503-529). Chichester: Wiley.

Thiel, H.-U. (2000). Zur Verknüpfung von kollegialer und professioneller Supervision. In H. Pühl (Hrsg.), *Handbuch der Supervision* 2 (2. Auflage) (S. 184-200). Berlin: Ed. Marhold.

Thimm, K. (1997). Fallsupervision – Systemisch-methodenplurale Überlegungen zu einem traditionellen Supervisionstypus. *Supervision, 31*, 86-103.

Thomasgard, M. & Collins, V. (2003). A comprehensive review of a cross-disciplinary, case-based peer supervision model. *Families, Systems and Health, 21* (3), 305-319.

Tiepmar, K. (1994). *Entwicklung, Erprobung und Evaluation einer Aus- bzw. Fortbildungskonzeption für Sonderschullehrer auf den Gebieten der kooperativen Beratung und kollegialen Unterstützung.* Unveröffentlichte Dissertation, Universität Rostock.

Tietze, K.-O. (2003). *Kollegiale Beratung. Problemlösungen gemeinsam entwickeln.* Reinbek: Rowohlt.

Tietze, K.-O. (2004). Kollegiale Beratung als Instrument in der Führungskräfteentwicklung. In M. Schmitz-Buhl (Hrsg.), *Wirtschaftspsychologie: Perspektiven für die Zukunft. Beiträge zur Wirtschaftspsychologie 2004* (S. 52-53). Heidelberg: R. v. Decker.

Tisdall, M. & O'Donoghue, K. (2003). A Facilitated Peer Group Supervision Model for Practitioners. In K. McMaster & A. Wells (Eds.), *Innovative Approaches to Stopping Family Violence* (pp. 221-232). Wellington: Steele Roberts.

Todd, W. E. & Pine, I. (1968). Peer Supervision of Individual Psychotherapy. *American Journal of Psychiatry, 125* (6), 780-784.

Toman, W. (1996). A plea for more intervision. *Contemporary Family Therapy, 18* (3), 385-392.

Urban, M. (2005). Kollegiale Beratung in der Sozialhilfe. *Nachrichtendienst des Deutschen Vereins für Öffentliche und Private Fürsorge, 85* (5), 173-175.

Veith, T. (2002). *Kollegiale Beratung und Lernkulturentwicklung.* Unveröffentlichte Magisterarbeit, Universität Heidelberg.

Veith, T. (2003). Kollegiale Beratung und Supervision in der Professionalisierung von Beratern. In H. W. Franz & R. Kopp (Hrsg.), *Kollegiale Fallberatung. State of the Art und organisationale Praxis* (S. 93-110). Köln: EHP.

Vespermann, S. & Otto, U. (2005). Beratung unter Gleichen: Kooperative lösungsorientierte Kurzberatung zwischen Führungskräften in Non-Profit-Organisationen. *Sozialwirtschaft, 15* (5), 17-20.

Vonesch, L. & Kopp, R. (2003). Rollenbeschreibung und Regieanweisung. In H. W. Franz & R. Kopp (Hrsg.), *Kollegiale Fallberatung. State of the Art und organisationale Praxis* (S. 181-190). Köln: EHP.

Voß, R. (1996). Berufs- und lebenserfahrene Menschen im Gespräch – Reflektierende Gruppen in der Supervision von LehrerInnen. In J. Schlee & W. Mutzeck (Hrsg.), *Kollegiale Supervision. Modelle zur Selbsthilfe für Lehrerinnen und Lehrer* (S. 191-212). Heidelberg: Winter.

Wagner, C. A. & Smith, J. P. (1979). Peer Supervision: Toward More Effective Training. *Counselor education and supervision, 18*, 288-293.

Wagner, J. (1982). A leaderless approach to a minister's peer-support group. *Journal of Religion and Health, 21* (3), 228-234.

Walter, J. (2005). Diskrepant oder nicht-diskrepant: Ist das noch die Frage? Über eine problematische Untergruppenbildung bei lese-rechtschreibschwachen Kindern und deren diagnostisch-konzeptionelle Überwindung. *Sonderpädagogik, 35* (2), 63-79.

Wassener, D. (1999). Inseln der Ruhe und Unterstützung schaffen. Kollegiale Beratung und Supervision als Element von Schulentwicklung. *Pädagogik, 51* (1), 40-44.

Weber, M. (1972): *Wirtschaft und Gesellschaft. Grundriss der verstehenden Soziologie.* Köln: Kiepenheuer & Witsch. (Original erschienen 1922)

Weber, P. (2005). Systemisch Denken in Organisationsbesprechungen. *Sozialwirtschaft, 15* (5), 20-23.

Weigand, W. (1987). Kollegiale Beratung – ein erster Schritt zu einer Beratungskultur in der Schule. In W. Boettcher & A. Bremerich-Vos (Hrsg.), *„Kollegiale Beratung“ in*

Schule, Schulaufsicht und Referendarausbildung (S. 77-81). Frankfurt, Bern, New York: Lang.

Weinstein, E. (1999). A Case of Child and Family Therapy: Is Anger Permissible in This Home? *Journal of Psychology and Judaism, 23* (4), 205-209.

Welter-Enderlin, R. (1995). Effiziente Team-Intervision und „Lernen 2. Ordnung". *System Familie, 8*, 111-117.

Wheelan, S. A. & Kaeser, R. M. (1997). The influence of task type and designated leaders on developmental patterns in groups. *Small group research, 28* (1), 94-121.

Wikler, M. (1999). The Chicken Soup Group: Peer Supervision for Orthodox Jewish Therapists Treating Orthodox Jewish Clients. *Journal of Psychology and Judaism, 23* (4) 161-168.

Wilbur, M. P., Roberts-Wilbur, J., Hart, G. M., Morris, J. R. & Betz, R. L. (1994). Structured group supervision (SGS): A pilot study. *Counselor Education and Supervision, 33*, 262-279.

Wilbur, M. P., Roberts-Wilbur, J., Morris, J. R., Betz, R. L. & Hart, G. M. (1991). Structured group supervision: theory into practice. *The Journal for Specialists in Group Work, 16* (2), 91-100.

Wildt, B. (1995). Die Kunst der Selbstmitteilung lernen! Kollegiale Beratung in der LehrerInnenausbildung. *PÄDextra, 23* (11-12), 49-53.

Willke, H. (1991). *Systemtheorie. Eine Einführung in die Grundprobleme der Theorie sozialer Systeme.* Stuttgart, New York: Fischer.

Willke, H. (1994). *Systemtheorie II. Interventionstheorie.* Stuttgart, Jena: Fischer.

Winstead, D. K., Bonovitz, J. S., Gale, M. S. & Evans, J. W. (1974). Resident Peer Supervision of Psychotherapy. *American Journal of Psychiatry, 131* (3), 318-321.

Witte, E. H. & Lecher, S. (1998). Leistungskriterien für aufgabenorientierte Gruppen. In E. Ardelt-Gattinger, H. Lecher & W. Schlögl (Hrsg.), *Gruppendynamik. Anspruch und Wirklichkeit der Arbeit in Gruppen* (S. 52-61). Göttingen: Verlag für Angewandte Psychologie.

Wittern, J. O. (1992). Möglichkeiten der Starthilfe für Selbsthilfegruppen. In R. Anneken & T. Heyden (Hrsg.), *Wege zur Veränderung: Beratung und Selbsthilfe* (S. 109-121). Tübingen: DGVT.

Wittrock, M. (1998). Kollegiale Praxisberatung in schwierigen pädagogischen Handlungsfeldern. In R. Wegner (Hrsg.), *Beiträge zur Gewinnung und Anwendung psychologischer Erkenntnis. Festschrift für Ernst Timaeus* (S. 253-265). Essen: MAV.

Zapf, D. (1999). Mobbing in Organisationen – Überblick zum Stand der Forschung. *Zeitschrift für Arbeits- und Organisationspsychologie, 43* (1), 1-25.

Žorga, S. (1997a). Professionals as partners in their own professional development. In *Developing Human Relations and Ethnic Understanding.* Hardwar: Gurukul Kangri University, 134-143.

Žorga, S. (1997b). Supervision Process Seen as a Process of Experiential Learning. *The Clinical Supervisor, 16* (1), 145-161.

Žorga, S., Dekleva, B. & Kobolt, A. (2001). The process of internal evaluation as a tool for improving peer supervision. *International Journal for the Advancement of Counselling, 23*, 151-162.

10 Anhang

10.1 Verzeichnis der Tabellen

10.2 Verzeichnis der Dokumente

Tabelle 15: Facetten und Skalen des Kompetenz-Reflexions-Inventars (KRI)

Kompetenzfacetten/-skalen		Beschreibung
Fachkompetenz	Konzeptionelles Denken (KD)	Den Arbeitsprozess als Ganzes sehen; vom konkreten Einzelfall auch auf andere Vorgänge generalisieren.
	Kenntnis der Organisation und Abläufe (OA)	Das eigene fachliche Wissen, sowie die Kenntnisse über die Organisation, wie z. B. die Zuständigkeiten der jeweiligen Fachgebiete, sinnvoll einsetzen können.
	Problemerkennung (PE)	Probleme und Veränderungsbedarf bei der Arbeit identifizieren und bestehende Abläufe und Prozesse kritisch hinterfragen.
	Entwicklung von Lösungen (EL)	Neue Ideen zur Verbesserung der Arbeit entwickeln.
Methodenkompetenz	Moderation und Präsentation (MP)	Sachverhalte und Vorgehensweisen klar und verständlich erläutern, moderieren und Ergebnisse auch für andere nachvollziehbar zusammenfassen und dokumentieren.
	Planung (PL)	Planung und Strukturierung der eigenen Arbeitsabläufe: Zielgerichtetes Vorgehen, bei dem Prioritäten gesetzt, die einzelnen Arbeitsschritte koordiniert werden und die erforderliche Zeit eingeplant wird.
	Reflexion (RX)	Über gemachte Erfahrungen bei der Arbeit nachdenken (die Ergebnisse der Arbeit mit den aufgestellten Zielen vergleichen und bewerten) und überlegen, wie Schwierigkeiten für die Zukunft besser zu lösen sind.
	Umgang mit EDV und Technik (ET)	Problemloser, spielender Umgang mit den Arbeitshilfsmitteln und Maschinen, wie mit PC, Software, Datenbanksystemen, Onlinediensten u. Internet.
	Konzentration (KO)	Aufgaben zu Ende bringen, „bei der Sache bleiben“, sich beim Arbeiten nicht ablenken lassen, sich auf das Wesentliche konzentrieren, sich nicht in Kleinigkeiten verlieren.
	Aufgabenverteilung (AV)	Aufgaben angemessen an Mitarbeiter oder Kollegen delegieren bzw. verteilen
Sozialkompetenz	Positionierung des eig. Standpunktes (PdeS)	Die eigene Meinung (gegenüber Kollegen und Vorgesetzten) vertreten, sachlich Kritik üben, Durchsetzungsvermögen.
	Motivation von Anderen (MvA)	Kollegen, Mitarbeiter, Kunden, Geschäftspartner etc. für eine Idee begeistern, anspornen und zu hervorragenden Leistungen bringen.
	Akzeptanz und Anerkennung (AuA)	Sich auf andere Personen (Kollegen, Mitarbeiter, Kunden, Geschäftspartner etc.) gut einstellen können, ihre Meinungen berücksichtigen und auf ihre Vorschläge und Bedürfnisse eingehen.
	Kontaktaufbau und -pflege (Kap)	Auf andere Personen zugehen, neue Arbeitskontakte knüpfen.
	Rücksichtnahme und Besonnenheit (RuB)	Auch bei Ärger ruhig und bedächtig reagieren und anderen Personen gegenüber rücksichtsvoll sein.
Selbstkompetenz	Mitwirkung (MW)	Umsetzungsstärke, konkrete Maßnahmen zur Realisierung planen und sich selbst günstige Rahmenbedingungen schaffen.
	Verantwortungsübernahme u. Initiative (VuI)	Verantwortung für das eigene Handeln übernehmen und die Konsequenzen dafür tragen.
	Interesse an Veränderungen (IaV)	Interesse haben an neuen Ideen und (Arbeits-) Konzepten, aufgeschlossen sein für Veränderungen innerhalb der Organisation.
	Selbstmanagement (SM)	Vertrauen in sich selbst haben, sich mit den persönlichen Schwächen und Grenzen realistisch einschätzen können und mit den eigenen Kräften vernünftig haushalten.

Aus: Kauffeld, Grote & Henschel, 2007, S. 341f.

Tabelle 16: Bivariate Korrelationen der Skalen/Erhebungszeitpunkt t_1: Gesamtstichprobe

		KD	OA	PE	EL	MP	PL	RX	ET	KO	AV	PdeS	MvA	AuA	KaP	RuB	Mitw	VuI	IaV	SeM	K-Irri	E-Irri	O-Dis	O-Ers
		Fachkompetenz				Methodenkompetenz						Sozialkompetenz					Selbstkompetenz				Beanspruchung			
Fachkompetenz	KD	1																						
	OA	.20	1																					
	PE	.57**	.03	1																				
	EL	.68**	.05	.70**	1																			
Methodenkompetenz	MP	.37**	.22*	.31**	.24*	1																		
	PL	.25*	.41**	.13	.10	.43**	1																	
	RX	.33**	.31**	.40**	.30**	.42**	.51**	1																
	ET	.14	.17	.04	.09	.04	.15	.20	1															
	KO	.07	.05	-.07	-.03	.08	.25*	.07	.00	1														
	AV	.21*	.19	.12	.06	.29**	.48**	.17	-.04	.29**	1													
Sozialkompetenz	PdeS	.44**	.09	.54**	.45**	.47**	.19	.27**	-.03	.03	.28**	1												
	MvA	.24*	.11	.36**	.33**	.45**	.12	.19	-.12	.22*	.39**	.58**	1											
	AuA	.23*	.29**	.17	.09	.29**	.15	.23*	.18	.16	.31**	.42**	.54**	1										
	KaP	.12	.07	.27**	.25*	.43**	.17	.25*	-.11	.17	.26*	.57**	.65**	.47**	1									
	RuB	.11	.24*	-.05	-.03	.13	.24*	.12	.27**	.38**	.23*	.01	.21*	.33**	.18	1								
Selbstkompetenz	Mitw	.33**	.33**	.45**	.44**	.43**	.46**	.58**	.08	.09	.19	.47**	.38**	.36**	.45**	.07	1							
	VuI	.29**	.11	.28**	.24*	.32**	.21*	.25*	.18	.32**	.32**	.37**	.44**	.49**	.37**	.42**	.46**	1						
	IaV	.35**	.01	.63**	.52**	.30**	.09	.25*	.11	.04	.07	.41**	.34**	.21*	.34**	-.01	.36**	.22*	1					
	SeM	.35**	.17	.42**	.37**	.27**	.22*	.30**	.04	.18	.19	.45**	.35**	.40**	.38**	.12	.41**	.40**	.30**	1				
Beanspruchung	K-Irri	-.11	-.06	-.30**	-.23**	-.11	-.20	-.22*	-.16	-.04	-.21*	-.24*	-.14*	-.40**	-.20	-.13	-.30**	-.39**	-.32**	.37**	1			
	E-Irri	-.15	.04	-.18	-.11	-.16	-.24*	-.16	-.19	-.24*	-.39**	-.21*	-.21*	-.37**	-.26*	-.43**	-.22*	-.48**	-.12	.31**	.46**	1		
	O-Dis	-.27**	-.12	-.27**	-.32**	-.14	-.13	-.20	-.18	-.12	-.07	-.27**	-.20*	-.26*	-.17	-.19	-.27**	-.46**	-.16	.28**	.40**	.42**	1	
	O-Ers	-.25**	-.07	-.36**	-.29**	-.17	-.22*	-.26*	-.19	-.17	-.24*	-.39**	-.25*	-.37**	-.34**	-.11	-.37**	-.48**	-.38**	.38**	.50**	.50**	.53**	1

Anmerkungen: Pearson Produkt-Moment-Korrelation (2-seitig); $^{*}p < .05$; $^{**}p < .01$; $n = 95$; Legende der Abkürzungen der Skalen des KRI siehe Tabelle 15 auf S. 247.

Tabelle 17: Bivariate Korrelationen der Skalen/Erhebungszeitpunkt t_1: Interventionsgruppe

		Fachkompetenz				Methodenkompetenz						Sozialkompetenz					Selbstkompetenz				Beanspruchung			
		KD	OA	PE	EL	MP	PL	RX	ET	KO	AV	PdeS	MvA	AuA	KaP	RuB	Mitw	VuI	IaV	SeM	K-Irri	E-Irri	O-Dis	O-Ers
Fachkompetenz	KD	1																						
	OA	.22	1																					
	PE	.54**	-.08	1																				
	EL	.68**	-.04	.66**	1																			
Methodenkompetenz	MP	.35*	.25	.35*	.16	1																		
	PL	.18	.56**	.05	-.03	.33*	1																	
	RX	.32*	.38**	.42**	.25	.47**	.55**	1																
	ET	.20	.37*	-.02	.02	.14	.23	.38*	1															
	KO	.18	.16	.11	.13	.05	.20	.15	.03	1														
	AV	.14	.17	.15	.05	.27	.35*	.14	.02	.35*	1													
Sozialkompetenz	PdeS	.48**	.03	.56**	.58**	.41**	.05	.18	.06	.14	.17	1												
	MvA	.30*	-.04	.45**	.51**	.28	-.17	.19	-.03	.26	.23	.52**	1											
	AuA	.26	.37*	.07	.15	.26	.08	.16	.26	.32*	.21	.29	.57**	1										
	KaP	.12	-.07	.18	.21	.39**	-.15	.03	-.10	.27	.21	.51**	.64**	.51**	1									
	RuB	.27	.34*	-.02	.04	.20	.31*	.19	.23	.51**	.20	-.06	.17	.42**	.19	1								
Selbstkompetenz	Mitw	.24	.33*	.37*	.39**	.42**	.44**	.61**	.24	.27	.15	.46**	.38*	.34*	-27	.27	1							
	VuI	.23	.27	.24	.33*	.25	.09	.15	.05	.47**	.32*	.28	.61**	.45**	.37*	.53**	.50**	1						
	IaV	.42**	-.04	.62**	.58**	.08	-.09	.14	.05	.08	.15	.43**	.35*	.17	.23	.06	.30*	.19	1					
	SeM	.35*	.14	.34*	.46**	.21	.12	.22	-.01	.37*	.06	.53**	.50**	.51**	.50**	.31*	.47**	.45**	.30*	1				
Beanspruchung	K-Irri	-.15	-.14	-.25	-.31*	-.23	-.28	-.27	-.01	-.17	-.23	-.37*	-.28	-.38*	-.27	-.19	-.66**	-.51**	-.35*	-.56**	1			
	E-Irri	-.12	-.14	-.02	-.12	-.17	-.29	-.20	-.02	-.41**	-.44**	-.11	-.09	-.29	-.30*	-.42**	-.44**	-.42**	-.02	-.23	.48**	1		
	O-Dis	-.22	-.28	-.13	-.38*	-.07	-.08	-.19	-.08	-.26	.06	-.28	-.27	-.24	-.21	-.19	-.47**	-.45**	-.06	-.41**	.30*	.31*	1	
	O-Ers	-.21	-.10	-.24	-.31*	-.21	-.21	-.25	.03	-.30*	-.26	-.48**	-.34*	-.34*	-.50**	-.10	-.53**	-.49**	-.35*	-.51**	.66**	.49**	.46**	1

Anmerkungen: Pearson Produkt-Moment-Korrelation (2-seitig); $*p < .05$; $**p < .01$; $n = 45$; Legende der Abkürzungen der Skalen des KRI siehe Tabelle 15 auf S. 247.

Tabelle 18: Bivariate Korrelationen der Skalen/Erhebungszeitpunkt t_1: Kontrollgruppe

		Fachkompetenz				Methodenkompetenz						Sozialkompetenz					Selbstkompetenz				Beanspruchung			
		KD	OA	PE	EL	MP	PL	RX	ET	KO	AV	PdeS	MvA	AuA	KaP	RuB	Mitw	VuI	IaV	SeM	K-Irri	E-Irri	O-Dis	O-Ers
Fachkompetenz	KD	1																						
	OA	.21	1																					
	PE	.59**	.15	1																				
	EL	.67**	.16	.73**	1																			
Methodenkompetenz	MP	.45**	.20	.32*	.33*	1																		
	PL	.36*	.22	.23	.29*	.55**	1																	
	RX	.31*	.25	.37**	.33*	.43**	.48**	1																
	ET	-.01	-.06	.07	.14	.01	.05	-.05	1															
	KO	-.02	-.03	-.21	-.17	.09	.30*	.01	-.03	1														
	AV	.29*	.21	.08	.08	.33*	.65**	.21	-.11	.26	1													
Sozialkompetenz	PdeS	.47**	.14	.55**	.35*	.51**	.34*	.39**	-.09	-.04	.40**	1												
	MvA	.25	.22	.29*	.22	.52**	.40**	.22	-.16	.19	.54**	.63**	1											
	AuA	.19	.21	.26	.01	.33*	.24	.29	.07	.05	.43**	.57**	.55**	1										
	KaP	.18	.19	.39**	.34*	.45**	.50**	.48**	-.09	.10	.30*	.61**	.65**	.46**	1									
	RuB	-.12	.12	-.12	-.15	.12	.13	.02	.31*	.28	.26	.10	.29*	.23	.20	1								
Selbstkompetenz	Mitw	.44**	.34*	.53**	.50**	.44**	.49**	.58**	-.06	-.03	.24	.47**	.37**	.40**	.59**	-.13	1							
	VuI	.33*	-.07	.30*	.12	.41**	.36**	.33*	.30*	.21	.32*	.49**	.34*	.53**	.42**	.28	.43**	1						
	IaV	.30*	.07	.65**	.48**	.43**	.29*	.35*	.18	.02	-.01	.40**	.33*	.25	.43**	-.08	.41**	.26	1					
	SeM	.37**	.20	.49**	.31*	.31*	.32*	.37**	.08	.06	.31*	.40**	.27	.32*	.31*	-.05	.38**	.36**	.29*	1				
Beanspruchung	K-Irri	-.03	.01	-.34*	-.12	-.06	-.11	-.16	-.31*	.06	-.18	-.13	-.06	-.40**	-.17	-04	-.02	-.24	-.30*	-.24	1			
	E-Irri	-.12	.25	-.35*	-.05	-.22	-.19	-.06	-.38**	-.10	-.33*	-.42**	-.41**	-.45**	-.29*	-.43**	-.03	-.56**	-.25	-.36*	.43**	1		
	O-Dis	-.28	.09	-.43**	-.20	-.29*	-.24	-.17	-.24	.02	-.28	-.36*	-.25	-.28*	-.23	-.15	-.11	-.45**	-.33*	-.18	.53**	.56**	1	
	O-Ers	-.23	-.05	-.45**	-.24	-.19	-.24	-.24	-.33*	-.08	-.23	-.37**	-.25	-.40**	-.28	-.10	-.28	-.46**	-.43**	-.29*	.33*	.49*	.61**	1

Anmerkungen: Pearson Produkt-Moment-Korrelation (2-seitig); $^{*}p < .05$; $^{**}p < .01$; $n = 50$; Legende der Abkürzungen der Skalen des KRI siehe Tabelle 15 auf S. 247.

Tabelle 19: Statistische Kennwerte der abhängigen Variablen zum Erhebungszeitpunkt t_1

Instrument	Skala	*Min.*	*Max.*	*AM*	*MD*	*SD*
KRI Fachkompetenz*	KD	50.00	100.00	74.89	75.00	11.35
	OA	50.00	100.00	80.45	80.00	11.44
	PE	40.00	100.00	75.51	76.67	12.76
	EL	36.67	100.00	76.53	76.67	12.01
KRI Methodenkompetenz*	MP	26.00	96.00	70.97	74.00	14.54
	PL	35.00	100.00	71.00	72.50	13.39
	RX	17.50	100.00	68.97	67.50	14.13
	ET	40.00	100.00	84.71	87.50	13.32
	KO	22.50	100.00	62.21	62.50	17.37
	AV	26.67	100.00	66.11	66.67	15.99
KRI Sozialkompetenz*	PdeS	40.00	100.00	71.83	72.00	12.31
	MvA	16.00	98.00	70.75	72.00	14.98
	AuA	42.00	100.00	75.38	76.00	11.94
	KaP	17.50	100.00	73.95	77.50	17.37
	RuB	20.00	100.00	71.12	74.00	18.50
KRI Selbstkompetenz*	Mitw	32.50	100.00	73.60	75.00	11.86
	VuI	20.00	100.00	70.72	76.00	16.44
	IaV	46.00	100.00	81.62	84.00	12.06
	SeM	47.50	100.00	76.97	77.50	9.48
Irritation**	Kognitiv	1.00	6.00	3.47	3.67	1.47
	Emotional	1.00	6.00	2.38	2.20	1.02
OLBI***	Distanzierung	1.13	3.50	1.89	1.75	0.46
	Erschöpfung	1.13	3.00	2.02	2.00	0.48

Anmerkungen: $n = 95$; * Skala von 0 bis 100 (10-er-Schritte); ** Skala von 1 bis 7; *** Skala von 1 bis 4; Legende der Abkürzungen der Skalen des KRI siehe Tabelle 15 auf S. 247.

Tabelle 20: Ladungsmatrix der unrotierten Faktorenlösung der 23 Skalen zu t_1

Instrument	Skala	Faktor 1	2	3	4	5	6
KRI Fachkompetenz	KD	**.58**	.36	.09	.22	.48	.04
	OA	.29	-.20	**.50**	.34	-.16	.33
	PE	**.64**	**.57**	-.11	.10	.14	-.09
	EL	**.59**	**.59**	-.10	.10	.30	.02
KRI Methodenkompetenz	MP	**.58**	.05	.44	-.07	.00	.00
	PL	.48	-.26	**.53**	.33	-.06	-.38
	RX	**.56**	.09	.37	.38	-.19	-.08
	ET	.18	-.19	-.15	**.63**	.10	.38
	KO	.26	-.48	.05	-.16	.45	-.19
	AV	.45	-.38	.25	-.16	.15	-.44
KRI Sozialkompetenz	PdeS	**.71**	.27	.05	-.31	-.05	.06
	MvA	**.64**	-.02	.14	**-.57**	.06	.20
	AuA	**.62**	-.32	-.04	-.18	-.19	.40
	KaP	**.63**	-.03	.10	**-.51**	-.19	.13
	RuB	.32	**-.62**	-.01	.11	.39	.28
KRI Selbstkompetenz	Mitw	**.71**	.13	.25	.12	-.28	.00
	VuI	**.68**	-.31	-.22	-.07	.09	.11
	IaV	**.56**	.43	-.15	.03	.09	-.02
	SeM	**.64**	.05	-.09	-.03	-.07	-.01
Irritation	Kognitiv	**-.52**	.12	.43	.19	.36	.18
	Emotional	**-.52**	.45	.40	.07	-.05	.25
OLBI	Distanzierung	**-.53**	.08	.44	.16	.05	-.07
	Erschöpfung	**-.64**	.08	.42	.07	.20	.18

Anmerkungen: Extraktionsmethode: Hauptkomponentenanalyse; Fett markiert sind Ladungen $\geq |.50|$; $n = 95$; Legende der Abkürzungen der Skalen des KRI siehe Tabelle 15 auf S. 247.

Tabelle 21: Ladungsmatrix der rotierten Faktorenlösung der 23 Skalen zu t_1

		Faktor					
Instrument	**Skala**	**1**	**2**	**3**	**4**	**5**	**6**
KRI Fach-kompetenz	KD	**.79**	.07	-.01	.19	.19	.21
	OA	-.07	.18	-.10	**.62**	-.06	.44
	PE	**.82**	.14	.24	.15	-.08	-.09
	EL	**.88**	.13	.12	.05	-.05	.03
KRI Methoden-kompetenz	MP	.28	.41	-.03	**.51**	.17	-.01
	PL	.05	-.04	.12	**.82**	.37	-.02
	RX	.28	.08	.17	**.72**	-.04	.10
	ET	.10	-.21	.22	.13	-.06	**.72**
	KO	-.02	.11	.05	-.01	**.74**	.08
	AV	.01	.19	.17	.36	**.65**	-.21
KRI Sozial-kompetenz	PdeS	.48	**.60**	.19	.17	.02	-.13
	MvA	.24	**.82**	.04	.05	.24	-.05
	AuA	-.03	**.67**	.34	.15	.08	.34
	KaP	.12	**.79**	.19	.15	.10	-.13
	RuB	-.08	.18	.11	.03	**.55**	**.61**
KRI Selbst-kompetenz	Mitw	.32	.37	.28	**.59**	-.08	.02
	VuI	.18	.42	.48	.06	.34	.28
	IaV	**.65**	.20	.25	.08	-.07	-.04
	SeM	.33	.35	.38	.20	.08	.03
Irritation	Kognitiv	-.08	-.08	-.80	-.15	.04	-.01
	Emotional	-.03	-.08	-.69	-.02	-.45	-.11
OLBI	Distanzierung	-.24	-.14	-.61	.02	-.04	-.24
	Erschöpfung	-.23	-.19	-.76	-.10	-.08	.01

Anmerkungen: Extraktionsmethode: Hauptkomponentenanalyse; Rotationsmethode: Varimax mit Kaiser-Normalisierung; Die Rotation ist in 7 Iterationen konvergiert; Fett markiert sind Ladungen $\geq |.50|$; $n = 95$; Legende der Abkürzungen der Skalen des KRI siehe Tabelle 15 auf S. 247.

Tabelle 22: Dimensionen der abhängigen Variablen: Faktoren und zugehörige Skalen

Faktor	Skalen	Faktor-ladung	Anzahl Items
1 **Problemlösen**	**Entwicklung von Lösungen**	**.88**	**3**
	Problemerkennung	**.82**	**3**
	Konzeptionelles Denken	.79	4
	Interesse an Veränderungen	.65	5
2 **Menschen bewegen und sich vernetzen**	**Motivation von Anderen**	**.82**	**4**
	Kontaktaufbau und -pflege	**.79**	**4**
	Akzeptanz und Anerkennung	.67	5
	Positionierung des eigenen Standpunktes	.60	5
3 **berufliche Beanspruchung**	**Kognitive Irritation**	**-.80**	**3**
	OLBI Erschöpfung	**-.76**	**8**
	Emotionale Irritation	-.69	5
	OLBI Distanzierung	-.61	8
4 **systematisches und reflektiertes Handeln**	**Planung**	**.82**	**4**
	Reflexion	**.72**	**4**
	Kenntnis der Organisation und Abläufe	.62	4
	Mitwirkung	.59	4
	Moderation und Präsentation	.51	5

Anmerkung: fett markiert sind die jeweils beiden höchsten Faktorladungen.

Tabelle 23: Interne Konsistenzen (Cronbachs α) der abhängigen Variablen (Skalen) zu t_1/t_2

Kompositum	Skala	Items	Cronbachs α	
			t_1	t_2
Problemlösen	Entwicklung von Lösungen	3	.79	.80
	Problemerkennung	3	.79	.63
Menschen bewegen und sich vernetzen	Motivation von Anderen	5	.93	.92
	Kontaktaufbau und -pflege	4	.89	.89
berufliche Beanspruchung	Kognitive Irritation*	3	.86	.80
	OLBI Erschöpfung	8	.79	.81
systematisches und reflektiertes Handeln	Planung	4	.82	.86
	Reflexion	4	.83	.83

Anmerkungen: $n = 63$; * ein fehlender Wert zu t_2 wurde durch den Mittelwert ersetzt.

Tabelle 24: Nominalskalierte Variablen von Interventions- und Kontrollgruppe

Variable	Interventionsgruppe		Kontrollgruppe		χ^2-Test		
	ja	*nein*	*ja*	*nein*	*df*	χ^2	*p*
Geschlecht	*Männer* 15 (71%)	*Frauen* 6 (29%)	*Männer* 38 (90%)	*Frauen* 4 (10%)	1	3.80	n.s.
Führungsfunktion zu t_1	15 (71%)	6 (29%)	24 (57%)	18 (43%)	1	1.21	n.s.
Führungsfunktion zu t_2	15 (71%)	6 (29%)	27 (64%)	15 (36%)	1	.32	n.s.
Veränderungen zwischen t_1 und t_2	8 (38%)	13 (62%)	20 (48%)	22 (52%)	1	.52	n.s.
Teilnahme an PE zwischen t_1 zu t_2	9 (43%)	12 (57%)	25 (60%)	17 (40%)	1	1.57	n.s.

Anmerkung: $\chi^2_{krit(.05;1,N=63)} = 3.84$.

Tabelle 25: Intervallskalierte Variablen von Interventions- und Kontrollgruppe

Variable	Interventionsgruppe				Kontrollgruppe				*t*-Test		
	N	*M*	*SD*	*MD*	*N*	*M*	*SD*	*MD*	*df*	*t*	*p*
Alter zu t_1*	21	34.81	4.50	35	42	37.17	6.72	35.5	61	-1.45	n.s.
Berufserfahrung zu t_1*	21	14.10	7.00	14	42	13.67	8.56	11	61	.20	n.s.
Führungspanne** der Führungskräfte zu t_1	15	9.33	11.82	6	24	11.83	17.17	7	37	-.49	n.s.
Führungsspanne** der Führungskräfte zu t_2	15	11.20	12.15	7	27	12.48	16.45	6	40	-.26	n.s.
Führungserfahrung* d. Führungskräfte zu t_2	15	4.04	2.46	3.5	27	7.75	7.90	5	40	-1.68	n.s.
Umfang der PE-/WB-Teilnahme***	9	8.67	5.27	8	25	6.16	4.33	5	32	1.41	n.s.

Anmerkungen: * in Jahren; ** Anzahl der Mitarbeiter; *** in Tagen.

Tabelle 26: Mittelwerte und Standardabweichungen der Skalen des KFZA

		Interventionsgruppe				Kontrollgruppe			
		IG t_1		IG t_2		KG t_1		KG t_2	
Skala	**Items**	*M*	*SD*	*M*	*SD*	*M*	*SD*	*M*	*SD*
Vielseitigkeit	3	4.00	0.88	3.94	0.73	4.18	0.55	4.20	0.55
Ganzheitlichkeit	2	3.57	0.86	3.52	0.87	4.04	0.56	3.94	0.73
Handlungsspielraum	3	3.92	0.64	4.03	0.62	3.93	0.67	4.14	0.59
Soziale Rückendeckung	3	3.78	0.88	3.92	0.64	4.09	0.72	4.08	0.66
Zusammenarbeit	3	3.70	0.72	3.52	0.74	3.92	0.56	4.08	0.42
Qualitative Arbeitsbelastung	2	2.02	0.86	2.12	1.08	2.18	0.80	2.43	0.95
Quantitative Arbeitsbelastung	2	3.24	0.98	3.07	1.06	3.29	0.80	3.56	0.70
Arbeitsunterbrechungen	2	2.83	0.91	2.79	0.85	2.54	0.70	2.55	0.70
Umgebungsbelastungen	2	1.79	0.92	2.07	1.12	1.73	0.80	1.85	0.97
Information und Mitsprache	2	3.48	0.73	3.50	0.74	3.70	0.57	3.86	0.54
Betriebliche Leistungen	2	3.86	0.73	3.83	0.71	3.73	0.59	3.76	0.64

Anmerkungen: n (IG) = 21; n (KG) = 42.

Tabelle 27: Interne Konsistenzen der KFZA-Skalen zu beiden Messzeitpunkten

			interne Konsistenz*	
Aspekt	**Skala**	**Items**	t_1	t_2
Arbeitsinhalte	Vielseitigkeit	3	.72	.61
	Ganzheitlichkeit	2	.23	.34
Ressourcen	Handlungsspielraum	3	.58	.64
	Soziale Rückendeckung	3	.72	.62
	Zusammenarbeit	3	.72	.62
Stressoren	Qualitative Arbeitsbelastung	2	.47	.34
	Quantitative Arbeitsbelastung	2	.57	.57
	Arbeitsunterbrechungen	2	.18	.17
	Umgebungsbelastungen	2	.63	.72
Organisationsklima	Information und Mitsprache	2	.31	.45
	Betriebliche Leistungen	2	.31	.37

Anmerkung: * bei Skalen mit zwei Items als Korrelationskoeffizient, sonst als Cronbachs α; n = 63.

Tabelle 28: Zweifaktorielle Varianzanalysen mit Messwiederholungsfaktor zu den Skalen des KFZA

Quelle der Varianz	*df*	*F*	*p*	η^2	*1-β*
Handlungsspielraum (Zeit)	1	3.98	.05	.06	.50
Handlungsspielraum * Gruppe	1	.40	.53	.01	.10
Fehler (Handlungsspielraum)	61				
Vielseitigkeit (Zeit)	1	.11	.74	.00	.06
Vielseitigkeit * Gruppe	1	.30	.59	.01	.08
Fehler (Vielseitigkeit)	61				
Ganzheitlichkeit (Zeit)	1	.62	.43	.01	.12
Ganzheitlichkeit * Gruppe	1	.07	.79	.00	.06
Fehler (Ganzheitlichkeit)	61				
Soziale Rückendeckung (Zeit)	1	.57	.45	.01	.12
Soziale Rückendeckung * Gruppe	1	.71	.40	.01	.13
Fehler (Soziale Rückendeckung)	61				
Zusammenarbeit (Zeit)	1	.00	.95	.00	.05
Zusammenarbeit * Gruppe	1	4.33	.042	.07	.54
Fehler (Zusammenarbeit)	61				
Qualitative Arbeitsbelastung (Zeit)	1	2.29	.14	.04	.32
Qualitative Arbeitsbelastung * Gruppe	1	.46	.50	.01	.10
Fehler (Qualitative Arbeitsbelastung)	61				
Quantitative Arbeitsbelastung (Zeit)	1	.26	.62	.00	.08
Quantitative Arbeitsbelastung * Gruppe	1	4.33	.042	.07	.54
Fehler (Quantitative Arbeitsbelastung)	61				
Arbeitsunterbrechungen (Zeit)	1	.03	.87	.00	.05
Arbeitsunterbrechungen * Gruppe	1	.08	.79	.00	.06
Fehler (Arbeitsunterbrechungen)	61				
Umgebungsbelastungen (Zeit)	1	2.93	.09	.05	.39
Umgebungsbelastungen * Gruppe	1	.50	.48	.01	.11
Fehler (Umgebungsbelastungen)	61				
Information und Mitsprache (Zeit)	1	1.14	.29	.02	.18
Information und Mitsprache * Gruppe	1	.61	.44	.01	.12
Fehler (Information und Mitsprache)	61				
Betriebliche Leistungen (Zeit)	1	.01	.94	.00	.05
Betriebliche Leistungen * Gruppe	1	.15	.71	.00	.07
Fehler (Betriebliche Leistungen)	61				

Anmerkungen: $F_{krit}(1, 61, \alpha = .05) = 3.99$; die Mittelwerte und Standardabweichungen der Skalen des KFZA von IG und KG zu t_1 und t_2 finden sich in Tabelle 26 auf S. 256.

Tabelle 29: Teilnehmer-Rückmeldungen zum Workshop

Inhalt generell		1	2	3	4	5
Themaorientierung	1 = Thema getroffen 5 = Thema verfehlt	4	1	1	0	0
Stoffülle	1 = zuviel, überladen 5 = zu wenig, oberflächlich	0	1	4	1	0
Schwierigkeitsgrad	1 = zu schwierig 5 = zu leicht/einfach	0	1	5	0	0
Praxisnähe	1 = praxisnah 5 = zu theoretisch	2	1	2	0	1
Arbeitsplatzbezug	1 = direkt anwendbar 5 = nicht anwendbar, verwirrend	1	4	1	0	0
Inhaltlicher Aufbau	1 = klare Gliederung 5 = keine erkennbare Struktur	2	4	0	0	0
Bemerkungen zum Inhalt	[keine Angabe]					
Was gefiel Ihnen besonders?	praktische Fälle / sehr gute Strukturierung / Teilnehmer waren jederzeit eingebunden / sehr gute Gruppengrösse					
Was missfiel Ihnen besonders?	mangelnde Teilnehmerzahl					
Inhalt speziell		1	2	3	4	5
Gelegenheit zum Erfahrungsaustausch	1 = vermittelt 5 = verfehlt	2	4	0	0	0
Kennen lernen von ergänzenden Methoden	1 = vermittelt 5 = verfehlt	2	1	2	1	0
Neue Impulse und Motivation	1 = vermittelt 5 = verfehlt	2	4	0	0	0
Praktisches Üben	1 = vermittelt 5 = verfehlt	6	0	0	0	0
Darstellung		1	2	3	4	5
Vortragsweise Moderator	1 = verständlich, gut 5 = unverständlich	1	5	0	0	0
Medieneinsatz	1 = angemessen 5 = zu wenig/zu viel	1	2	2	1	0
Arbeitsunterlagen	1 = gut, erschöpfend 5 = schlecht, ungenügend	1	1	4	0	0
Diskussionsgelegenheit	1 = angemessen 5 = zu wenig/zu viel	4	2	0	0	0
Probleme der TN	1 = voll berücksichtigt 5 = nicht berücksichtigt	4	2	0	0	0
Übungen	1 = angemessen 5 = zu wenig/zu viel	4	2	0	0	0
Zusammenarbeit mit anderen TN	1 = positiv 5 = negativ	3	2	1	0	0
Bemerkungen zur Darstellung	Gerne mehr Methoden vermittelt bekommen in Seminar - jedoch auch in Buch vorhanden, deswegen keine Kritik					
Was gefiel Ihnen besonders?	konstruktive Diskussionen					
Was missfiel Ihnen besonders?	[keine Angabe]					

Dozent/Trainer		1	2	3	4	5
Fachkenntnis	1 = kompetent 5 = nicht kompetent	5	1	0	0	0
Methodisch-Didakt. Fähigkeiten	1 = kompetent 5 = nicht kompetent	5	1	0	0	0
Anmerkungen	Bewertung spricht für sich selbst					
Organisation		1	2	3	4	5
Zeitplan insgesamt	1 = eingehalten 5 = nicht eingehalten	4	1	0	0	1
TN-Zusammensetzung	1 = günstig 5 = nicht günstig	3	1	0	1	1
Veranstaltungsräume	1 = sehr geeignet 5 = ungeeignet	2	2	1	1	0
Unterkunft	1 = sehr gut 5 = unzumutbar	4	2	0	0	0
Verpflegung	1 = sehr gut 5 = unzumutbar	3	2	0	1	0
Bemerkungen zur Organisation	Absagen in letzter Minute = fehlende Wertschätzung / zu wenig Teilnehmer					
Gesamtbeurteilung		60%	70%	80%	90%	100%
Verpflegung	1 = sehr gut 5 = unzumutbar	0	1	2	3	0
Welches sind die wesentlichen Erkenntnisse, die Sie nach dem Besuch dieser Veranstaltung für die Tätigkeit in Ihrem Arbeitsbereich gewonnen haben?						
Ich kann…	die Intervision noch besser anwenden / vieles mitnehmen aus meinem persönlichen Fall / besser die Methoden brauchen / meine IntervisionskollegInnen betanken / meinen Kollegen neue Motivation geben					
Ich werde…	„meine" Intervisionsgruppe weiterbringen können / meine MA mit der Methode vertraut machen / meiner Peergruppe die positiven Eindrücke vermitteln / die Auskünfte an die Peergruppe weiterleiten / es auch tun / informieren und kleine Änderungen einfließen lassen					
Ich weiss jetzt…	wie Intervision in der Praxis funktioniert / dass andere Kollegen mitmachen / wo die anderen Gruppen stehen					
Mir fehlt immer noch…	die nötige Praxis / ein wenig Erfahrung / das definitive Commitment					
Verbesserungsvorschläge						
Unbedingt beibehalten sollte man…	die Intervision an sich / Intervision, es ist eine tolle Sache und bringt gute Ideen / Zeit und Rahmen					
Unbedingt weglassen sollte man…	Sprache und Weg (Reisezeit)					

Tabelle 30: Teilnehmer-Rückmeldungen zum PGI-Programm

1. Angaben zum Prozess der Peergruppen-Intervision

Bitte beantworten Sie im Sinne einer persönlichen zusammenfassenden Bewertung die folgenden Fragen zum Intervisionsprozess.

Wie hat Ihnen der Intervisionsprozess **insgesamt** gefallen? *(Bitte nur eine Nennung!)*

sehr gut	gut	mittel	weniger gut	gar nicht
2	7	9	2	1

Würden Sie **nochmals** an einer Peergruppen-Intervision **teilnehmen**?

n	Ja	Nein
21	15	6

Ja, weil...

weil Netzwerkbildung ist sehr gut. Aus jeder Erfahrung (positiv oder negativ) kann man etwas lernen, herausnehmen / weil „Chemie" und Zusammensetzung stimmt / weil wenn die Treffen stattfinden, sind sie gut verlaufen / aber aus anderer Motivation und mit anderen Personen (zu viele, zu wenig Commitment) / weil es gute Ansätze hat, zu beraten / weil Gedankenaustausch mit Kollegen aus anderen Bereichen möglich sind / weil aus jeder Intervision etwas Positives hängen bleibt / Erfahrungsaustausch / weil es gute Netzwerke gibt, man andere Sichtweisen kennen lernt / weil es ein guter konstruktiver Austausch ist / weil der Ausbau des Netzwerkes Vorteile bringen kann; weil bei einer idealen Gruppenbildung ein offener Austausch stattfinden kann / weil man gezwungen wird, Probleme beim Namen zu nennen / es sich um eine gute Erfahrung im zwischenmenschlichen Bereich handelt / weil ich viel über mich und andere gelernt habe

Nein, weil...

weil zuwenig Zeit / car nous sommes en manque de participants (en Suisse romande et au Tessin) [weil wir zuwenig Teilnehmer sind (in der frz. Schweiz und dem Tessin)] / car manque des personnes [weil es zuwenig Personen sind] / weil der Zeitaufwand nicht dem Nutzen entspricht. Zu viel Zeit, zu wenig Ertrag. / weil zu viele unterschiedliche fremde Personen in den Peer-Sitzungen sind

Würden Sie **anderen empfehlen**, an einer Peergruppen-Intervision teilzunehmen?

n	Ja	Nein
21	19	2

Ja, weil...

es soll jeder seine persönlichen Erfahrungen machen / je nach Typ / weil ich gute Erfahrungen gemacht habe / s.o. [weil wenn die Treffen stattfinden, sind sie gut verlaufen] / ich grundsätzlich diese Diskussionsform sehr nützlich finde / car c'est une méthode de résolution des problèmes qui est efficace et efficiente [weil es eine Problemlösemethode ist, die effektiv und effizient ist] / weil ich eben die Erfahrungen gemacht habe / weil verschiedene Individuen zusammenkommen => positiver Gedankenaustausch / Netzwerkbildung / siehe oben [weil es gute Netzwerke gibt, man andere Sichtweisen kennen lernt] / weil man davon profitieren kann / car on apprend à connaître les autres et à se connaître mieux [weil man die anderen und sich besser kennen lernt] / weil bei einer idealen Gruppenbildung gegenseitige Hilfe und Unterstützung nur Vorteile bringen kann / dto. [weil man gezwungen wird, Probleme beim Namen zu nennen] / man sich ein Netzwerk bilden kann / s.o. [weil ich viel über mich und andere gelernt habe] / weil es die Erfahrung immer wert ist

Nein, weil...

[hier wurden keine Begründungen genannt]

2. Offene Rückmeldungen

Hier haben Sie die Möglichkeit, weitere Rückmeldungen zum Projekt „Peergruppen-Intervision" aufzuschreiben.

Was hat Ihnen gefallen?

Peergruppen-Intervision war exzellent! „Werkzeuge" für die Intervision sehr interessant; Netzwerkbildung -> optimal; Plattform/Möglichkeit für Hilfestellung bei Problemen ist sehr gut. / Dass man innerhalb der Peergruppe Netzwerke aufbauen konnte. / übergreifendes Team!; Teamsitzungen / Der Nutzen dann, wenn die Treffen stattgefunden haben. / Funktionsweise; Möglichkeit der Reflexion im hauseigenen Kreis / La méthode en tant que telle. [Die Methode als solche.] / Kollegiale Unterstützung / Unsere Gruppe hatte eine sehr angenehme Atmosphäre. Keiner überging den anderen. Es wurde versucht, aktiv eine Lösung herbeizusuchen. / L'échange d'idées, les conseils, le fait d'être pas seul. [Der Austausch von Ideen, durch die Beratungen nicht alleine zu sein.] / Ausweitung des Netzwerkes; praktische Lösungstipps; Wir-Gefühl; Vorstellung von anderen Arbeitsbereichen erlangt / offene Atmosphäre; interessante Kontakte; neue Problemstellungen (von anderen); das Wissen, dass andere dieselben Probleme haben / Ich finde die Idee als solche gut!

Was hat Ihnen nicht gefallen?

Die „lose" Teilnahme / Dass man versucht hat, Fälle aus dem Alltag innerhalb von 4 Stunden zu lösen. Führen kann man meiner Meinung nach nicht lernen. Entweder man hat das Zeug dazu oder nicht. / zu wenig Themen; Vorbereitungen/Auswertungen / zu große Gruppen, das ergibt keinen Zusammenhalt; von 3 Treffen war ich bei 2 dabei; wenig Commitment der Kollegen / z. T. hielt man sich „sklavisch" an das methodische Vorgehen, was eine „künstliche" Atmosphäre erzeugte. / leider hatten wir nur 3 Sitzungen / la langue; les déplacements trop longs [die Sprache, die zu langen Anreisen] / Gruppenbildung; Terminverschiebungen; fehlende Vertrauensbasis / es fällt auch in der Peergruppe schwer, offen über sämtliche evt. vorhandenen Probleme zu sprechen, dazu ist es eben das Unternehmen. Privat ist es etwas anderes. / mangelnde Strukturierung innerhalb der Peergruppe, evtl. fehlt ein klarer Leader; unmittelbare Arbeitskollegen in gleicher Peergruppe erschweren Offenheit / Teilweise kannte ich die Personen nicht, dadurch schwierig, offen zu reden.

Welche Anregungen oder Änderungsvorschläge haben Sie für ein zukünftiges Projekt „Peergruppen-Intervision"?

Mehr Tipps wie man Leute respektive Unterstellte auf der emotionalen Ebene abholt. / Fall-/Themenbesprechung müsste kurzfristig behandelt werden / Schaffung von Verbindlichkeit zur Teilnahme / Gruppengröße auf 6 beschränken; Rhythmus vorgeben / Bitte beachtet, dass Teilnehmer aus der ganzen CH in der Gruppe sind. Die Sitzungen sollten daher frühzeitig bekannt sein. Wenn eine Sitzung schlussendlich nur 2 Std. dauert => Anreise von 1.5 Std. und mehr = unverhältnismäßig! / Personnes parlant la même langue, venant de la même région ayant des intérêts en commun [Personen, die die gleiche Sprache sprechen, aus der gleichen Region kommen und gemeinsame Interessen haben] / Leader bestimmen (abwechslungsweise?); offener Austausch => es muss nicht immer nach Vorlage vorgegangen werden / kleinere Gruppen - auf der Basis der vorherigen Supervision - keine neuen, fremden Leute.

Dokument 1: Informationstext zum PGI-Programm für potenzielle Teilnehmer

Informationen zum Programm „Peergruppen-Intervision"

Von der Peergruppen-Supervision zur Peergruppen-Intervision

Ab dem Spätsommer 2003 wird die bisherige Peergruppen-Supervision für die Teilnehmer der Development Programme als Peergruppen-Intervision fortgeführt. Im Vordergrund stehen auch hier die gemeinsame Unterstützung für berufliche Praxisfragestellungen einzelner, eine fortlaufende Praxisqualifizierung und eine Erweiterung und Vertiefung der entstandenen Netzwerke.

Intervision bedeutet die wechselseitige Beratung von Teilnehmern in Gruppen mit dem Ziel, Lösungen für intra- und interindividuelle Praxisprobleme und Schlüsselfragen des beruflichen Alltags zu entwickeln.

Die Intervision bedeutet eine neue Stufe für die Peergruppen, denn anders als bei der Supervision organisiert die Peergruppe bei der Intervision ihre Treffen selbstgesteuert und gestaltet die Fallbesprechungen eigenverantwortlich. Die Fallberatungen orientieren sich an einer effektiven und systematischen Methodik, bei der die Beratungsrollen für die Dauer einer Fallberatung unter den Mitgliedern der Peergruppe aufgeteilt werden. Dieses Vorgehen ermöglicht die selbständige Bearbeitung beruflicher Fragestellungen in der Peergruppe ohne externen Supervisor.

Was kennzeichnet Peergruppen-Intervision?

Die Ziele der Peergruppen-Intervision gleichen denen der Supervision. Die praxisbegleitende Bearbeitung von Fragestellungen des Leitungs- und Arbeitsalltags steht im Mittelpunkt der Intervision. Problemsituationen und schwierige Konstellationen der beruflichen Praxis werden in der Peergruppe systematisch reflektiert, um gemeinsam neue Handlungsoptionen zu entwickeln. Dadurch werden Leitungsfähigkeiten gefördert und das Verhaltensrepertoire im Umgang mit Mitarbeitern und Kollegen erweitert. Darüber hinaus fördert die Zusammenarbeit in der Peergruppe den Kontakt und die Netzwerkbildung mit den übrigen Teilnehmern.

Das Besondere an der Peergruppen-Intervision liegt darin, dass die Teilnehmer die Fallberatungen in einem klaren Rahmen eigenverantwortlich durchführen und die Intervisionstreffen selbständig organisieren. Die Peergruppe übernimmt die gemeinsame Verantwortung für die Gestaltung des Beratungsprozesses, in dem neue Perspektiven und Lösungen entwickelt werden. Die Beratung findet dabei wechselseitig statt, jeder kann beraten werden und jeder ist an der Beratung anderer aktiv beteiligt. Damit bietet die Intervision zusätzlich ein bedeutendes Lernfeld dafür, Problemlösegespräche zu leiten und andere zielorientiert zu beraten.

Wie erwerben die Peergruppen die Kompetenzen zur Intervision?

Im September und Oktober werden für die Teilnehmer der Development Programme zweitägige „Starthilfe"-Seminare angeboten, in denen die Methodik zur Intervision vermittelt und eingeübt wird. Aufbauend auf den bisherigen Erfahrungen aus der Supervision und den in einem Starthilfeseminar trainierten methodischen Kompetenzen sind die Peergruppen anschließend in der Lage, eigenständig qualifizierte Intervisionen durchzuführen.

Im Starthilfeseminar wird den Peergruppen ein erprobtes Beratungsvorgehen zur Verfügung gestellt, das den Ablauf einer Intervision in sechs Phasen gliedert. Die Teilnehmer erlernen die systematische Struktur sowie den Einsatz von lebendigen und kreativen Beratungsmethoden, die eine gezielte Aktivierung von Ideen und Erfahrungen aller beratenden Teilnehmer ermöglichen. Die Beratungsrollen für die Intervision werden in der Peergruppe aufgeteilt und wechseln bei jedem Beratungsdurchgang. Die mit der Methodik gestalteten Fallbesprechungen dauern etwa eine dreiviertel Stunde; in fünf Stunden lassen sich so etwa fünf bis sechs Fälle oder Fragestellungen bearbeiten.

Die Intervisions-Treffen werden von der Peergruppe eigenverantwortlich organisiert und finden wie bisher mindestens vier Mal im Jahr statt. Da die Beratungs- und Methodenkompetenzen in der Peergruppe selber liegen, hat sie die Möglichkeit, Dauer und Häufigkeit der Peergruppentreffen nach Bedarf selber zu bestimmen.

Im Frühjahr 2004 senden die Peergruppen zwei bis drei Teilnehmer als Delegierte zu einem Workshop („Tankstelle"), in den sie methodische Fragen mitbringen und aus dem sie neue Methoden und Anregungen zur Intervision in ihre Peergruppen zurückbringen.

Was sind die Elemente des Programms „Peergruppen-Intervision"?

Das Programm zur Peergruppen-Intervision stellt einen Rahmen zur Verfügung, der aus mehreren Elementen besteht.

1. Einführung der Peergruppen in die Systematik der Intervision
   - durch Informationsveranstaltungen (Anfang September 2003) und
   - zweitägige „Starthilfe"-Seminare (Mitte September 2003 bis Oktober 2003).
2. Selbständig organisierte Peergruppen-Intervisions-Treffen
   - die Peergruppen führen eigenverantwortlich Intervisionen durch und
   - gestalten ihre Peergruppen-Treffen selbst organisiert.
3. Vertiefung und Begleitung der Peergruppen-Intervision
   - zweitägiger „Tankstelle"-Workshop zur methodischen Vertiefung mit Delegierten der Peergruppen (24./25. März 2004)
   - Begleitung für den Gruppenprozess und methodische Fragen (bei Bedarf auf Anfrage)
4. Begleitende Evaluation der Peergruppen-Intervision
   - Konzeption und Durchführung der Evaluation durch den Bereich Arbeits-, Betriebs- und Umweltpsychologie an der Universität Hamburg

Dokument 2: Informationstext zum PGI-Programm für potenzielle Teilnehmer in französischer Sprache

Le Programme « Intervision en Groupe de Pairs »

Le passage des groupes de « Supervision en groupe de pairs » à « Intervision en groupe de pairs »

A partir de septembre 2003, le Development Programme propose à ses participants une nouvelle étape: celle du passage de la Supervision des groupes de pairs à ce que nous appelons « l'intervision en groupe de pairs ». Les sujets et les objectifs restent les mêmes: le soutien mutuel sur les questions concrètes de chacun, une qualification continue de la pratique du management et une croissance autant qu'un approfondissement des réseaux constitués jusqu'à maintenant.

L'intervision est le conseil mutuel des membres d'un groupe dont l'objectif est de proposer et de développer des solutions aux préoccupations professionnelles et aux problèmes du quotidien du management d'une personne (intra-individu) ou entre les personnes (inter-individus).

L'intervision est ainsi l'évolution et la croissance logique pour les « Peersgroups », permettant à chacun des groupes d'organiser ses réunions de façon autonome et de prendre l'entière responsabilité de la résolution des cas qui lui sont soumis par les participants. Les cas soumis au groupe sont examinés selon une méthodologie qui détermine le déroulement du processus de conseil ainsi que le rôle de chacun des membres du groupe. Cette organisation systématique permet au groupe d'être efficace sans la présence d'un superviseur extérieur.

Quelles sont les caractéristiques de « l'intervision en groupe de pairs »?

Les constantes par rapport à la supervision: les objectifs et l'orientation forte vers les questions issues du quotidien des participants sur le quotidien de leur métier ou de leur rôle de manager.

Si ces questions et constellations difficiles sont au centre du travail du groupe, c'est pour développer et imaginer ensemble des options d'actions pratiques à mettre en place. Ceci entraine un élargissement de répertoire managérial de chacun et permet un approfondissement personnalisé. La collaboration collégiale dans le réseau des responsables de la marche de l'entreprise s'en trouve naturellement renforcée.

La particularité essentielle de « l'intervision en groupe de pairs » est l'autonomie des groupes dans l'organisation et la réalisation des rencontres. C'est le groupe de pairs qui prend la responsabilité du processus de conseil proposé aux membres du groupe pendant une cession. La méthode permet la participation de chacun dans la proposition de situations à résoudre autant que dans le développement de nouvelles perspectives pour les cas soumis par ses collègues. Les compétences de chacun dans la résolution de problèmes, dans le conseil et dans la fixation d'objectifs.

Comment les groupes de pairs accèdent-ils à la compétence nécessaire pour l'intervision?

En septembre et octobre 2003, des formations de base de deux jours sur la méthodologie de l'intervision sont proposés aux participants du Development Programme. Ces formations sont aussi déjà une mise en pratique de la méthodologie proposée et permettent la prise en main directe par les participants de leur processus d'intervision.

Pendant les formations, les « groupes de pairs » apprennent la logique du processus d'intervision, les 6 étapes de son déroulement ainsi que des outils créatifs et vivants de conseil assurant la participation des membres du groupe.

Pendant la cession d'un groupe, les rôles de l'intervison sont partagés entre les membres et une alternance systématique permet l'étude d'un cas en environ 45 minutes. Pendant une réunion de 5 heures, 5 à 6 situations peuvent donc être abordées.

Le rythme d'une réunion par trimestre correspondant à celui de la supervision est recommandé. Cependant, c'est le groupe lui-même qui doit trouver son rythme selon les besoins de ses membres.

Au printemps 2004, un séminaire d'approfondissement va être proposé dans le cadre du programme. Il sera mené par les formateurs des séminaires de base. Chaque groupe de pairs pourra y envoyer 2 à 3 représentants dont la mission sera de « faire le plein » pour leur groupe de pairs, donc d'acquérir de nouveaux outils d'intervention, d'approfondir certaines questions ou difficultés du groupe, que ce soit au niveau des cas soumis, de la méthodologie ou de la dynamique du groupe.

Les éléments du programme « intervision en groupe de pairs »

Le cadre du programme de l'intervision entre pairs est structuré de la manière suivante:

1. Introduction des groupes de pairs à la méthodologie de l'intervision par
   - Des réunions d'information (début septembre 2003) et
   - Formations de base de deux jours (de Mi-septembre à octobre 2003).
2. Réunions autonomes des groupes de pairs
   - Les groupes de pairs organisent leurs réunions
   - Et leurs processus de conseil
3. Approfondissement et accompagnement des Intervisions des groupes de pairs
   - Formation d'approfondissement méthodologique de deux jours (fin mars 2004)
   - Accompagnement par un formateur de la méthode sur des questions de dynamique du groupe ou de méthodologie (selon les besoins et sur demande)
4. Evaluation continue des Groupes d'intervision entre Pairs

Dokument 3: Informationstext zur Evaluation für die Interventionsgruppe

Universität Hamburg

Prof. Dr. Eva Bamberg
Psychologisches Institut I

Arbeitsbereich Arbeits-, Betriebs- und Umweltpsychologie

Projekt
Evaluation Peergruppen-Intervision

Dipl.-Psych. Kim-Oliver Tietze

Woyrschweg 52
D-22761 Hamburg

Fernsprecher: +49 / (0) 40 / 39 38 58
Telefax-Nr: +49 / (0) 40 / 39 90 74 50
E-Mail: Tietze@uni-hamburg.de

Allgemeine Informationen zur

Evaluation des Projektes „Peergruppen-Intervision“ bei [Unternehmen]

Hamburg, den 01. September 2003

Sehr geehrte Teilnehmerin, sehr geehrter Teilnehmer,

wir möchten Sie hiermit über die Evaluation des Projektes „Peergruppen-Intervision“ [beim Unternehmen] informieren und Sie um Ihre Mitwirkung an der Evaluation bitten.

Die Evaluation des Projektes findet in Kooperation des Department Human Resources [des Unternehmens] mit dem Arbeitsbereich Arbeits-, Betriebs- und Umweltpsychologie am Fachbereich Psychologie der Universität Hamburg statt.

Was sind die Ziele der Evaluation?

Für das Department Human Resources [des Unternehmens] ist es zentrales Interesse, fundiert bewerten zu können, in welchem Ausmaß die Ziele, die mit der Durchführung des Projektes verbunden sind, tatsächlich erreicht werden.

Die Methode der Intervision hat sich als Instrument zur Personalentwicklung bislang in vielen Bereichen und für viele Berufsgruppen bewährt. Das Projekt „Peergruppen-Intervision“ [beim Unternehmen] bietet aus Forschungssicht aufgrund seiner Größe und Konzeption die Möglichkeit, bisherige Erkenntnisse über die verschiedenen Wirkungen von Intervision zu präzisieren und neue Erkenntnisse zu gewinnen, die helfen werden, die Methodik der Intervision als Personalentwicklungsinstrument besser einzuschätzen.

Was sind die Schwerpunkte der Evaluation?

Im Arbeitsbereich Arbeits-, Betriebs- und Umweltpsychologie am Fachbereich Psychologie der Universität Hamburg wurde ein wissenschaftliches Evaluationskonzept entwickelt, das zuverlässige Aussagen zur Einschätzung der Wirkungen des Projektes ermöglicht. Die konzipierten Maßnahmen zur Evaluation der Peergruppen-Intervision orientieren sich an zwei Erkenntnisschwerpunkten, die sowohl für Sie, [das Unternehmen], als auch für die Forschung bedeutsam sind:

1. *Auswirkungen der Peergruppen-Intervision auf die berufliche Kompetenzentwicklung.* Die gemeinsame Reflexion von Praxisthemen kann zu einer Weiterentwicklung beruflich relevanter Kompetenzen beitragen. Mit Fragebögen zur Erhebung beruflicher Kompetenzen und Beanspruchungen soll das Ausmaß dieser Kompetenzentwicklung genauer erfasst werden.
2. *Resonanz der Teilnehmer auf die Peergruppen-Intervision.* Mit Hilfe eines Feedbackbogens soll eine Bewertung der Peergruppen-Intervision aus Sicht der Teilnehmer vorgenommen werden.

Woraus besteht die Evaluation für Sie?

Wir bitten Sie um Ihre Mitwirkung bei der Evaluation durch folgende Aktivitäten:

- Zu Beginn des Projektes und im Herbst 2004 erhalten Sie jeweils einen Fragebogen, mit dem berufliche Kompetenzen und Beanspruchungen erhoben werden. Die Bearbeitungszeit beträgt etwa 45 Minuten.
- Ebenfalls im Herbst 2004 werden Sie einen Feedbackbogen zur Bewertung der Peergruppen-Intervision erhalten. Darin geben Sie Ihre Eindrücke zur Intervision wieder und beschreiben, was Ihnen aus Ihrer Sicht gefallen oder missfallen hat.

Was geschieht mit den erhobenen Daten?

Die Fragebögen, die Ihnen im Rahmen der Evaluation vorgelegt werden, bestehen aus erprobten und speziell entwickelten arbeitswissenschaftlichen Instrumenten. Die erhobenen Daten werden mit Hilfe statistischer Methoden ausgewertet und zu einem Evaluationsbericht zusammengefasst. Dieser Bericht enthält einen Überblick darüber, inwieweit die mit dem Projekt „Peergruppen-Intervision" verfolgten Ziele erreicht worden sind.

Was haben Sie von der Evaluation?

Wir bieten Ihnen auf Wunsch eine individuelle Auswertung Ihrer beruflichen Kompetenzen und Beanspruchungen in Form eines „Kompetenz-Checks 03/04" an, der ausschließlich für Sie bestimmt ist. Mit dem „Kompetenz-Check 03/04" erhalten Sie eine interessante persönliche Orientierung darüber, wie sich Ihr berufliches Kompetenzprofil im Zeitraum der Peergruppen-Intervision entwickelt hat.

Mit Ihrem Engagement tragen Sie zudem dazu bei, dass das Projekt „Peergruppen-Intervision" mit seinen Wirkungen realistisch eingeschätzt werden kann. Auf der Basis dieser Einschätzung können fundierte Empfehlungen für zukünftige Projekte dieser Art abgeleitet werden.

Wie wird der Datenschutz gewährleistet?

Der Datenschutz wird voll und ganz gewährleistet. Ihre Angaben werden selbstverständlich vertraulich behandelt. Die Fragebögen werden ausschließlich von Mitarbeitern der Universität Hamburg ausgewertet. Daten, die persönlich zugeordnet werden könnten, werden zu keiner Zeit [dem Unternehmen] zugänglich gemacht. Die Daten werden so aufbereitet, dass keine einzelnen Arbeitsplätze oder Personen nachträglich identifiziert werden können. Alle Daten, die eine persönliche Zuordnung ermöglichen könnten, werden nach Abschluss der Auswertung gelöscht.

Für die statistische Auswertung wird es notwendig sein, dass Sie die von Ihnen ausgefüllten Fragebogen mit einem Code versehen, der eine Zuordnung der Daten zueinander ermöglicht. Da eine Auswertung nur dann erfolgen kann, wenn hierfür vollständige Datensätze vorliegen, möchten wir Sie bitten, uns Ihre E-Mail-Adresse zur Verfügung zu stellen, damit wir Sie gegebenenfalls an die zeitnahe Bearbeitung von Fragebögen erinnern können.

Wir bitten Sie herzlich um Ihre Mitwirkung an der Evaluation!

Selbstverständlich ist Ihre Teilnahme an der Evaluationsstudie freiwillig. Die Aussagekraft der Evaluation hängt jedoch wesentlich davon ab, dass sich möglichst viele Personen an ihr beteiligen. Nur auf der Grundlage verlässlicher Informationen haben Bemühungen zum besseren Verstehen der Peergruppen-Intervision Aussicht auf Erfolg. Durch Ihre Mitwirkung an der Evaluation können Sie einen entscheidenden Beitrag dazu leisten.

Wenn Sie weitere Fragen haben, wenden Sie sich gerne per E-Mail an: tietze@uni-hamburg.de. Sie erhalten umgehend Antworten auf Ihre Fragen.

Mit freundlichen Grüßen

Kim-Oliver Tietze, Dipl.-Psych.

Dokument 4: Informationstext zur Evaluation für die Interventionsgruppe in französischer Sprache

Universität Hamburg

Prof. Dr. Eva Bamberg
Psychologisches Institut I

Arbeitsbereich Arbeits-, Betriebs- und Umweltpsychologie

Projekt
Evaluation Peergruppen-Intervision

Dipl.-Psych. Kim-Oliver Tietze

Woyrschweg 52
D-22761 Hamburg

Fernsprecher: +49 / (0) 40 / 39 38 58
Telefax-Nr: +49 / (0) 40 / 39 90 74 50
E-Mail: Tietze@uni-hamburg.de

Informations générales concernant

l'évaluation du projet « intervision en groupe de pairs »

à [Unternehmen]

Hamburg, le 1er septembre 2003

Madame, Monsieur,

Par ce courrier, nous aimerions vous informer de l'évaluation du projet « intervision en groupe de pairs» organisé par la [Unternehmen], pour susciter votre intérêt et peut-être recueillir votre participation.

L'évaluation du projet s'inscrit dans le cadre d'une coopération entre le Département Ressources humaines de [Unternehmen] et le groupe de travail « Psychologie du travail, de l'entreprise et de l'environnement » de la faculté de psychologie de l'université de Hambourg (Allemagne).

Quels sont les objectifs de l'évaluation ?

Pour le Département Ressources humaines de [Unternehmen], il est d'un intérêt capital de pouvoir évaluer de manière fondée dans quelle mesure les objectifs liés à la réalisation du projet ont été effectivement atteints.

La méthode de l'intervision en groupe de pairs a déjà fait ses preuves en tant qu'instrument du développement du personnel, cela dans plusieurs domaines et différents groupes professionnels. Le projet « intervision en groupe de pairs » de la Bâloise offre aux chercheurs, en raison de son envergure et de sa conception, la possibilité de préciser les acquis sur les différentes répercussions de l'intervision et d'acquérir également de nouvelles connaissances, lesquelles permettront d'évaluer la méthode d'intervision comme instrument du développement du personnel.

Quels sont les grands axes de l'évaluation ?

Un concept d'évaluation scientifique a été élaboré au sein du groupe de travail « Psychologie du travail, de l'entreprise et de l'environnement », à la faculté de psychologie de l'université de Hambourg. Ce concept permet d'aboutir à des conclusions fiables concernant l'évaluation des retombées du projet. Les mesures élaborées pour l'évaluation de l'intervision s'articulent autour de deux axes qui sont d'un intérêt particulier aussi bien pour le groupe de travail et [Unternehmen] que pour la recherche.

1. *Retombées de l'intervision sur le développement des compétences professionnelles.* Le retour d'un groupe sur des problèmes pratiques évoqués en commun favorise le développement de compétences liées à la profession exercée. Un questionnaire de récapitulation des compétences et contraintes professionnelles doit permettre de saisir la réalité de ce développement.

2. *Réaction des participants à l'intervision.* Un questionnaire détaillé permet d'évaluer l'intervision du point de vue des participants afin de répertorier les objectifs individuels à atteindre.

Comment se déroule l'évaluation en ce qui vous concerne ?

Votre participation à l'évaluation prendra la forme suivante :

- Au début du projet et à l'automne 2004, vous recevrez un questionnaire portant sur vos compétences et contraintes professionnelles. Prévoyez d'y consacrer environ 45 minutes.
- À l'automne 2004 également, vous recevrez un nouveau questionnaire d'évaluation de la séance d'intervision. Vous serez appelé à donner vos impressions sur la réunion et à décrire ce qui vous aura plu ou déplu.

À quoi serviront les données de l'enquête ?

Les questionnaires que vous recevrez dans le cadre de l'étude sont des instruments de travail scientifique éprouvés et spécialement élaborés. Les résultats de l'enquête seront traités par le biais de méthodes statistiques et résumés dans un rapport d'évaluation. Celui-ci nous apprendra dans quelle mesure les objectifs fixés par le projet « intervision en groupe de pairs » ont été atteints.

Qu'est-ce que vous apporte cette évaluation ?

Si vous le souhaitez, nous vous donnons la possibilité d'évaluer à titre personnel vos compétences et contraintes professionnelles à partir d'un questionnaire « Evaluation des compétences 03/04 ». Vous découvrirez des conclusions intéressantes sur l'évolution de votre profil de compétences professionnelles au cours de l'intervision.

En vous engageant, vous contribuez en outre à ce que le projet « intervision en groupe de pairs » et ses retombées puissent êtres évalués de manière réaliste. Ce travail permettra de formuler des recommandations fondées pour d'autres projets similaires.

Comment la protection des données sera-t-elle assurée ?

La protection des données est entièrement garantie. Vos réponses seront évidemment traitées dans la plus stricte confidentialité. Les questionnaires seront exclusivement dépouillés par des membres du personnel de l'université de Hamburg. Les données qui pourraient être attribuées à des personnes précises ne seront à aucun moment transmises à [Unternehmen]. Les données seront exploitées de telle sorte qu'il ne sera pas possible d'identifier par la suite des postes de travail précis ou des personnes. Toutes les données susceptibles de conduire à une identification personnelle seront effacées à la fin de l'évaluation.

Pour l'analyse statistique, vous serez amené dans votre questionnaire à définir un code qui permettra de traiter vos données dans leur ensemble. L'évaluation n'étant possible que lorsque les faisceaux de données recueillis sont complets, nous vous prions de bien vouloir nous faire parvenir votre adresse e-mail afin de vous rappeler les délais de traitement des questionnaires.

Nous sollicitons votre participation à l'évaluation

Il est clair que la participation à l'évaluation s'effectue sur une base volontaire. Toutefois, la valeur des résultats dépendra essentiellement du nombre de personnes qui y prendront part. C'est uniquement sur la base d'informations fiables que des efforts visant à une meilleure compréhension de l'analyse des pratiques professionnelles pourront porter tous leurs fruits. Vous avez désormais la possibilité d'y contribuer.

Pour tout complément d'information, n'hésitez pas à vous adresser par e-mail à :
tietze@uni-hamburg.de
Vous obtiendrez rapidement des réponses à vos questions.

Cordialement

Kim-Oliver Tietze
Psychologue diplômé

Dokument 5: Informationstext zur Evaluation für die Kontrollgruppe

Universität Hamburg

Prof. Dr. Eva Bamberg
Psychologisches Institut I

Arbeitsbereich Arbeits-, Betriebs- und Umweltpsychologie

Projekt
Evaluation Peergruppen-Intervision

Dipl.-Psych. Kim-Oliver Tietze

Woyrschweg 52
D-22761 Hamburg

Fernsprecher: +49 / (0) 40 / 39 38 58
Telefax-Nr: +49 / (0) 40 / 39 90 74 50
E-Mail: Tietze@uni-hamburg.de

Information und Einladung zum
„Kompetenz-Check 03/04"

Hamburg, den 01. September 2003

Sehr geehrte Dame, sehr geehrter Herr,

wir möchten Sie hiermit einladen, sich an einer arbeitswissenschaftlichen Untersuchung zum Thema „Entwicklung beruflicher Kompetenzen und beruflicher Beanspruchung" zu beteiligen, die Ihnen gleichzeitig die Möglichkeit bietet, Ihr individuelles berufliches Kompetenzprofil zu erhalten.

Was ist das Ziel der Studie?

Ziel der Studie ist es, die Entwicklung beruflicher Kompetenzen und erlebter Beanspruchung von Beschäftigten über einen Zeitraum von einem Jahr und in Abhängigkeit von der Teilnahme bzw. Nicht-Teilnahme an Personalentwicklungsmaßnahmen zu untersuchen.

Die Studie ist Bestandteil einer Untersuchung über die Wirkung von Personalentwicklungsmaßnahmen auf berufliche Kompetenzen und Beanspruchung. Sie findet in Kooperation des Department Human Resources [des Unternehmens] mit dem Arbeitsbereich Arbeits-, Betriebs- und Umweltpsychologie am Fachbereich Psychologie der Universität Hamburg statt.

Wer kann daran teilnehmen?

An der Studie können sich alle Beschäftigten [des Unternehmens] beteiligen, völlig unabhängig davon, ob sie planen, innerhalb des nächsten Jahres an Personalentwicklungsmaßnahmen teilzunehmen oder nicht.

Unser Angebot: Ihr „Kompetenz-Check 03/04"

Um die Teilnahme an der Studie für Sie lohnenswert zu machen, bieten wir Ihnen Ihre individuelle Auswertung in Form eines „Kompetenz-Checks 03/04" an. Mit der Auswertung erhalten Ihr persönliches Kompetenz-Profil und eine Orientierung darüber, wie sich Ihre beruflichen Kompetenzen im Lauf eines Jahres entwickelt haben. Diese individuelle Auswertung geht nur Ihnen persönlich zu und wird [dem Unternehmen] nicht zugänglich gemacht.

Was habe ich für den „Kompetenz-Check 03/04" zu tun?

Für den vollständigen Kompetenz-Check 03/04 bearbeiten Sie den nachfolgenden Fragebogen in den nächsten Tagen senden ihn direkt an die angegebene Adresse. Im Herbst 2004 erhalten Sie einen ähnlichen Fragebogen, den Sie ausfüllen und zurücksenden. Das dauert jeweils etwa 45 Minuten. Für die Auswertung ist es wichtig, dass Sie beide Fragebögen ausfüllen, da nur dann Informationen über Ihre Kompetenzentwicklung im kommenden Jahr vorliegen können. Ihre Teilnahme ist völlig freiwillig.

Wir laden Sie herzlich zur Teilnahme am „Kompetenz-Check 03/04" ein!

Wenn Sie weitere Fragen haben, wenden Sie sich gerne per E-Mail an: tietze@uni-hamburg.de. Sie erhalten umgehend Antworten auf Ihre Fragen.

Mit freundlichen Grüßen

Kim-Oliver Tietze, Dipl.-Psych.

Dokument 6: Fragebogen für Interventions- und Kontrollgruppe zu t_1 *(Seite 1 und 2)*

Universität Hamburg

Dipl.-Psych. Kim-Oliver Tietze
Woyrschweg 52
22761 Hamburg

Fernsprecher: +49 / (0) 40 / 39 38 58
Telefax-Nr: +49 / (0) 40 / 39 90 74 50
E-Mail: Tietze@uni-hamburg.de

Kompetenz-Check 03/04

Teil 1 - 2003

Hamburg, den 01. September 2003

Sehr geehrte Teilnehmerin, sehr geehrter Teilnehmer,

der folgende Fragebogen soll Ihnen die Möglichkeit geben, Ihre individuellen Kompetenzen und Beanspruchungen in der Arbeit anhand strukturierter Aussagen zu reflektieren. Es geht um die Selbsteinschätzung Ihrer Kompetenzen und Beanspruchungen in der Arbeit.

Sie finden auf den nächsten Seiten verschiedene Gruppen von Aussagen über Verhaltensweisen, Fähigkeiten und Interessen in Bezug auf Berufssituationen. Bitte lesen Sie jede Aussage sorgfältig durch und entscheiden Sie sich, in welchem Ausmaß die Aussage auf Sie zutrifft oder nicht zutrifft.

Beziehen Sie alle nachfolgenden Aussagen nur **auf Situationen bei der Arbeit**. Beispiel: „Ich verlasse mich auf andere" meint nur Situationen im Beruf, in denen Sie sich auf andere Personen verlassen. Nicht gemeint sind damit solche Situationen in der Freizeit, in der Familie und im Bekanntenkreis usw.

Beim Ausfüllen dieses Fragebogens beachten Sie bitte die folgenden Punkte:

- Die Aussagen beziehen sich auf Ihre persönliche Meinung im beruflichen Umfeld, d.h. es gibt keine richtigen oder falschen Antworten. Jede Antwort ist dann zutreffend, wenn sie Ihre persönliche Einschätzung wiedergibt.
- Bitte bearbeiten Sie die Aussagen offen und ehrlich. Kreuzen Sie bitte die Antwortvorgaben an, die an ehesten Ihrer Einschätzung entsprechen.
- Bitte beantworten Sie die Fragen zügig. Ihre erste Einschätzung ist normalerweise auch die Beste. Gehen Sie dabei der Reihe nach vor, versuchen Sie aber möglichst, keine Fragen auszulassen.
- Überlegen Sie nicht erst, welche Antwort den besten Eindruck machen könnte, sondern antworten Sie so, wie es für Sie persönlich gilt. Ihre Angaben sind nur wertvoll, wenn Sie nicht versuchen, sich besonders positiv (oder negativ) darzustellen.
- Beachten Sie bitte die jeweiligen Antwortvorgaben der verschiedenen Fragengruppen.
- Beachten Sie bitte, dass einige Aussagen positiv formuliert sind, und andere negativ.

Hinweis zum Datenschutz

Der Datenschutz wird voll und ganz gewährleistet. Ihre Angaben werden selbstverständlich vertraulich behandelt. Die Fragebögen werden ausschließlich von Mitarbeitern der Universität Hamburg ausgewertet. Daten, die persönlich zugeordnet werden könnten, werden zu keiner Zeit [dem Unternehmen] zugänglich gemacht. Die Daten werden so aufbereitet, dass keine einzelnen Arbeitsplätze oder Personen nachträglich identifiziert werden können. Alle Daten, die eine persönliche Zuordnung ermöglichen könnten, werden nach Abschluss der Auswertung gelöscht.

Bitte senden Sie den Bogen direkt nach Bearbeitung im beiliegenden Umschlag an:

Kim-Oliver Tietze, Woyrschweg 52, D-22761 Hamburg

Wir danken Ihnen für Ihre Mitarbeit!

Allgemeine Angaben

1. Wie alt sind Sie? ______Jahre
2. Geschlecht? ☐ weiblich ☐ männlich
3. Wie lange sind Sie insgesamt berufstätig? ______Jahre
4. Wie viele Mitarbeiter haben Sie, denen Sie vorgesetzt sind? ______Mitarbeiter
5. Heutiges Datum: ______/______/ **2003**

Ihre E-Mail-Adresse

Wir bitten Sie um die Angabe einer E-Mail-Adresse, an die wir Ihnen im Herbst 2004 den zweiten Fragebogen zum Kompetenz-Check 03/04 zusenden zu können.

Da eine Auswertung nur dann erfolgen kann, wenn hierfür vollständige Datensätze vorliegen, möchten wir Sie bitten, uns eine E-Mail-Adresse zur Verfügung zu stellen, damit wir Ihnen im Herbst 2004 den zweiten Fragebogen zukommen lassen können. Sie erhalten den zweiten Fragebogen als PDF-Dokument, das Sie selber ausdrucken, ausfüllen und per Post an uns zurücksenden.

______________________________@______________________________

Möchten Sie im Herbst 2004 Ihren Kompetenz-Check 03/04 erhalten?

Wenn Sie wünschen, werden wir Ihren individuellen Kompetenz-Check 03/04 erstellen und an eine von Ihnen auf dem zweiten Fragebogen angegebene Adresse (E-Mail / Post) senden.

Ja ☐

Nein ☐

Individueller Code

Für die ordnungsgemäße statistische Auswertung ist es notwendig, dass Sie die von Ihnen ausgefüllten Fragebogen mit einem individuellen Code versehen, der eine eindeutige Zuordnung Ihrer Daten der ersten und der zweiten Erhebung ermöglicht. Damit Sie sich besser an Ihren Code erinnern können, haben wir zur Erstellung Ihres Codewortes auf eine gängige Methode zurückgegriffen. Ihr Code setzt sich wie folgt zusammen:

1. Die ersten beiden Buchstaben des Vornamens Ihrer Mutter ___ ___
2. Die ersten beiden Buchstaben des Vornamens Ihres Vaters ___ ___
3. Die ersten beiden Buchstaben Ihres Geburtsortes ___ ___
4. Der Geburts**tag** (nicht Monat und Jahr) Ihrer Mutter ___ ___

Vielen Dank!

Wir wünschen Ihnen viel Spaß beim Kompetenz-Check!

Dokument 7: Fragebogen für Interventions- und Kontrollgruppe zu t_2 *(Seite 1 und 2)*

UHH Universität Hamburg

Dipl.-Psych. Kim-Oliver Tietze
Kleine Brunnenstrasse 14
D-22765 Hamburg

Fernsprecher: +49 / (0) 40 / 39 38 58
Telefax-Nr: +49 / (0) 40 / 39 90 74 50
E-Mail: Tietze@uni-hamburg.de

Kompetenz-Check 03/04

Teil 2 - 2004

Hamburg, den 01. Dezember 2004

Sehr geehrte Teilnehmerin, sehr geehrter Teilnehmer,

im Herbst 2003 haben Sie den ersten Teil des Kompetenz-Checks 03/04 bearbeitet und angegeben, auch den zweiten Teil bearbeiten zu wollen, um Ihren Kompetenz-Check zu vervollständigen und eine individuelle Auswertung zu erhalten.

Der folgende Fragebogen soll Ihnen wieder die Möglichkeit geben, Ihre individuellen Kompetenzen und Beanspruchungen in der Arbeit anhand strukturierter Aussagen zu reflektieren. Es geht um die Selbsteinschätzung Ihrer Kompetenzen und Beanspruchungen in der Arbeit.

Sie finden auf den nächsten Seiten verschiedene Gruppen von Aussagen über Verhaltensweisen, Fähigkeiten und Interessen in Bezug auf Berufssituationen. Bitte lesen Sie jede Aussage sorgfältig durch und entscheiden Sie sich, in welchem Ausmaß die Aussage auf Sie zutrifft oder nicht zutrifft.

Beziehen Sie alle Aussagen nur **auf Situationen bei der Arbeit**. Beispiel: „Ich verlasse mich auf andere" meint nur Situationen im Beruf, in denen Sie sich auf andere Personen verlassen. Nicht gemeint sind damit solche Situationen in der Freizeit, in der Familie und im Bekanntenkreis usw.

Beim Ausfüllen dieses Fragebogens beachten Sie bitte die folgenden Punkte:

- Die Aussagen beziehen sich auf Ihre **persönliche Meinung im beruflichen Umfeld**, d.h. es gibt keine richtigen oder falschen Antworten. Jede Antwort ist dann zutreffend, wenn sie Ihre persönliche Einschätzung wiedergibt.
- Bitte bearbeiten Sie die Aussagen **offen und ehrlich**. Kreuzen Sie bitte die Antwortvorgaben an, die an ehesten Ihrer Einschätzung entsprechen.
- Bitte beantworten Sie die Fragen **zügig**. Ihre erste Einschätzung ist normalerweise auch die Beste. Gehen Sie dabei der Reihe nach vor, lassen Sie aber möglichst keine Fragen aus.
- Überlegen Sie nicht erst, welche Antwort den besten Eindruck machen könnte, sondern antworten Sie so, wie es für Sie persönlich gilt. Ihre Angaben sind **nur wertvoll**, wenn Sie **nicht versuchen**, sich **besonders positiv (oder negativ)** darzustellen.
- Beachten Sie bitte die jeweiligen **Antwortvorgaben** der verschiedenen Fragengruppen.
- Beachten Sie bitte, dass einige Aussagen positiv formuliert sind, und andere negativ.

Hinweis zum Datenschutz

Der Datenschutz wird voll und ganz gewährleistet. Ihre Angaben werden selbstverständlich vertraulich behandelt. Die Fragebögen werden ausschließlich von Mitarbeitern der Universität Hamburg ausgewertet. Daten, die persönlich zugeordnet werden könnten, werden zu keiner Zeit [dem Unternehmen] zugänglich gemacht. Die Daten werden so aufbereitet, dass keine einzelnen Arbeitsplätze oder Personen nachträglich identifiziert werden können. Alle Daten, die eine persönliche Zuordnung ermöglichen könnten, werden nach Abschluss der Auswertung gelöscht.

Bitte senden Sie den Bogen direkt nach Bearbeitung bitte bis spätestens zum 31. Dezember 2004 an:

Kim-Oliver Tietze, Kleine Brunnenstraße 14, D-22765 Hamburg

Wir danken Ihnen für Ihre Mitarbeit!

Universität Hamburg Arbeitsbereich Arbeits-, Betriebs- und Umweltpsychologie

Allgemeine Angaben

1. Heutiges Datum: ______ / ______ / **2004**
2. Wie viele Mitarbeiter haben Sie, denen Sie heute vorgesetzt sind? ______Mitarbeiter
   a. **Wenn** Sie Mitarbeiter haben: Wie lange haben Sie **insgesamt** Führungserfahrung? ____Jahre

Angaben zur Arbeitssituation

Haben sich zwischen Herbst 2003 und dem Jahresende 2004 Veränderungen in Ihrer Arbeitsaufgabe oder Arbeitstätigkeit ergeben (z.B. Änderung des Aufgabenbereichs, Wechsel des Arbeitsplatzes)?

Ja ☐ **Nein** ☐

Wenn ja, welche?

- ______________________________
- ______________________________

Angaben zur Teilnahme an Maßnahmen der Weiterbildung, Personal- oder Führungskräfteentwicklung

Haben Sie zwischen Herbst 2003 und dem Jahresende 2004 an Personalentwicklungsmaßnahmen teilgenommen? (z.B. Schulungen / Seminare / Trainings / Coaching)

Ja ☐ **Nein** ☐

Wenn ja, in welchem Umfang zu welchem Thema?

Dauer in Tagen	**Thema / Schwerpunkt**

Ihre E-Mail-Adresse

Wir bitten Sie um die Angabe einer E-Mail-Adresse, an die wir Ihnen im Frühjahr 2005 Ihren persönlichen Kompetenz-Check 03/04 zusenden zu können.

______________________ @ ______________________

Individueller Code

Für die ordnungsgemäße statistische Auswertung ist es notwendig, dass Sie die von Ihnen ausgefüllten Fragebogen mit einem individuellen Code versehen, der eine eindeutige Zuordnung Ihrer Daten der ersten und der zweiten Erhebung ermöglicht. Damit Sie sich besser an Ihren Code erinnern können, haben wir zur Erstellung Ihres Codewortes auf eine gängige Methode zurückgegriffen. Ihr Code setzt sich wie folgt zusammen:

1. Die ersten beiden Buchstaben des Vornamens Ihrer Mutter ___ ___
2. Die ersten beiden Buchstaben des Vornamens Ihres Vaters ___ ___
3. Die ersten beiden Buchstaben Ihres Geburtsortes ___ ___
4. Der Geburts**tag** (nicht Monat und Jahr) Ihrer Mutter ___ ___

Vielen Dank!

Wir wünschen Ihnen viel Spaß beim Kompetenz-Check!

Dokument 8: Fragebogen für Interventions- und Kontrollgruppe zu t_1 in französischer Sprache *(Seite 1 und 2)*

Universität Hamburg

Dipl.-Psych. Kim-Oliver Tietze
Woyrschweg 52
D-22761 Hamburg

Fernsprecher: +49 / (0) 40 / 39 38 58
Telefax-Nr: +49 / (0) 40 / 39 90 74 50
E-Mail: Tietze@uni-hamburg.de

Évaluation des compétences 03/04

1ère partie - 2003

Hamburg, le 1er septembre 2003

Madame, Monsieur,

Le questionnaire suivant a pour but de vous aider à faire le point sur vos compétences individuelles ainsi que sur les contraintes rencontrées au travail. Par le biais de propositions structurées, vous serez amené à porter un jugement **personnel** sur ces dimensions de votre activité professionnelle.

Vous trouverez sur les pages suivantes différentes séries de propositions se rapportant à des comportements, des talents et des centres d'intérêt en rapport avec votre travail. Veuillez lire soigneusement chacune d'entre elles avant de décider dans quelle mesure elle s'applique à vous.

Toutes les propositions se rapportent uniquement aux **cas de figure professionnels**. Exemple : « Je fais confiance aux autres » se rapporte uniquement aux situations possibles sur votre lieu de travail. Il ne s'agit pas ici de situations durant vos loisirs, en famille ou avec des amis, etc.

En remplissant le questionnaire, veuillez tenir compte des points suivants :

- Les propositions font intervenir votre opinion personnelle sur votre vie professionnelle, c'est-à-dire qu'il n'existe pas de réponses justes ou fausses. Une réponse est juste dès lors qu'elle reflète votre appréciation personnelle.
- Veuillez aborder les propositions de manière ouverte et franche. Cochez parmi les réponses possibles celle qui correspond le mieux à votre appréciation.
- Efforcez-vous de répondre rapidement. Votre première appréciation est en règle générale la meilleure. Procédez par ordre et essayez de ne pas omettre de phrase.
- Ne vous demandez pas d'abord laquelle des réponses donne la meilleure impression, répondez plutôt selon vos convictions personnelles. Vos décisions ont de la valeur dans la mesure où elles ne chercheront pas à renvoyer une image de vous particulièrement positive ou négative.
- Étudiez la grille de réponses proposée pour chaque série de questions.
- Notez que certaines propositions ont un contenu positif, d'autres un contenu négatif.

Avertissement relatif à la protection des données

La protection des données est entièrement garantie. Vos réponses seront évidemment traitées dans la plus stricte confidentialité. Les questionnaires seront exclusivement dépouillés par des membres du personnel de l'université de Hamburg. Les données qui pourraient être attribuées à des personnes précises ne seront à aucun moment transmises á [Unternehmen]. Les données seront exploitées de telle sorte qu'il ne sera pas possible d'identifier par la suite des postes de travail précis ou des personnes. Toutes les données susceptibles de conduire à une identification personnelle seront effacées à la fin de l'évaluation.

Veuillez remplir et envoyer sans délai le questionnaire dans l'enveloppe ci-jointe à :
Kim-Oliver Tietze, Woyrschweg 52, D-22761 Hamburg

Merci de votre collaboration.

Renseignements généraux

1. Quel âge avez-vous ? _______ans
2. Sexe ? ☐ féminin ☐ masculin
3. Depuis combien d'années en tout exercez-vous une profession ? _______ans
4. De combien de collaborateurs êtes-vous le supérieur hiérarchique ? _______collaborateurs
5. Date du jour : ______ / ______ / **2003**

Votre adresse e-mail

Veuillez nous communiquer l'adresse e-mail à laquelle nous pourrons vous envoyer à l'automne 2004 le deuxième questionnaire d'évaluation des compétences.

L'évaluation n'étant possible que si vous nous fournissez des informations complètes, merci de bien vouloir nous indiquer votre adresse e-mail, afin que nous puissions vous envoyer le deuxième questionnaire à l'automne 2004. Il vous parviendra sous forme de document PDF à imprimer et à nous retourner par courrier.

@

Souhaitez-vous recevoir l'évaluation de vos compétences 03/04 à l'automne 2004 ?

Si vous le souhaitez, nous établirons votre profil de compétences 03/04 personnel et l'enverrons (par e-mail ou courrier) à l'adresse que vous aurez indiquée sur le deuxième questionnaire.

Oui ☐

Non ☐

Code personnel

Pour une évaluation dans les règles de la statistique, il vous sera demandé d'inscrire sur votre questionnaire un code personnel qui nous permettra de regrouper vos données à l'issue des deux enquêtes. Afin que vous puissiez vous souvenir de votre code, nous avons eu recours à une méthode courante. Votre code est composé comme suit :

1. Les deux premières lettres du prénom de votre mère ___ ___
2. Les deux premières lettres du prénom de votre père ___ ___
3. Les deux premières lettres de votre lieu de naissance ___ ___
4. Le **jour** anniversaire (pas le mois et l'année) de votre mère ___ ___

Merci de votre participation et à l'année prochaine !

Dokument 9: Fragebogen für Interventions- und Kontrollgruppe zu t_2 in französischer Sprache *(Seite 1 und 2)*

UHH Universität Hamburg

Dipl.-Psych. Kim-Oliver Tietze
Kleine Brunnenstrasse 14
D-22765 Hamburg

Fernsprecher: +49 / (0) 40 / 39 38 58
Telefax-Nr: +49 / (0) 40 / 39 90 74 50
E-Mail: Tietze@uni-hamburg.de

Évaluation des compétences 03/04

2ème partie - 2004

Madame, Monsieur,

L'automne dernier, vous avez rempli la première partie du contrôle des compétences 03/04 et indiqué souhaiter aussi participer à la deuxième partie pour compléter votre contrôle des compétences et recevoir une évaluation individuelle.

Le questionnaire qui suit devrait vous donner de nouveau la possibilité d'exprimer au moyen d'énoncés structurés vos compétences individuelles et les sollicitations auxquelles vous êtes soumis dans votre travail. Il s'agit ici d'effectuer une autoévaluation de vos compétences et des sollicitations auxquelles vous êtes soumis au travail.

Vous trouverez sur les pages suivantes différentes séries de propositions se rapportant à des comportements, des talents et des centres d'intérêt en rapport avec votre travail. Veuillez lire soigneusement chacune d'entre elles avant de décider dans quelle mesure elle s'applique à vous.

Toutes les propositions se rapportent uniquement aux **cas de figure professionnels**. Exemple : « Je fais confiance aux autres » se rapporte uniquement aux situations possibles sur votre lieu de travail. Il ne s'agit pas ici de situations durant vos loisirs, en famille ou avec des amis, etc.

En remplissant le questionnaire, veuillez tenir compte des points suivants :

- Les propositions font intervenir votre opinion personnelle sur votre vie professionnelle, c'est-à-dire qu'il n'existe pas de réponses justes ou fausses. Une réponse est juste dès lors qu'elle reflète votre appréciation personnelle.
- Veuillez aborder les propositions de manière ouverte et franche. Cochez parmi les réponses possibles celle qui correspond le mieux à votre appréciation.
- Efforcez-vous de répondre rapidement. Votre première appréciation est en règle générale la meilleure. Procédez par ordre et essayez de ne pas omettre de phrase.
- Ne vous demandez pas d'abord laquelle des réponses donne la meilleure impression, répondez plutôt selon vos convictions personnelles. Vos décisions ont de la valeur dans la mesure où elles ne chercheront pas à renvoyer une image de vous particulièrement positive ou négative.
- Étudiez la grille de réponses proposée pour chaque série de questions.
- Notez que certaines propositions ont un contenu positif, d'autres un contenu négatif.

Avertissement relatif à la protection des données

La protection des données est entièrement garantie. Vos réponses seront évidemment traitées dans la plus stricte confidentialité. Les questionnaires seront exclusivement dépouillés par des membres du personnel de l'université de Hambourg. Les données qui pourraient être attribuées à des personnes précises ne seront à aucun moment transmises à [Unternehmen]. Les données seront exploitées de telle sorte qu'il ne sera pas possible d'identifier par la suite des postes de travail précis ou des personnes. Toutes les données susceptibles de conduire à une identification personnelle seront effacées à la fin de l'évaluation.

Veuillez envoyer le questionnaire aussitôt après l'avoir rempli et avant le 31 décembre 2004 à :
Kim-Oliver Tietze, Kleine Brunnenstrasse 14, D-22765 Hamburg

Merci de votre collaboration.

Université de Hambourg — Psychologie du travail, de l'entreprise et de l'environnement

Renseignements généraux

1. Quel âge avez-vous ? _______ans

2. Combien de collaborateurs vous sont aujourd'hui subordonnés ? _______collaborateurs

   a. **Si** vous avez des collaborateurs : quelle est la durée **totale** de votre expérience de direction ? _______années

Données relatives à la situation du travail

Votre fonction ou votre activité professionnelle ont-elles subi des modifications entre l'automne 2003 et fin 2004 (modification du domaine de compétence par exemple, changement de lieu de travail) ?

Oui ☐ **Non** ☐

Si oui, lesquelles ?

-
-

Données relatives à la participation aux activités de formation continue, de développement du personnel ou des cadres

Avez-vous participé à des activités de développement du personnel entre l'automne 2003 et fin 2004 ? (comme des formations, séminaires, stages, expériences de coaching, intervision en groupe de pairs)

Oui ☐ **Non** ☐

Si oui, de quelle ampleur et sur quel sujet ?

Durée en jours	Sujet/ point fort

Votre adresse e-mail

Merci d'indiquer une adresse e-mail à laquelle nous pourrons vous envoyer début 2005 votre profil de compétences 03/04.

@

Code personnel

Pour une évaluation dans les règles de la statistique, il vous sera demandé d'inscrire sur votre questionnaire un code personnel qui nous permettra de regrouper vos données à l'issue des deux enquêtes. Afin que vous puissiez vous souvenir de votre code, nous avons eu recours à une méthode courante. Votre code est composé comme suit :

1. Les deux premières lettres du prénom de votre mère ___ ___
2. Les deux premières lettres du prénom de votre père ___ ___
3. Les deux premières lettres de votre lieu de naissance ___ ___
4. Le **jour** anniversaire (pas le mois et l'année) de votre mère ___ ___

Merci de votre participation !

Dokument 10: Fragebogen zur Evaluation des PGI-Programms

Universität Hamburg

Projekt Evaluation Peergruppen-Intervision
Dipl.-Psych. Kim-Oliver Tietze
Kleine Brunnenstrasse 14
D-22765 Hamburg
Fernsprecher: +49 / (0) 40 / 39 38 58
Telefax-Nr: +49 / (0) 40 / 39 90 74 50
E-Mail: Tietze@uni-hamburg.de

Fragebogen zur Evaluation der Peergruppen-Intervision

Sehr geehrte Teilnehmerin, sehr geehrter Teilnehmer,

dieser Fragebogen dient der Evaluation des Programms „Peergruppen-Intervision", an dem Sie im zurückliegenden Jahr teilgenommen haben oder weiterhin teilnehmen. Sie werden gebeten, mit diesem Bogen Ihre Einschätzungen zur Intervision rückzumelden. Wir sichern Ihnen zu, dass Ihre Angaben absolut vertraulich behandelt werden.

Der vorliegende Fragebogen sollte von Ihnen so ehrlich wie möglich beantwortet werden, da nur dann die Möglichkeit besteht, angemessene Aussagen über die „tatsächlichen" Auswirkungen der Peergruppen-Intervision zu machen und somit zukünftige Intervisionsprozesse zu verbessern.

Beim Ausfüllen des Fragebogens beachten Sie bitte die *kursiv* gedruckten Hinweise.

Heutiges Datum: ☐

1. Angaben zum Prozess der Peergruppen-Intervision

Bitte beantworten Sie im Sinne einer persönlichen zusammenfassenden Bewertung die folgenden Fragen zum Intervisionsprozess.

Wie hat Ihnen der Intervisionsprozess **insgesamt** gefallen? *(Bitte nur eine Nennung!)*

sehr gut	gut	mittel	weniger gut	gar nicht
☐	☐	☐	☐	☐

Würden Sie **nochmals** an einer Peergruppen-Intervision **teilnehmen**? *(Bitte nur eine Nennung!)*

☐ Ja, weil…

☐ Nein, weil…

Würden Sie **anderen empfehlen**, an einer Peergruppen-Intervision teilzunehmen? *(Bitte nur eine Nennung!)*

☐ Ja, weil…

☐ Nein, weil…

2. Offene Rückmeldungen

Hier haben Sie die Möglichkeit, weitere Rückmeldungen zum Projekt „Peergruppen-Intervision“ aufzuschreiben.

Was hat Ihnen gefallen?

____

____

____

____

____

Was hat Ihnen nicht gefallen?

____

____

____

____

____

Welche Anregungen oder Änderungsvorschläge haben Sie für ein zukünftiges Projekt „Peergruppen-Intervision“?

____

____

____

____

Code:
1. Die ersten beiden Buchstaben des Vornamens Ihrer Mutter __ __
2. Die ersten beiden Buchstaben des Vornamens Ihres Vaters __ __
3. Die ersten beiden Buchstaben Ihres Geburtsortes __ __
4. Der Geburts**tag** (nicht Monat und Jahr) Ihrer Mutter __ __

Vielen Dank für Ihre Bemühungen! Kontrollieren Sie bitte abschliessend, ob Sie - wie beabsichtigt - alle Fragen vollständig und zutreffend beantwortet haben. **Danke!**

Bitte senden Sie den Bogen direkt nach Bearbeitung bitte bis spätestens zum 31.12.2004 an:
Kim-Oliver Tietze, Evaluation PGI, Kleine Brunnenstrasse 14, D-22765 Hamburg

Dokument 11: Fragebogen zur Evaluation des PGI-Programms in französischer Sprache

Universität Hamburg

Projekt Evaluation Peergruppen-Intervision
Dipl.-Psych. Kim-Oliver Tietze
Kleine Brunnenstrasse 14
D-22765 Hamburg
Fernsprecher: +49 / (0) 40 / 39 38 58
Telefax-Nr: +49 / (0) 40 / 39 90 74 50
E-Mail: Tietze@uni-hamburg.de

Questionnaire pour l'évaluation de l'intervision en groupe de pairs

Chères participantes, chers participants,

Le formulaire qui suit fait partie de l'évaluation du programme « Intervision en groupe de pairs » auquel vous avez participé l'année dernière ou auquel vous participez encore. Nous vous demandons aujourd'hui de rapporter dans le questionnaire ci-dessous le jugement que vous portez sur l'intervision. Nous vous garantissons une confidentialité absolue dans le traitement de vos données.

Le questionnaire ci-dessous est à remplir en toute sincérité. Ceci est la condition sine qua none pour obtenir des conclusions adéquates sur les effets « réels » de l'intervision en groupes de pairs et donc d'améliorer les futures intervisions.

En remplissant le formulaire, veuillez tenir compte des indications en *italiques*.

Date : ☐

1. Données relatives au processus de l'intervision en groupes de pairs

Répondez aux questions suivantes relatives au processus d'intervision, dans l'objectif d'une évaluation personnelle sommaire.

Le processus d'intervision **dans l'ensemble** vous a-t-il plu ? *(Une seule réponse possible)*

beaucoup	bien	moyennement	moins bien	pas du tout
☐	☐	☐	☐	☐

Participeriez-vous **de nouveau** à une intervision en groupes de pairs ? *(Une seule réponse possible)*

☐ Oui, car…

☐ Non, car…

Recommanderiez-vous **à d'autres** de participer à une intervision en groupes de pairs ? *(Une seule réponse possible)*

☐ Oui, car…

☐ Non, car…

2. Réactions

Vous pouvez ici noter toute réaction ou autre suggestion au sujet du projet « Intervision en groupes de pairs. »

Qu'avez-vous apprécié ?

____

____

____

____

____

Que n'avez-vous pas apprécié ?

____

____

____

____

____

Quelles suggestions ou propositions de modifications pouvez-vous faire pour un futur projet d'« Intervision en groupes de pairs » ?

____

____

____

____

Code :
1. Les deux premières lettres du prénom de votre mère __ __
2. Les deux premières lettres du prénom de votre père __ __
3. Les deux premières lettres de votre lieu de naissance __ __
4. Le **jour** anniversaire (ni le mois ni l'année) de votre mère __ __

Merci de la peine que vous vous êtes donné ! Pour finir, vérifiez que vous avez – ainsi que vous en aviez l'intention – bien répondu entièrement et convenablement à toutes les questions. **Merci !**

Veuillez envoyer le questionnaire aussitôt après l'avoir rempli et avant le 31 décembre 2004 à :

Kim-Oliver Tietze, Evaluation PGI, Kleine Brunnenstrasse 14, D-22765 Hamburg

5784974R00166

Printed in Germany
by Amazon Distribution
GmbH, Leipzig